개정판

# 암호의 세계

최병문 · 이영환 지음

KYOWOOSA 敎友社

# 개정판 서문

암호학은 우리나라에서 이제 조금 시들해진 느낌이다. AES 이후로는 새로운 암호이론이 더 이상 나오지 않고 있으며, 수학적 사고와 계산이 아무래도 요구되어서 가볍게 다루기에는 부담스럽기 때문이다. 그럼에도 불구하고 교양 수준의 암호 서적과 대학 강의는 여전히 필요하다고 생각한다. 암호의 세계를 책으로 만들어서 강의한 지 5년이 지났다. 그동안 수많은 오탈자와 오류 그리고 논리적으로 비약한 부분들을 발견하면서, 혹시라도 이 책을 교양으로 읽거나 교재로 사용하신 분들에게 매우 송구스러운 부끄러움을 느꼈다.

개정판에서는 완전하다고 장담할 수는 없지만 가능한 한 오류를 정정하려고 노력하였다. 그리고 각 챕터마다 연습문제를 삽입하였다. 연습문제라고는 하지만, 순서대로 풀어나가다 보면 어느새 문제가 해결되는 워크북 형태이다. 최근 학생들이 논리적 사고를 약간 게을리 하는 결과로 절차를 무시하는 경향이 있다. 워크북은 문제해결 절차를 가능한 범위에서 상세하게 제시하려고 노력하였다. 암호학적 알고리즘을 이해하는 데 도움이 되기 바란다.

AES나 ECC는 고민 끝에 이번에도 삽입하지 않았다. 암호와 그 응용의 기본 개념을 가볍게 소개하는 것이 이 책의 목적이라는 판단에서이다. 조금 더 수학적인 접근이나 컴퓨터 프로세스를 통해 암호를 소개하는 서적들을 참고문헌에 소개하였다. 이 책이 이들의 중간 정도의 위치에 있기를 바란다.

2012년 8월

# 머리말

우리나라의 수학에는 양극화 현상이 있다. 초중고 학생들과 학부모, 일반인들이 관심있어 하는 수학과 대학 이상의 고등교육 기관에서 다루는 수학은, 서로 밀접한 관계를 분명히 가지고 있음에도 불구하고, 인식하는 내용과 접근방식은 매우 다른 모습을 보이고 있다. 고등학교를 졸업하는 학생들이라면 누구나 12년 이상을 거의 매일 수학과 씨름을 해왔다. 그러나 입시 수학의 성적이 좋은 학생이라고 하더라도 막상 대학에 입학하고 난 다음 다루는 수학에는 대체로 어려움을 느끼고 있다. 여러 가지 원인 가운데 하나로 입시수학의 비현실성을 말할 수 있을 것이다. 즉 자연과학이나 공학, 사회과학에서 마주치는 다양한 현실적 문제들을 해결할 수 있는 훌륭한 도구로서의 수학을 공부한 것이 아니라, 변별력을 앞세운 문제 자체만을 위한 어려운 수학을 공부해온 탓으로, 수학이 매우 비현실적이라는 강한 인상을 가질 수밖에 없다.

1975년에 거의 동시에 발표된 RSA 암호와 DES 암호는, 고난도의 기술이었던 암호기법이, 체계적이고 예측 가능한 학문인 암호학으로 발전하는 획기적인 것이었다. 심하게 말해 지적 유희정도로 알려져 있던 정수론이 이처럼 산뜻하게 암호에 적용될 수 있다는 것은 누구에게나 매력적이었고, 수학이 매우 현실적이고 응용가능성이 무궁하다는 점을 모두에게 비교적 쉽게 알릴 수 있는 아주 좋은 소재였다고 생각한다.

암호학이 우리나라에서 큰 관심을 끈 것은 아마 90년대 중반쯤이었을 것이다. 이후 암호학이나 암호기술을 깊이 있게 연구하는 교수, 연구원들도 늘었고, 대학에서 교양이나 전공으로 이 분야를 강의하려는 시도도 꽤 활발하게 일어났다. 우리도 이 과목을 학부에 개설하여 학생들에게 암호학의 매력을 알리고 수학의 현실성을 소개하려는 생각을 가지게 되었다.

그러나 막상 여러 자료를 토대로 강의를 진행한 결과 암호학이라는 교과목이 그렇게 간단한 것이 아니었다. 암호학을 수학적으로 다루자니 너무 어렵고 컴퓨터와 관련하여 강의하려니 자칫 겉핥기로 흘러가곤 했다. 사실 암호학과 관련한 주제는 수학과 컴퓨터 양쪽 모두를 잘 알아야 하는 쉽지 않은 분야이다.

이런 저런 시행착오를 겪고, 다양한 책과 자료를 조사하고 정리하여, 매 학기마다 강의 내용을 업데이트해온지 벌써 7년이 넘었다. 적절한 교재를 선택하지 못해 우리가 정리한 내용을 유인물이나 복사본으로 공부해온 학생들에게 아무래도 미안한 생각이 들어, 아직은 미흡하지만 출판을 하기로 결심하였다.

이 책은 크게 두 부분으로 나누어져 있다.

첫 번째 파트는 고전암호부터 현대암호까지의 암호이론을 중요한 것만 발췌하여 암호학 흐름을 알 수 있도록 노력하였다. 1장은 우선 간단한 아핀암호를 소개하고 공격에 취약하다는 것을 소개하였다. 2장과 3장은 조금 더 발전한 형태의 암호로 비제네르 암호와 일회용 암호를 소개하면서 역시 안전하지 못하다는 점을 설명하였다. 현대 암호의 대표인 DES와 RSA는 4, 5장에 간단히 설명하였다.

두 번째 파트는 암호학의 다양한 응용기법을 소개하였다. 서명 기법과 인증, 키의 분배와 교환, 비밀분산, 메시지 은닉 등을 차례로 소개하였다. 서명과 인증, 비밀분산 등은 앞으로 산업적 발전 가능성이 아주 높은 분야로 PKI에 관심이 있는 학생이라면 반드시 잘 알고 있어야 할 것이다.

우리가 경험한 바로는 대학교 교양과정에서 제1부를 강의하면 한 학기로 적당했다. 제2부는 정보보호학이나 수학, 암호학을 전공하려는 대학생들에게 역시 한 학기 정도로 진행할 수 있었다. 물론 대수학이나 컴퓨터에 관한 적당한 사전 지식이 있다면 한 학기에 이 책을 충분히 공부할 수 있을 것이다. 가르치는 분들께서 적절하게 조절할 수 있다고 생각한다. 다만 내용을 음미할 수 있는 연습문제가 있으면 더욱 좋겠지만 자칫 딱딱한 수학책으로 오해할 것이 두려워 과감하게 뺐다. 연습문제는 워크북 형태로 만들어서 강의시간에 활용하고 있는데 혹시 필요한 분이 있으면 연락하기 바란다. 끝으로 이 책의 출판을 도와준 경문사와 원고정리를 담당해준 이지연 선생에게 감사의 뜻을 전하고 싶다.

2007년 2월

# 차 례

## Part I 암호란 무엇인가? / 1

## 3. 일회용 암호 / 64



## 4. DES / 80



## 5. 공개키 암호 / 116

## Part II 암호는 어떻게 응용되는가? / 165

PART I

# 암호란 무엇인가?

1. 시저의 암호
2. 비제네르 암호
3. 일회용 암호
4. DES
5. 공개키 암호

# 1 시저의 암호

여러분도 중요한 문서나 데이터를 다른 사람이 알아보지 못하게 하려는 노력을 해 본 경험이 있을 것이다. 어렸을 때는 일기를 누가 읽어 보는 것이 싫었을 것이고, 여자/남자 친구의 전화번호를 감추어 놓거나 회사의 중요한 서류를 아무나 함부로 읽지 못하게 만들 필요도 있었을 것이다. 간단한 숫자나 데이터라면 자신만이 알아볼 수 있는 독특한 기호나 문자로 바꾸어 사용할 수 있겠지만 데이터 양이 큰 문서라면 조금 더 세밀하게 설계해서 바꾸어야 나중에 쉽게 복원해서 읽어볼 수 있다. 세밀한 설계란 누구나 알수 있는 데이터 하나하나를 일정한 규칙에 의해 아무도 알 수 없는 데이터로 바꾸고 필요할 때 권한을 가진 사람만 열어볼 수 있게하는 과정을 의미한다. 이러한 과정과 방법을 암호라고 한다.

인간이 암호를 사용한 역사는 매우 길다. 자신만의 기호라는 의미에서 고대문자나 이집트의 상형문자도 일종의 암호라고 할 수 있다. 물론 이러한 문자를 사용하던 당시에는 누구나 읽을 수 있었으니까 암호가 아니었다. 그러나 현대에 와서는 현대의 문자나 단어와 고대 문자가 대응하는 규칙을 모르는 경우에는 암호문서나 마찬가지이다. 암호를 의식적으로 사용한 것은 주로 적대국과의 전쟁이나 외교현장에서였다.

암호는 데이터를 특정인 이외에는 알아볼 수 없도록 일정한 규칙으로 바꾸는 방법과 과정을 말한다.

이 장을 포함한 '제 1부 암호란 무엇인가'에서는 과거와 현대에 사용한 암호들 가운데 가장 대표적인 것들을 소개하여 암호이론과 기술의 발전을 이해하할 수 있도록 하였다. 고대 로마 시절에서 사용한 암호기법, 세계대전과 냉전 시대에 사용한 것, 현대의 금융거래나 외교문서 작성에 사용하는 암호를 차례로 설명할 것이다. 또한 각각의 암호기법에 대한 공격방법도 함께 제시하여, 새로운 암호기법을 계속 개발할 수밖에 없었던 배경을 알 수 있도록 하였다.

현대 암호기법은 컴퓨터기술의 발전과 함께한다. 컴퓨터의 막강한 계산 능력은 더욱 어려운 암호기법을 사용할 수 있게 해주기도 하지만 한편으로는 기상천외한 공격도 가능케 한다. 또한 수학적 흥미의 대상이었던 정수에 관한 이론들이 현대 암호에서 훌륭한 역할을 하고 있다. 수학은 거의 모든 사람들에게 거부감을 주고 있어서 이 책에서는 최소로 필요한 내용만 설명하였다. 조금만 참고 읽어보면 흥미로운 암호의 세계를 구경할 수 있을 것이다.

## 1.1 고전암호

그리스 남부 지역의 옛 나라인 스파르타는 약 2,500 년 전 그리스 동맹군을 이끌고 페르시아와의 전쟁에서 승리한 후 펠로폰네소스 반도의 패권을 잡았던 나라였다. 왕은 전쟁터에 나가 있는 군대에 명령을 전할 때 암호를 사용하여 비밀 메시지를 전했다. 이들의 암호방법은, 오늘날의 시각에서 보면 매우 간단하지만, 그 당시로서는 아무나 쉽게 암호문을 열어 볼 수 없는 아주 교묘하고도 획기적인 방법이었다. 스파르타 사람들은 굵은 원통형 막대기와 두루말이 양피지를 사용하여 다음과 같이 암호통신을 하였다.

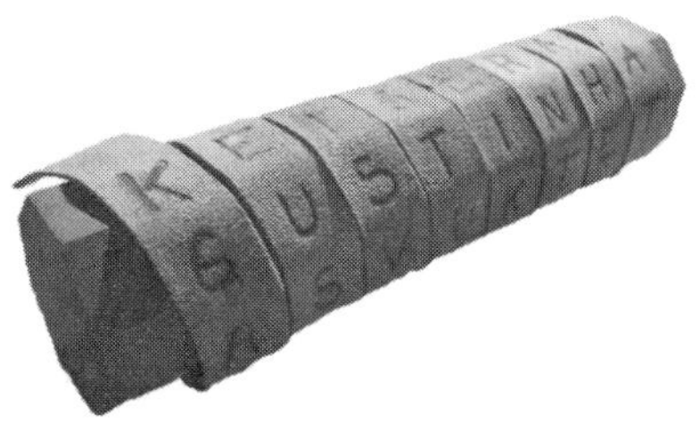

그림 1.1: 스키테일 막대

1. 전쟁터에 나갈 군대와 본국에 남아있는 정부는 스키테일(Scytale)이라고 하는, 같은 굵기의 원통형 막대기를 서로 나누어 갖는다.
2. 비밀리에 보내야 할 메시지가 생기면, 본국 정부의 암호 담당자는 스키테일에 가느다란 양피지 리본을 위에서 아래로 감은 다음 옆으로 메시지를 적는다.
3. 리본을 풀어내어 펼치면 문자의 순서가 바뀌어 아무나 메시지의 내용을 읽을 수 없게 된다.
4. 리본에 적힌 메시지는 같은 굵기의 원통막대기를 가진 사람만 읽을 수 있다.

스키테일 암호는 이천년 전 스파르타에서 사용하던 암호로, 당시에는 매우 효율적이고 안전한 암호였다.

스키테일암호는 그 당시로서는 매우 효율적이고 안전한 암호이었을 것이다. 그러나 이 암호는 조금만 노력을 기울인다면 누구나 쉽게 공격할 수 있다. 전령이 리본을 가지고 전쟁터로 가는 도중에 적군에게 사로잡혀 지니고 있던 문서리본을 빼앗길 가능성은 얼마든지 있다. 적군의 정보분석가는 비록 원통형 막대기, 즉 스키테일이 없다고 하더라도 포로에게서 빼앗은 양피지 문자들만 가지고 몇번의 간단한 작업을 거치면 암호문을 풀 수 있다.

문서를 중간에 가로챘는데 다음과 같은 문자열이 나타났다고 하자.

S Y B L C R E S E E R A C H T A
Y P U O H I P H R U E M T Y I L
S O O ! T D O F G

보내는 사람이 사용한 스키테일에 리본을 위에서 아래로 감았을 때 한 바퀴에 쓸 수 있는 문자의 개수를 $k$ 라고 하고 그 $k$ 가 얼마인지를 알아보자. 우선은 그 값을 알지 못하므로, $k = 5$ 라고 해 보자. 암호문에 나타나 있는 문자열을 5 개씩 건너뛰어 다시 써보면 다음과 같은 아주 이상한 문자열을 얻을 것이다.

S R R A H U I ! G
Y E A Y I E L T
B S C P P M S D
L E H U H T O O
C E T O R Y O F

지금으로서는 무슨 내용인지 알 수 없다. 하지만 다시 $k = 6$ 으로 하여 배열하여 보면 메시지의 내용을 분명하게 알아볼 수 있다.

S E C U R I T
Y S H O U L D
B E T H E S O
L E A I M O F
C R Y P T O G
R A P H Y !

(security should be the sole aim of cryptography)

**예 1.1** 우리말로 씌인 스키테일 암호문이라면 훨씬 더 쉽게 감각적으로 원문을 짐작할 수 있을 것이다.

내 작 규 공 일 한 군 격 아 다 으 시 침 동 로 각
서 쪽 위 은 쪽 은 장 여 부 첩 하 섯 터 보 여 시
공 부 진 삼 격 대 격 십 을 만 한 분 시 정 다 임

스키테일 암호는 암호형태로 분류하자면 전형적인 전치암호(transposition cipher)이다. 전치암호란 메시지에서 사용한 문자들의 위치를 어떤 일정한 규칙에 의해 뒤섞어서, 그 규칙을 모르는 자는 본래의 메시지를 알아볼 수 없도록 암호문을 만드는 암호를 말한다. 예를 들어 메시지

전치암호는 문자들의 위치를 뒤바꾸어 만드는 암호를 말한다.

I LOVE ROSE

에서, 이 메시지에 사용한 문자들 I, L, O, V, E, R, S의 위치를 뒤바꾸어

*L VRSI OEOE*

와 같은 암호문을 만드는 방법이 전치암호이다. 좀 어려운 수학적 용어로 말하자면 전치암호는 문자의 위치에 대한 치환이다. 즉 새로운 기호나 문자를 쓰지 않고 메시지에 사용한 문자들의 위치를 일정한 규칙으로 바꾸어 놓음으로써 다른 사람들이 알 수 없는 암호문을 만드는 방식이다. 오늘날 사용하는 여러 가지 암호방법들은 상당수가 기본적으로 전치암호를 바탕으로 하여 설계되어 있다고 할 수 있다.

전치암호와 비슷한 형태의 암호법으로 치환암호 (substitution cipher)라는 것이 있다. 치환암호는 메시지에서 사용한 문자의 위치를 바꾸는 것이 아니라 메시지의 각 문자들을 아예 다른 기호나 문자로 바꾸는 암호를 말한다. 예를 들어 메시지

치환암호는 메시지의 각 문자들을 전혀 다른 기호나 문자로 바꾸는 암호이다.

I LOVE ROSE

에서 사용한 알파벳 대신에 전혀 다른 기호들을 써서

$$\$ \# \AA\ X \doteq Y \uparrow A\ K$$

와 같이 암호문을 만들면 치환암호이다. 이때 암호문에서 사용한 문자들은 이미 메시지에서 사용한 것일 수도 있고 전혀 다른 기호일 수도 있다.

더하기 암호라고도 알려져 있는 시저의 암호는 대표적인 전치암호이다. 로마의 유명한 군인이자 정치가였던 쥴리어스 시저(Gaius Julius Caesar, 100~44 B.C.)는 암호를 자주 사용하였다. 기원 후 2세기경 세토니우스가 쓴 '시저의 생애'라는 책에는 시저가 사용한 암호법이 자세하게

쥴리어스 시저

소개되어 있다. 시저는 키케로나 친지들에게 비밀리에 편지를 보내고자 할 때, 다른 사람들이 알아보지 못하도록 일정한 규칙을 써서 문자들을 다른 문자들로 치환하였다. 그 규칙은 $A$ 는 $D$ 로, $B$ 는 $E$ 로, $\cdots$ 와 같은 방법으로 문자들을 치환하는 것이다.

| 평 문 | a | b | c | d | e | f | g | h | i | j | k | l | m | n | o | p | q | r | s | t | u | v | w | x | y | z |
|---|---|---|---|---|---|---|---|---|---|---|---|---|---|---|---|---|---|---|---|---|---|---|---|---|---|---|
| 암호문 | D | E | F | G | H | I | J | K | L | M | N | O | P | Q | R | S | T | U | V | W | X | Y | Z | A | B | C |

**표** 1.1: 시저 암호 대응표

다른 사람이 암호를 풀어 내용을 파악하려면 각 문자 대신 알파벳 순서로 보았을 때 그 문자부터 시작하여 4 번째 앞에 오는 문자로, 즉 예를 들어 D 는 A 로 바꾸어야 한다.

**예 1.2** 표*1.1*을 이용하여 메시지

You can write a letter

를 암호문으로 만든다면

BRX FDQ ZULWH D OHWWHU

로 바뀐다.

암호문을 본래의 메시지로 바꾸는 작업도 역시 쉽게 할 수 있다. 표1.1을 거꾸로 하여 아래에서 위로 대응시키면, 암호문 'OHWWHU' 는 원래 메시지가 'letter' 였음을 알 수 있다. 시저는 암살되기 직전

EH FDUHIXO IRU DVVDVVLQDWRU

라고 적힌 암호문을 가족으로부터 받았다. 3 칸씩 뒤로 밀어서 (E 를 b 로, H 를 e 로) 풀어보면

be careful for assassinator

이다. 이 암호문을 잘 전달받은 시저는 조심하려고 했지만 암살자의 이름을 알 수가 없었다. 결국 시저는 전혀 생각하지 못하였던 부루투스에게 암살당하고 말았다.

그런데 여기서 잠깐, 왜 시저의 암호에서는 항상 3칸씩 뒤로 밀어서 암호화했을까? 대답은 간단하다. 아무 이유도 없다. 쉽게 짐작할 수 있듯이 3칸씩이든, 10칸씩이든 몇 칸을 움직이는가는 미리 상대방과 정해 놓기만 한다면 된다. 단 미리 약속한 칸 수는 다른 사람이 절대로 알지 못하도록 해야 할 것이다. 영어알파벳은 모두 26개이므로 이런 방식의 암호는 26가지가 있을 수 있다. 그러나 26칸 옮기는 것은 0칸 옮기는 것과 같고 암호화하지 않는 것이나 마찬가지이므로, 이 경우를 제외하면 실제로는 25가지가 있다.

## 1.2 아핀 암호

알파벳의 각 문자를 두 자리 자연수로 바꾸어 생각하면 시저의 암호를 더 다양하게 확장할 수 있다. a는 00, b는 01, ...., y는 24, z는 25 라고 생각하자.

아핀 암호는 더하기 암호와 곱하기 암호를 동시에 섞어서 사용하는 것으로 모두 *275*개의 키가 있다.

| 평 문 | a | b | c | d | e | f | g | h | i | j | k | l | m |
|---|---|---|---|---|---|---|---|---|---|---|---|---|---|
| 대응 수 | 00 | 01 | 02 | 03 | 04 | 05 | 06 | 07 | 08 | 09 | 10 | 11 | 12 |
| 평 문 | n | o | p | q | r | s | t | u | v | w | x | y | z |
| 대응 수 | 13 | 14 | 15 | 16 | 17 | 18 | 19 | 20 | 21 | 22 | 23 | 24 | 25 |

표 1.2: 문자와 숫자의 대응

문자를 숫자로 바꾸어 놓으면 시저 암호를 수식화하여 간단히 설명할 수 있다. 즉, '평문자 $x$에서 오른쪽으로 3칸 이동한 문자를 암호문자 $Y$로 대응한다'라는 말을

$$x + 3 \equiv Y \bmod 26$$

이라는 수식으로 표현할 수 있다. 수식에서 mod 26은 어떤 수를 26으로 나눈 나머지라는 의미로, 모듈러스(modulus, 법, 기준)의 줄임말이다. 예를 들어

$$3 \bmod 26 \equiv 3, \qquad 44 \bmod 26 \equiv 18, \qquad -1 \bmod 26 \equiv 25$$

이다. 오른쪽으로 $k$칸 옮기는 시저의 암호를 일반적으로 더하기 암호라고 한다. 더하기 암호 과정은 다음과 같은 순서로 진행한다.

1. 우선 평문의 문자를 숫자로 바꾼다.
2. 각 숫자에 $k$를 더한다.
3. modulo 26 또는 mod 26을 구한다.
4. 모듈러스를 계산한 결과에 해당하는 문자가 암호문자이다.

**예 1.3** 문자 $x$를 오른쪽으로 *7*칸 옮기는 더하기 암호를 수식화 해 보자.

*1.* $x$에 대응하는 수는 23이다.
*2.* $23 + 7 = 30 \equiv 4 \bmod 26$
*3.* 더한 결과인 *4*에 해당하는 문자 $E$가 암호문자이다.

$a \bmod m \equiv b$는 $a$를 $m$으로 나눈 나머지가 $b$라는 의미이다.

이러한 암호를 왜 더하기 암호라고 하는지는 더 이상 설명하지 않아도 알 수 있을 것이다. 더하기 암호가 있다면 당연히 곱하기 암호도 생각할 수 있을 것이다. 문자(해당하는 숫자) $x$에 어떤 수 $t$를 곱한 다음 26으로 나눈 나머지를 구하면 대응하는 암호문자가 된다. 수식으로는

$$t \times x \bmod 26$$

으로 표현한다. 예를 들어 각 문자에 3을 곱하는 암호를 생각해 보자.

평문 p는 숫자로 15에 해당한다. 그리고 $3 \times 15 = 45 \equiv 19 \bmod 26$이며 19에 대응하는 문자는 T이므로, 평문의 p는 T로 암호화된다.

| 평 문 | a | b | c | d | e | f | g | h | i | j | k | l | m |
|---|---|---|---|---|---|---|---|---|---|---|---|---|---|
| 숫자 | 00 | 01 | 02 | 03 | 04 | 05 | 06 | 07 | 08 | 09 | 10 | 11 | 12 |
| 평 문 | n | o | p | q | r | s | t | u | v | w | x | y | z |
| 숫자 | 13 | 14 | 15 | 16 | 17 | 18 | 19 | 20 | 21 | 22 | 23 | 24 | 25 |

$\Downarrow$

$3 \times$ 평문 숫자 mod 26 $=$ 암호문 숫자

$\Downarrow$

| 숫자 | 00 | 03 | 06 | 09 | 12 | 15 | 18 | 21 | 24 | 01 | 04 | 07 | 10 |
|---|---|---|---|---|---|---|---|---|---|---|---|---|---|
| 암호문 | A | D | G | J | M | P | S | V | Y | B | E | H | K |
| 숫자 | 13 | 16 | 19 | 22 | 25 | 02 | 05 | 08 | 11 | 14 | 17 | 20 | 23 |
| 암호문 | N | Q | T | W | Z | C | F | I | L | O | R | U | X |

**표 1.3:** 곱하기 암호 암호화 과정

표1.3을 이용하여

Welcome to the new world

를 암호문으로 만들어 보면

OMHGQKM FQ FVM NMO OQZHJ

이 된다.

곱하기 암호에서는 곱하는 수를 조심하여 선택할 필요가 있다. 예를 들어 곱하는 수가 2라고 하자. 다시 암호표를 만들어 보면 표1.4와 같다.

| 평 문 | a | b | c | d | e | f | g | h | i | j | k | l | m |
|---|---|---|---|---|---|---|---|---|---|---|---|---|---|
| 숫자 | 00 | 01 | 02 | 03 | 04 | 05 | 06 | 07 | 08 | 09 | 10 | 11 | 12 |
| 평 문 | n | o | p | q | r | s | t | u | v | w | x | y | z |
| 숫자 | 13 | 14 | 15 | 16 | 17 | 18 | 19 | 20 | 21 | 22 | 23 | 24 | 25 |

$$\Downarrow$$

$$2 \times \text{평문 숫자} \bmod 26 = \text{암호 숫자}$$

$$\Downarrow$$

| 숫자 | 00 | 02 | 04 | 06 | 08 | 10 | 12 | 14 | 16 | 18 | 20 | 22 | 24 |
|---|---|---|---|---|---|---|---|---|---|---|---|---|---|
| 암호문 | A | C | E | G | I | K | M | O | Q | S | U | W | Y |
| 숫자 | 00 | 02 | 04 | 06 | 08 | 10 | 12 | 14 | 16 | 18 | 20 | 22 | 24 |
| 암호문 | A | C | E | G | I | K | M | O | Q | S | U | W | Y |

표 1.4: 잘못된 곱하기 암호

이 경우 암호문 부분을 보면 특이한 형태가 나타남을 알 수 있다. B, D, F, ⋯ 등의 암호문자는 전혀 나타나지 않고 있으며 A, C, E ⋯ 등이 두 번씩 반복해서 대응되고 있다. 이러한 대응은 암호에 사용하기 곤란하다. 암호문으로부터 평문으로 복호화할 때 어떤 평문자로 되돌려야 할지 알 수 없기 때문이다. 예를 들어 암호문자 C가 b와 o 가운데 어느 문자로 복호화될지 결정하기 곤란하다. 어떤 암호라도 복호화할 때(암호문자를 평문자로 바꿀 때)는 반드시 한 문자에 한 문자씩 대응되어야 한다.

곱하는 수가 3 일 경우는, 한 문자에 한 문자씩 중복되지 않은 채 대응되고 있으므로 실제로 사용할 수 있는 단일문자 암호이다. 하지만 곱하는 수가 2 일 때는 암호로 사용할 수 없다. 그러면 암호에 사용하기 적절한 곱하기 수는 무엇일까? 약간 더 생각해 보면 1, 3, 5, 7, 9, 11, 15, 17, 19, 21,23, 25 이 적절한 수임을 알 수 있다. 조금 수학적이기는 하지만 26 과 서로 소인 수들만 곱하기 수로의 자격이 있다. 두 수가 서로 소라는 것은 최대공약수가 1 이라는 의미이다.

모듈러스 계산은 자연수에서만 의미가 있으므로, 실수에서처럼 나누기를 함부로 할 수 없다. 예를 들어 $2 \div 3 = 2 \times 1/3 = 2/3$ 로 계산하면 $2/3$ 은 자연수가 아니므로 $2 \div 3 \bmod 26$ 을 계산할 수 없다. 그러나 3 으로 나누는 계산을 '3 의 곱셈에 대한 역원을 곱한다' 라고 생각하면 $2 \div 3 = 2 \times 3^{-1} \bmod 26$ 이다. 그러면 $3^{-1} \bmod 26$ 은 어떤 수인가? $3 \cdot 9 = 27 \equiv 1 \bmod 26$ 이므로, 3 에 모듈러스 곱하기를 했을 때 1 이 되는 숫자, 즉 3 의 역원 $3^{-1}$ 는 9 이다. 26 과 서로 소가 아닌, 2, 4, 6, 8, 10, 12, 13, 14, 16, 18, 20, 22, 24 는 어떻게 하여도 역원을 구할 수 없다. 모듈러스 계산에서 역원을 구하는 문제는, 조금 복잡하지만, 현대 암호에서 꼭 필요하므로 5 장에서 다시 자세하게 설명하기로 한다.

이제 더하기와 곱하기를 적절히 결합하면 조금 더 복잡한 암호를 만들 수 있다. 우선 평문자 p 에 적절한 수 t(26 과 서로 소인 수)를 곱한 다음 다시 그 결과에 s 를 더하여 암호문자 C 를 얻는 방법을 생각해보자. 수식으로 표현하면

$$p \times t + s \bmod 26 \equiv C$$

이다. 더하기 수는 25 개, 곱하기 수는 11 개가 있으므로 모두 25×11 = 275 가지 방법이 가능하다. 아핀은 수학적 용어로 유사변환이라는 뜻을 가지고 있다. 평면에서 평행이동과 회전이동만으로 도형을 변환시키는 동작을 아핀변환이라고 한다. 아핀변환은 보통 더하기와 곱하기로 수식화하여 표현하기 때문에 이런 암호화 방법을 아핀 암호(Affine chiper) 라고 한다.

아핀 암호는 더하기와 곱하기를 함께 계산하여 더 복잡하게 암호화한다.

앞으로 암호에 대한 공부를 계속하다보면 암호 알고리즘과 키라는 두 단어를 자주 만나게 될것이다. 두 용어는 개념적으로 중요한 차이가 있다. 암호 알고리즘은 암호화와 복호화를 위한 순차적인 계산 또는 처리 과정을 말한다. 반면에 키는 암호 알고리즘을 진행하는 과정에서 일시적 혹은 한시적으로 약속하여 사용하는 숫자를 의미한다. 즉 더하기 암호에

| 평 문 | a | b | c | d | e | f | g | h | i | j | k | l | m |
|---|---|---|---|---|---|---|---|---|---|---|---|---|---|
| 숫자 | 00 | 01 | 02 | 03 | 04 | 05 | 06 | 07 | 08 | 09 | 10 | 11 | 12 |
| 평 문 | n | o | p | q | r | s | t | u | v | w | x | y | z |
| 숫자 | 13 | 14 | 15 | 16 | 17 | 18 | 19 | 20 | 21 | 22 | 23 | 24 | 25 |

$$\Downarrow$$

$$3 \times \text{평문숫자} + 4 \bmod 26 \equiv \text{암호문 숫자}$$

$$\Downarrow$$

| 숫자 | 04 | 07 | 10 | 13 | 16 | 19 | 22 | 25 | 02 | 05 | 08 | 11 | 14 |
|---|---|---|---|---|---|---|---|---|---|---|---|---|---|
| 암호문 | E | H | K | N | Q | T | W | Z | C | F | I | L | O |
| 숫자 | 17 | 20 | 23 | 00 | 03 | 06 | 09 | 12 | 15 | 18 | 21 | 24 | 01 |
| 암호문 | R | U | X | A | D | G | J | M | P | S | V | Y | B |

표 1.5: 아핀 암호 ($t = 3, s = 4$)

서, 문자에 어떤 수를 더하여 암호문을 만드는 과정은 암호 알고리즘이고, 그 때마다 결정하여 사용하는 '어떤 수'가 키에 해당한다.

예를 들어 더하기 암호를 사용하기로 할 때 '이번 메시지는 더하기 3 mod26 으로 암호화한다'라고 결정했다면 3이 바로 키에 해당하는 수이다. 그리고 더하기mod26 이 더하기 암호의 알고리즘이다. 또한 아핀 암호에서는 곱하는 수와 더하는 수의 쌍 (t, s)가 키이고, '곱한 후 더하기mod26'가 알고리즘에 해당한다.

암호문을 보내는 사람과 받는 사람은 서로 암호 알고리즘과 키를 약속해 두어야 할 것이다. 이 때 암호 알고리즘은 지속적으로 사용할 수 있지만 키는 일정한 주기마다 교체하는 것이 안전을 위해 바람직하다.

암호문에 사용한 암호 알고리즘은 궁극적으로 노출될 수밖에 없다. 이제까지 알려진 그런대로 쓸만한 암호 알고리즘은 그리 많지 않다. 따라서 어떤 알고리즘을 썼는지는 누구나 쉽게 추측할 수 있다. 그러나 메시지를 전달할 때마다 일시적으로 정하여 사용하는 키는 상대에게 메시지가 전달되어 복호화할 때까지만 안전하게 관리하면 되므로 상대적으로 노출될 기회가 적다. 키마저 노출된다면 당연히 암호문은 의미가 없어진다. 즉 암호의 안전성은 키의 관리와 보관의 안전성에 의해 결정된다.

암호 알고리즘은 궁극적으로 노출될 수밖에 없다. 따라서 암호의 안전성은 키의 관리와 보관의 안전성에 의해 결정된다.

암호 알고리즘은 미리 결정해 두기로 하고, 키를 그 때마다 바꾼다면 메시지를 보내기 전에 상대방과 키를 서로 약속해야 할텐데 어떤 과정을 거쳐야 안전하게 키를 전달할 수 있을까? 중요한 결론부터 말하자면 키는 반드시 비밀리에 전달되어야 한다. 그렇다면 넌센스가 아닌가? 그럴 바에는 차라리 메시지자체를 안전하게 전달하는 것이 낫지 애써 키를 비밀스럽게 전달한 다음 메시지를 암호화해서 보낼 필요가 있을까? 이 의문에 대한 답은 다음과 같다.

- 일반적으로 메시지는 매우 길다. 반면에 키는 짧아도 되며 짧을수록 더 안전하다. 따라서 키를 전송하는 노력이 덜 필요하고 나쁜 사람이 중간에 가로 챌 가능성도 그만큼 줄어든다.
- 보내는 사람과 받는 사람은 미리 키를 교환하는 시점을 선택하여 정해 놓을 수 있다. 메시지를 전송하기 전에 매일, 매주 혹은 매달 정해 놓은 시점에 키를 주고받을 수도 있다. 하지만 메시지는 일정한 시기를 정해 놓고 전달할 수 없다. 정치사건이나 주식 시장의 돌발 요인 등과 같이 메시지를 급하게 전달해야 하는 상황은 언제 발생할지 모른다.
- 공개키 암호 시스템(5장)를 사용하면 필요할 때마다 안전하게 키를 교환할 수 있다.

## 1.3 암호 공격

암호 공격은 결국 가능한 모든 정보를 수집하고 분석하여 키를 알아내는 것이다.

지금까지 스키테일 암호, 시저 암호, 아핀 암호 등 옛날에 사용했던 비교적 간단한 암호들에 대하여 알아보았다. 앞에서도 잠깐 설명했지만 이러한 암호들은 안전하지 못하다. 암호를 사용한다는 것은 메시지를 허락없이 들여다 보려는 사람이 있다는 의미이다. 그런 사람을 암호학에서는 암호 공격자 또는 점잖게 표현해서 암호 분석가라고 부른다. 암호학자들은 약간의 유머감각을 발휘해서, 메시지를 암호화해서 보내는 사람은 앨리스(Alice, 여자), 암호문을 받아서 미리 정한 열쇠로 메시지를 읽을 사람은 봅(Bob), 그리고 정당한 자격이 없는 상태에서 남의 메시지를 열어보려는 암호 공격자를 Mr.X 또는 오스카(Oscar)라고 부른다.

이제 암호 공격자의 입장에서 암호문을 다루기로 하자. Mr.X는 우선 이 암호문이 어떤 암호를 사용했을까를 판단해야 할 것이다. 나중에 차차 알게 되겠지만 사용한 암호방법(시저암호, 스키테일 암호, 아핀 암호 등)은 그리 어렵지 않게 알아낼 수 있다. 사실 주로 사용하는 암호방법은 그다지 많지 않으며, 암호문의 형태나 특성, 사용 용도, 사용 기관 등을 잘 고려해 보면 사용한 암호방법이 무엇인지는 쉽게 알 수 있다.

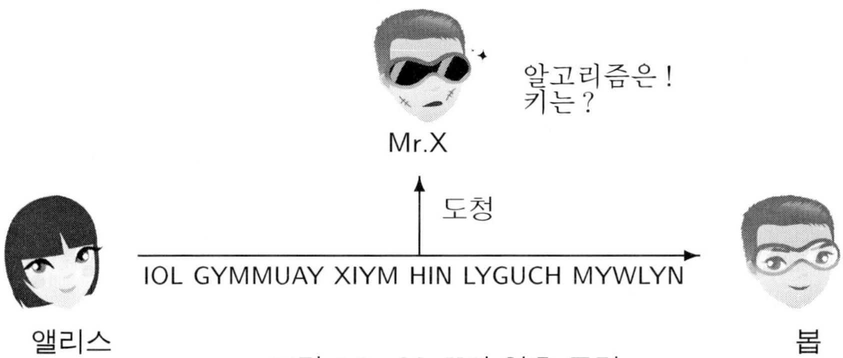


그림 1.2: *Mr.X*의 암호 공격

암호 공격을 하기 위해서는 결국은 그 시점에서 암호문에 사용한 키를 알아내는 것이 가장 중요하다. 사실 암호를 설계하는 사람은 언젠가 암호방법이 암호 공격자에게 알려질 것을 전제로 하고 있다. Mr.X가 그림1.2와 같이 암호문

IOL GYMMUAY XIYM HIN LYGUCH MYWLYN

을 가로챘고 잘(?) 관찰하여 암호 알고리즘은 더하기 암호임을 알아냈다고 하자. 이 때 암호문을 분석하는 데는 기본적으로 서로 다른 두 가지 방법이 있다.

### 1.3.1 모든 가능성 공격

암호 알고리즘에 사용할 수 있는 모든 키를 전부 조사하는 방법을 모든 가능성 공격(brute force attack )이라고 한다. 더하기 암호는 25가지 방법만 있으므로 Mr.X는 간단하게 모두 조사해 볼 수 있다. 더구나 25가지를 전체 암호문에 적용할 필요도 없이 일부 문장에만 시험해 보아도 충분하므로 공격에 필요한 작업량이 훨씬 적어진다.

예를 들어 위 암호문에서 'HIN'이라는 단어를 보자. 더하기가 가능한 방법은 모두 25가지이다. 그 가운데 어느 수로 더하기를 했는지 알수 없으므로 모든 수를 더하기 수로 놓고 거꾸로 평문을 찾아 보면 표1.6과 같다. 이 표에서 더하기 20를 했다고 가정한 경우의 원래 평문 *'not'* 이외에는 의미있는 단어가 나타나지 않는다. Mr.X는 더하기 20의 역동작, 즉 $-20$ 또는 $+6$을 모든 암호문에 적용시키면

our message does not remain secret

이라는 평문장을 얻을 수 있다.

| 더하기 수 | ··· | 3 | 4 | 5 | 6 | 7 | 8 | 9 | 10 | 11 |
|---|---|---|---|---|---|---|---|---|---|---|
| 평 문 | ··· | efk | dej | cdi | bch | abg | zaf | yze | xyd | wxc |

| 더하기 수 | 12 | 13 | 14 | 15 | 16 | 17 | 18 | 19 | 20 | ··· |
|---|---|---|---|---|---|---|---|---|---|---|
| 평 문 | vwb | uva | tuz | sty | rsx | qrw | pqv | opu | not | ··· |

표 1.6: *HIN*에 대한 모든 가능성 공격

모든 가능성 공격은 전수 공격이라고도 한다. 대부분 암호의 기본 공격법이며 가장 확실한 방법이기는 하다. 하지만 키의 종류가 많아지면 조사하는데 걸리는 시간도 따라서 커진다. 그리고 결정적으로 심각한 결점이 있는데 바로 컴퓨터로 자동화하기가 어렵다는 점이다. 사람의 도움 없이 컴퓨터가 혼자서 이 일을 수행하려면 거의 모든 영어 단어를 기억하고 있어야 할 뿐만 아니라 문장의 앞뒤 흐름을 파악하는 지적 능력을 가지고 있어야 한다. 이 정도의 능력을 가진 컴퓨터는 현재로는 찾아보기 어렵고 설령 있다고 해도 그 정도의 컴퓨터를 이런 정도의 암호 공격에 사용하는 것은 대포로 참새를 쏘는 것이나 다름없다. 어쨌든 현대암호에서는 모든 가능성 공격을 피하기 위해 키의 길이를 매우 길게 정한다.

### 1.3.2 통계적 분석

영어문장에서 가장 많이 사용하는 문자는 *'e'*와 *'t'*이다. 그리고 가장 많이 사용하는 문자열은 *'th'*, *'he'* 등이다.

다른 언어들도 마찬가지이지만 영어문장에 사용하는 알파벳은 각자 고유한 출현빈도를 가지고 있다. 표1.7은 이 빈도를 설명하고 있으며, 띄어쓰기 기호나 따옴표 등은 제외했다. 이 표는 1982년 영국의 베커(H. Beker)와 파이퍼(F. Piper)가 조사하여 발표했다. 이들은 100,362개의 신문과 소설 등을 두루 조사하여 문자에 대한 출현빈도를 계산하였다고 한다. 물론 이 통계값은 일반적인 경우를 설명하는 것으로 특정한 문서들은 유형별로 문자의 출현빈도가 약간씩 차이가 있을 것이다.

신문과 소설, 증권보고서와 수학논문 등은 자주 사용하는 문자가 다를 수밖에 없다. 영국에서는 미국보다 'z'를 덜 사용하는데, 영국은 '-ize' 대신 '-ise'를 더 선호한다. 수식을 많이 쓰는 수학문장은 당연히 x를 많이 사용하고, '자이레(Zaire)공화국의 얼룩말(zebra)에 오존(ozone)이

미치는 영향'에 관한 보고서에는 'z'가 상대적으로 많이 사용될 것이다. 하지만 보통의 메시지를 공격하는 경우 이 표만으로도 충분히 공격이 가능하다.

| 문 자 | 상대적 빈도(%) | 문자 | 상대적 빈도(%) |
|---|---|---|---|
| a | 8.167 | n | 6.749 |
| b | 1.492 | o | 7.507 |
| c | 2.782 | p | 1.929 |
| d | 4.253 | q | 0.095 |
| e | 12.702 | r | 5.987 |
| f | 2.228 | s | 6.327 |
| g | 2.015 | t | 9.056 |
| h | 6.094 | u | 2.758 |
| i | 2.966 | v | 0.978 |
| j | 0.153 | w | 2.360 |
| k | 0.772 | x | 0.150 |
| l | 4.025 | y | 1.974 |
| m | 2.406 | z | 0.074 |

표 1.7: 일반적인 문서에서 나타나는 영문자의 상대적 빈도

표를 보면 문자 'e'는 다른 문자들 보다 사용빈도가 현저하게 높다. 두 번째로 많이 사용하는 문자들(t, a, o, n ...)의 빈도도 그리 적지는 않다. 이 문자들은 암호 공격에 사용할 수 있을 정도로 의미있는 출현빈도를 가지고 있다. 영어 평문을 암호화할 때 문자들의 출현빈도에 어떤 변화가 일어날까? 더하기 암호를 사용한다면 암호화한다고 해도 문자의 출현빈도라는 특성은 달라지지 않는다. 예를 들어 문자 e가 X로 바뀌었다면 암호문에서 X의 출현빈도는 가장 높게 나타난다. 그러나 k가 I로 바뀌었다면 I의 빈도는 0.77% 이하로 하찮은 정도일 것이다.

실제로 Mr.X가 암호를 공격하는 과정을 살펴보자. 앞에서 나왔던 암호문

IOL GYMMUAY XIYM HIN LYGUCH MYWLYN

을 다시 한번 생각해 보자. 우선 암호문에서 각 문자가 몇 회 나타나는지 세어 보면 다음과 같다.

| 문 자 | A | B | C | D | E | F | G | H | I | J | K | L | M | N | O | P | Q | R | S | T | U | V | W | X | Y | Z |
|---|---|---|---|---|---|---|---|---|---|---|---|---|---|---|---|---|---|---|---|---|---|---|---|---|---|---|
| 빈 도 | 1 | 0 | 1 | 0 | 0 | 0 | 2 | 2 | 3 | 0 | 0 | 3 | 4 | 2 | 1 | 0 | 0 | 0 | 0 | 0 | 2 | 0 | 1 | 1 | 6 | 0 |

고전암호는 통계적 분석으로 공격당하므로 안전하지 않다. 통계적 분석 공격을 피하려면 다중문자 암호를 사용해야 한다.

가장 많이 나타난 문자는 Y이다. 따라서 평문의 e가 바뀌어서 Y로 대응한 것, 즉 평문에 더하기 20을 하여 암호문을 만들었다고 가정한다(주의 : 확률에 의존하고 있으므로 이러한 가정이 절대적으로 옳다고 확신할 수는 없다). 이 추측이 옳다면 'P, Q, R, S, T'는 각각 v, w, x, y, z 순서로 대응한다고 판단된다. 'v, w, x, y, z'는 출현빈도가 상대적으로 아주 적은 문자들인데 암호문에서도 이에 대응하는 ' P, Q, R, S, T'가 전혀 나타나지 않으므로 Mr.X의 추측이 옳다고 보여진다. 그리고 'L, M, N'은 출현빈도가 높은 'r, s, t'에 대응하는 것으로 여겨지는데 실제로 암호문에서도 'L, M, N'의 빈도가 높게 나타난다. 그러므로 Mr.X는 더 이상 탐색할 필요 없이 암호화의 반대 동작으로, 암호문의 각 문자에 −20 또는 +6을 시행하여 복호화하고, 그 결과 의미 있는 문장인

our message does not remain secret

을 얻게 된다. 통계적 분석은 컴퓨터가 인간의 도움 없이 독자적으로 공격을 수행할 수 있다는 장점이 있다. 그러나 이 방법은 확률에 의존하므로 약간 주의를 해야 한다. 짧은 암호문일 경우 높은 빈도에만 의존하는 순진한 방법은 오류를 범할 수도 있다. 하지만 경험적으로 볼 때 통계적 분석에 의한 암호 공격은 시도해 볼 만한 방법이다.

그러면 각 문자에 대응하는 암호문자를 여러 개 대응시킨다면 문자의 출현빈도가 흐트러져서, 통계적 분석에 의한 공격으로부터 안전하지 않을까? 예를 들면 다음 표처럼 대응시키는 암호문을 생각할 수도 있다. 이러한 종류의 암호를 다중문자 암호라고 한다. 표1.8는 영어 알파벳의 출현빈도를 감안하여 모든 암호문자의 빈도를 같아지도록 설계한 다중문자 암호표이다.

표1.8을 이용하여 다음 메시지를 암호화해 보자.

What does Computer Programming have to do with breaking codes, Brainiac? I found what you need here in High Tech

| | |
|---|---|
| a | 05, 18, 26, 38, 45, 54, 62, 84 |
| b | 10 |
| c | 28, 06, 80 |
| d | 24, 46, 85, 88 |
| e | 15, 16, 23, 31, 44, 61, 69, 77, 83, 87, 91, 95 |
| f | 02, 32 |
| g | 17, 52 |
| h | 03, 09, 33, 76, 82, 89 |
| i | 27, 47, 66, 73, 74, 81, 90 |
| j | 11 |
| k | 43 |
| l | 19, 37, 48, 68 |
| m | 00, 35 |
| n | 20, 36, 53,65, 97, 98 |
| o | 22, 30, 34, 60, 64, 67, 72 |
| p | 04, 39 |
| q | 59 |
| r | 08, 56, 57, 71, 79, 92 |
| s | 21, 42, 49, 63, 70, 94 |
| t | 12, 50, 51, 55, 75, 78, 86, 93, 96, 99 |
| u | 29, 01, 58 |
| v | 14 |
| w | 13, 25 |
| x | 41 |
| y | 40 |
| z | 07 |

표 1.8: 다중문자 암호

암호문은 다음과 같다.

13030512 24221521 2830000429501608
3956341757183500272052
09261423 5160 4664 25475533 1071313843663617
0667854442
1079457353745480 81 0272016588 13766275
402258 97616924
82779283 9098 89271703 78872809

물론 반대로 이 표를 이용하여 복호화(암호풀기)도 할 수 있다. 예를 들어 암호문

27 19221415 403029

를 평문으로 바꾸면

i love you

가 된다. 표에서 대응숫자들이 일정한 배열을 따르지 않고 있어서 약간 불편할 수는 있지만 큰 문제는 아닐 것이다. 여러분도 직접 이러한 종류의 대응표를 만들어 볼 수도 있다.

물론 이 정도로 짧은 암호문에서는 각 숫자의 출현빈도가 동일하지는 않다. 그러나 문장이 어느 정도 이상 길어지면 동일한 빈도가 된다는 것을 예상할 수 있다. 완전한 다중문자 암호가 통계적 분석에 잘 견딘다는 장점을 가지고 있음에도 불구하고 오늘날에는 잘 사용하지 않고 있다. 그 이유는 대응표의 부피가 크고 분실 또는 누출시 재발급이 번거롭기 때문이다. 키는 간단할수록 좋다. 다중문자 암호의 장점을 가지고 있으면서도 상대적으로 짧은 키를 사용하는 암호가 비제네르 암호이다. 다음 장에서 자세히 소개한다.

## 1.4 암호와 관련한 용어

암호학을 의미하는 cryptology 와 cryptography 는 그리스어인 **κρψπτοσ** (cryptos 숨겨진), **λογοσ** (logos 단어, 사유), **γραφια** (graphia 쓰기) 에서 유래되었다. cryptography 는 암호 시스템을 설계하는 기술이고, cryptology 는 암호 시스템과 암호 공격법을 다 함께 포함하는 용어라고 구별하기도 한다. 그러나 보통은 메시지를 감추기 위한 기술과 이론이라는 정도의 의미에서, 서로 구별하지 않고 사용하며 우리말로는 암호학이라고 번역한다.

보내고자 하는 원래의 메시지를 평문(clear text, plain-text) 이라고 하고 소문자 a, b, c, ... 로 나타낸다. 평문을 적절한 방법으로 암호화한 문장을 암호문(cipher text) 이라고 말하며 대문자 A, B, C, ... 로 나타낸다. 평문을 암호문으로 만드는 과정을 암호묶기(암호화, enciphering) 라고 하고, 반대로 암호문을 평문으로 바꾸는 과정을 암호풀기(복호화), deciphering) 라고 한다. 사용하려는 모든 평문들과 이에 대응하는 암호문들 그리고 암호화 규칙들을 한꺼번에 나타낼 때는 암호 시스템이라고 한다.

어떤 암호를 쓰든 암호를 사용하는 사람은 공격자가 알아내기 어려운 정보를 가지고 있어야 한다. 이 정보를 알고 있는 사람은 암호를 풀 수 있고 공격자와 같이 그 정보를 가지고 있지 못한 사람은 풀 수 없어야 한다. 이 정보를 키(key) 라고 한다.

1 장에서 설명하는 고전암호들은 암호문을 보내는 사람과 받는 사람이 같은 키를 가지고 있는 암호 시스템이다. 이런 종류의 암호를 대칭 암호(대칭키 암호)라고 한다. 반대로 보내는 사람과 받는 사람이 서로 다른 키를 가지고 있는 암호를 비대칭 암호라고 한다.

메시지는 보통 영어 알파벳이나 한글의 자음과 모음 등의 문자를 사용하지만, 문자대신에 그에 대응하는 숫자들을 대응시켜서 영어의 경우 0, 1, 2, 3, ..., 25 사이의 수를 사용할 수도 있고, ASCII 등과 같이 0과 1을 사용하는 이진수(binary digit, bit)를 써서 메시지를 표현할 수도 있다. 이처럼 일단 숫자로 바꾸고 나면 아핀 암호 등과 같이 수학적인 처리가 가능해지므로 현대의 암호와 같은 안전한 암호 시스템으로 발전해 나갈 수가 있다. 수학적 접근의 또 다른 장점은 암호 시스템의 안전성을 논리적으로 증명할 수 있다는 점이다. 과거의 암호들은 "이 정도로 어렵다면 아무도 공격할 수 없을 것이다" 라든가 "지난 3 년간 아무도 이 암호를 깨지 못하였으므로 안전한 편이다" 와 같이 막연하게 안전성을 표현해 왔다. 그러나 나중에 공부하겠지만 현대의 암호는 "이 암호를 공격하려면 $x$ 번 계산을 해야 하는데 이 계산에는 가장 좋은 컴퓨터로도 500 년이 소요된다. 그러므로 이 암호는 안전하다" 라는 식으로 안전성을 설명한다.

**암호의 안전성** 암호문에 사용하는 암호문자(기호)들이 반드시 메시지에서 사용한 언어적 일반 문자일 필요는 없다. 대응규칙만 분명하다면 숫자, 기호, 문자 어느 것을 사용해도 된다. 이때, 메시지의 한 문자에 암호문자가 하나씩만 대응되는 암호 시스템을 단일문자 암호라고 한다. 더하기 암호나 스키테일 암호, 아핀 암호 등이 대표적인 단일문자 암호이다. 하지만 아무리 교묘한 방법으로 대응을 시키더라도 단일문자 암호인 이상은 앞에서 설명하였듯이, 문자의 출현빈도와 같은 통계적 특성을 이용한 공격 앞에서는 무력할 수밖에 없다. 1975 년 이전에 사용되던 암호 방법들을 보통 고전암호라고 하는데 거의 대부분 안전하지 못하다.
그렇다면 어떤 암호가 안전한 것이며 암호의 안전성이란 무엇을 말하는가?

> **Kerckhoff의 원리** 독일의 암호학자인 케르코프(A. Kerckhoff)는 암호 안전성의 본질에 관해 다음과 같은 말을 했다. " 암호 시스템의 안전성은 암호 알고리즘의 비밀에 의존하는 것이 아니라, 키의 비밀을 지킴으로서 보장된다."

암호방법(알고리즘)은 언젠가는 결국 알려지게 마련이고 그렇다면 키를 얼마나 안전하게 관리하는냐 하는 것이 암호 안전성의 핵심이라는 의미

| ASCII 문자 | 이진법수 | ASCII 문자 | 이진법수 |
|---|---|---|---|
| 띄어쓰기 | 00100000 | H | 01001000 |
| ! | 00100001 | I | 01001001 |
| 0 | 00110000 | J | 01001010 |
| 1 | 00110001 | K | 01001011 |
| 2 | 00110010 | L | 01001100 |
| 3 | 00110011 | M | 01001101 |
| 4 | 00110100 | N | 01001110 |
| 5 | 00110101 | O | 01001111 |
| 6 | 00110110 | P | 01010000 |
| 7 | 00110111 | Q | 01010001 |
| 8 | 00111000 | R | 01010010 |
| 9 | 00111001 | S | 01010011 |
| A | 01000001 | T | 01010100 |
| B | 01000010 | U | 01010101 |
| C | 01000011 | V | 01010110 |
| D | 01000100 | W | 01010111 |
| E | 01000101 | X | 01011000 |
| F | 01000110 | Y | 01011001 |
| G | 01000111 | Z | 01011010 |

표 1.9: *ACSII*문자에 대응하는 코드의 예

일 것이다. 어떤 의미에서 완전하게 안전한 암호란 사실상 존재하기 어렵다고도 해석할 수 있다.

한편 고전암호들은 아무리 키가 안전하게 보관되고 있다해도 알고리즘 자체의 허점 때문에 안전하지 못하였다. 컴퓨터의 발전으로 암호문으로부터 사소한 정보(문자의 출현빈도와 같은)들을 추출해내거나 통신과정에서의 허점을 이용한 등 다양한 공격법들이 개발되면서 고전암호 기법들은 더 이상 암호라고 할 수 없을 정도로 공격을 당하였다. 현대의 암

그림 1.3: 앞으로 자주 등장하는 사람들

호에서는 암호 알고리즘을 굳이 감추려고 하지 않는다. 다만 키의 안전성에 신경을 쓴다. 물론 키는 암호 사용자가 반드시 안전하게 관리해야 한다. 그럼에도 불구하고 암호문이나 사용시기, 대상, 방법 등 암호통신과정에서 얻을 수 있는 정보들을 악용하여 공격할 가능성은 항상 존재한다. 따라서 암호의 안전성은 키를 짐작케하는 정보를 얼마나 최소화하는가에 달려있다고 할 수 있다. 뒤에 다시 설명하겠지만 현대 암호의 분기점은 70년대 후반에 발표된 DES와 RSA 암호가 발표되면서 부터이다. DES와 RSA는 발표 당시부터 암호를 묶고 푸는 과정이 완전하게 공개되었다. 이는 키가 안전하게 관리된다면 암호 알고리즘의 허점을 이용한 공격이 불가능하다는 보장이 없으면 안된다.

이론적으로만 생각하면 전수 공격(brute force) 앞에서 완벽하게 안전한 암호란 있을 수 없다. 다만 전수 공격을 위해서는 엄청난 계산량과 시간이 요구된다. 암호 공격가들은 전수 공격보다는 시간이 덜 소요되는 효율적인 공격법들을 연구하고 속속 발표하고 있다. 이제까지 깨지지 않을 것으로 믿고 있던 많은 암호 시스템이 암호 공격자들에 의해 (간단하지는 않았지만) 깨진 예는 얼마든지 있다. 어찌보면 암호학의 발전은 엘빈토플러의 '도전과 응전'의 역사라고도 말할 수 있다.

암호 공격자들은 다음과 같은 여러 상황에서 공격방법을 연구하고 있다. 암호의 안전성을 말할 때 흔히 이들 각각의 상황에서 얼마나 안전한지 표현한다. 예를 들어 "이 암호 알고리즘은 단독 공격에는 강하지만 선택한 평문 공격에는 취약하다" 라는 식으로 표현한다.

**암호문 단독 공격** 암호 공격자가 비교적 긴 암호문을 알고 있고, 원한다면 같은 암호 알고리즘을 사용한 암호문의 일부분을 어렵지 않게 구할 수는 있지만, 그 외의 정보(평문이나 암호 알고리즘에 관한)는 전혀 없는 상황에서의 암호 공격.

공격자의 입장에서는 사실상 아무런 단서도 없는 가장 난감한 상황이다.

**알려진 평문 공격** 암호 공격자가 비교적 짧은 부분의 평문과 이에 대응하는 암호문을 알 수 있는 상황.

이러한 경우는 실제에서 흔히 있을 수 있는 경우로, 예를 들면 대부분의 사람들은 편지의 시작과 끝에 상투적인 문구를 사용하므로 그에 대응하는 암호문과 비교할 수 있다. 암호 공격자는 보통, 공격하려는 암호문이 어떤 종류의 문서(이메일, 인터넷 회원가입, 전자상거래 등)인지 대략 짐작하고 있고, 자주 사용하는 문장들에 대해서는 어느 정도 중요한 단어들을 추측할 수 있는 정도의 능력은 있다고 봐야 한다.

**선택한 평문 공격** 공격자가 암호문과 그에 대응하는 평문을 여러 쌍 알고 있고, 간단한 평문을 선택해서 대응하는 암호문이 무엇인지 테스트해 볼 수 있을 정도로 많은 정보를 가지고 있는 상황에서의 암호 공격.

암호문과 그에 대응하는 평문들을 많이 알고 있다면 평문에서 특정한 문자열들(예를 들어 aaaa 나 ababab 와 같은 매우 규칙적인 문자열들)을 찾아 그에 대응하는 암호문을 집중적으로 알아내는 방식의 공격으로 키와 암호 알고리즘에 관한 정보를 알아낼 수도 있다. 이러한 공격법은 아주 효율적이고 위협적이어서 암호문뿐만 아니라 메시지 서명(6장에서 설명)도 공격당할 할 수 있다. 만약 어떤 알고리즘이 이런 상황의 공격에 취약하다면, Mr.X는 오염된 메시지에 정당한 문서(또는 프로그램)인 것처럼 서명하여 보낼 수도 있다. 이경우 수신자는 치명적인 손실을 입게 된다.

**선택한 암호문 공격** 공격자가 암호문을 임의로 선정한 다음 그에 대응하는 평문이 무엇인지를 알아낼 수 있는 상황에서의 공격.

이 경우 공격자는 암호 키를 알아내는 것이 최종 목적인데, 기본적으로 공개키 암호가 이러한 공격에 취약하지만 대칭키를 사용하는 암호 알고리즘도 때로는 이러한 상황을 제공할 수 있다.

## 1.5 큰 정수들

암호에서 키는 암호문이나 평문보다 당연히 길이가 짧다. 키의 길이가 짧으면, 즉 키의 종류가 많지 않으면 모든 키를 다 적용해 보고 의미 있는 평문을 추측하는 전수 공격이 가능해진다. 오늘날 컴퓨터의 성능이 비

| 자연계 현상 | 수 |
|---|---|
| 미국에서 일상적으로 : | |
| 하루동안 번개에 맞아 죽을 확률 | 90 억분의 1 ($2^{33}$ 분의 1) |
| 미국에서 복권 1등에 당첨될 확률 | 4 천만분의 1($2^{28}$ 분의 1) |
| 미국에서 복권 1등에 당첨된 다음 번개에 맞아 죽을 확률 | $2^{61}$ 분의 1 |
| 1년 안에 물에 빠져 죽을 확률 | 59000분의 1 ($2^{16}$ 분의 1) |
| 1년 동안 교통사고로 죽을 확률 | 6100분의 1 ($2^{13}$ 분의 1) |
| 일생동안 교통사고로 죽을 확률 | 88 분의 1 ($2^{7}$ 분의 1) |
| 우주가 시작된 후 : | |
| 다음 빙하기가 올 때까지 시간 | 1만4천년 ($2^{14}$) |
| 태양이 초신성 폭발을 일으킬 때까지 | 10 억년 ($2^{30}$) |
| 지구의 나이 | 40 억년 ($2^{32}$) |
| 우주의 나이 | 160 억년 ($2^{34}$) |
| 지구에 있는 모든 원자의 개수 | $10^{51}$ ($2^{170}$) |
| 태양에 있는 모든 원자의 개수 | $10^{57}$ ($2^{190}$) |
| 은하계에 있는 모든 원자의 개수 | $10^{67}$ ($2^{223}$) |
| 우주에 있는 모는 원자의 개수 | $10^{77}$ ($2^{265}$) |
| 우주의 부피 | $10^{84}$ $(2^{280})cm^3$ |
| 은하계가 끝날 때까지 : | |
| 은하계의 수명 | $10^{11}(2^{37})$ 년 |
| 다시 우주가 만들어 진다면 : | |
| 가벼운 별이 식을때까지 걸리는 시간 | $10^{14}(2^{47})$ 년 |
| 행성이 별에서 떨어져 나올 때까지 | $10^{15}(2^{50})$ 년 |
| 별이 우주에서 떨어져 나올 때까지 | $10^{19}(2^{64})$ 년 |
| 모든 물질이 불랙홀로 빨려들어갈 때까지 | $10^{10^{76}}$ 년 |

표 1.10: 큰 정수들

약적으로 발전하고 있어서 키가 어느정도 이상 길지 않으면 공격당할 수 있다. 따라서 어떤 사람들은 "까짓것 재수만 좋으면 키를 어쩌다가 맞출 수도 있지 않을까?" 라고도 생각한다.

컴퓨터의 성능만 좋다면 빈도수 공격과 같은 골치아픈 분석보다는 전수 공격이 더 나을 것이다. 이런 문제를 해결하기 위해 DES와 같은 현대암호에서는 키를

01001010 00011101 01001011 11100100

01101011 00010101 01011011 11100101

과 같이 64비트 이상의 비트열을 사용한다. 최근에는 안전성을 높히기 위해 길이가 점점 늘어나서 2,048비트 정도는 되어야 한다고 한다. 위의 예와 같은 키는 언뜻 보기에도 무척 길어 보이기는 하지만, 실제로 64비트라는 것이 어느 정도로 길다는 의미인지 살펴보자. 키의 길이가 64비트이면 키의 종류는 $2^{64}$ 개이다. 따라서 전수공격을 시도하여 64비트 키를 알아내는 것은 $2^{64}$ 개 가운데 하나를 우연히 맞추는 것과 같다. 즉, 64비트인 키를 짐작으로 맞출 확률은 $1/2^{64} \approx 1/1.84 \times 10^{19} = 1/1,840$경이고 이 값은 거의 0이라고 말할 수 있다. 물론 0은 아니므로 전수공격이 완전하게 불가능하다는 의미는 아니다. 그러나 이 수가 얼마나 0에 가까운 작은 수인지, 따라서 확률적으로 얼마나 가능성이 없는 것인지 몇가지 예를 들어 보자. 표1.10은 다이슨(F. Dyson)이라는 사람이 1979년에 현대물리학회에서 발표한 논문을 인용한 것이다. 다른 예도 들어보자.

$2^{64}$은 약 $10^{19}$으로 *10*만 조 정도인 매우 큰 수이다. 따라서 길이가 *64*비트인 키를 짐작으로 정확하게 맞추는 것은 실제로는 불가능하다.

- 세계인구는 약 60억$(6 \times 10^9)$이고 여자와 남자가 반반씩이라고 하자. 어느날 여자들 가운데 1명과 남자 가운데 1명을 뽑아 다른 행성에 대표를 파견하기로 했다. 몇가지 방법이 있을까? 무작위로 남자와 여자 한 쌍을 선택하는 방법은 모두 $3 \times 10^9 \times 3 \times 10^9 = 9 \times 10^{18}$ 가지가 있다. 이는 모든 64비트 키들의 종류$(1.84 \times 10^{19})$보다 적다.
- 물 한 방울(1 cc)에는 약 $10^{19}$ 개의 물 분자가 있다. 64비트 키를 짐작하는 것은 한 방울의 물에서 분자 하나를 낚시질하는 것과 같다. 만약 키가 80비트라면 키를 짐작하는 것은 물 한 양동이에서 분자 하나를 건져내는 것과 같다. 지구에서 모래알 하나 찾기 정도라고나 할까?
- 우리나라에서 1등으로 로또에 당첨될 확률은 약 1/800만 $\geq 1/10^6$ 이다. 무작위로 비트를 나열하여 64비트 키를 정확히 맞출 확률은 3주 연속해서 1등에 당첨될 확률보다 훨씬 더 적다. 다른 사람의 비밀키를 알아내서 1억을 빼내는 것보다는 차라리 로또복권을 사는 것이 확률적으로 더 현명한 일이다.

# 연습문제

## 1.1 고전암호

1. 다음 암호문의 평문을 찾아라. 암호문은 모두 50개의 문자로 만들어져 있다.

   암것터발정호을사전을학환람시자의영들켜세세합이온히
   계니암흥살에다호미펴들지기로봅어금술운시온부을과다

   1단계 : 스키테일의 굵기가 4라고 가정하고 문자를 세로로 나열한 다음 가로로 읽어본다.

| 1 | 암 | 정 | | | | | | | | | | | | |
|---|---|---|---|---|---|---|---|---|---|---|---|---|---|---|
| 2 | 것 | 호 | | | | | | | | | | | | |
| 3 | 터 | 을 | | | | | | | | | | | | |
| 4 | 발 | · | | | | | | | | | | | | |

   2단계 : 의미있는 문장이 아니면, 다시 스키테일의 굵기가 5라고 가정하고 문자를 세로로 나열한 후 가로로 읽어본다.

| 1 | 암 | 호 | | | | | | | | | | | | |
|---|---|---|---|---|---|---|---|---|---|---|---|---|---|---|
| 2 | 것 | 을 | | | | | | | | | | | | |
| 3 | 터 | · | | | | | | | | | | | | |
| 4 | 발 | · | | | | | | | | | | | | |
| 5 | 정 | · | | | | | | | | | | | | |

2. 다음 평문을, 주어진 표를 이용하여 굵기가 7인 스키테일 암호문으로 만들어 보라. 마지막 부분에 빈칸이 남으면 아무 문자(더미문자라고 함)나 써 넣는다.

   스키테일암호는암호화방법이단순하여많은사람이
   동시에시험보면암호문만가지고도공격할수있다

| 1 | 스 | 키 | 테 | 일 | 암 | 호 | 는 |
|---|---|---|---|---|---|---|---|
| 2 | 암 | 호 | 화 | 방 | 법 | 이 | . |
| 3 | . | . | . | . | . | . | . |
| 4 | | | | | | | |
| 5 | | | | | | | |
| 6 | | | | | | | |
| 7 | | | | | | | |

암호문은

스암

## 1.2 아핀암호

3. 다음 모듈러스를 계산해 보자.
   a) $367 \mod 27 \equiv$

   b) $25 + 42 \mod 27 \equiv$

   c) $4^{-1} \mod 27 \equiv$

   d) $-15 \mod 27 \equiv$

   e) $2^{30} \mod 27 \equiv$

   f) $30^{20} \mod 27 \equiv$

* 한글자모에 다음과 같이 숫자를 대응시키기로 하자.

| ㄱ | ㄴ | ㄷ | ㄹ | ㅁ | ㅂ | ㅅ | ㅇ | ㅈ | ㅊ | ㅋ | ㅌ | ㅍ | ㅎ | ㅏ | ㅑ | ㅓ | ㅕ | ㅗ | ㅛ | ㅜ | ㅠ | ㅡ | ㅣ |
|---|---|---|---|---|---|---|---|---|---|---|---|---|---|---|---|---|---|---|---|---|---|---|---|
| 00 | 01 | 02 | 03 | 04 | 05 | 06 | 07 | 08 | 09 | 10 | 11 | 12 | 13 | 14 | 15 | 16 | 17 | 18 | 19 | 20 | 21 | 22 | 23 |

4. 다음 문장을 위의 대응표에 따라서 아핀 암호문으로 바꾸어 보자.

   사랑하는 사람에게 일주일에 한번 전화하자

1) 자음과 모음을 분리하고 아핀 변환은 곱하는 수 t= 7, 더하는 수 s = 5로 한다. (띄어 쓰기와 구두점은 무시한다. 그리고 mod 24 인 것에 유의하라.)

| | ㅅ | ㅏ | ㄹ | ㅏ | ㅇ | ㅎ | ㅏ | ㄴ | ㅡ | ㄴ | ㅅ | ㅏ |
|---|---|---|---|---|---|---|---|---|---|---|---|---|
| 대응수 | | | | | | | | | | | | |
| 변환수 | | | | | | | | | | | | |
| 암호문 | | | | | | | | | | | | |

| | ㄹ | ㅏ | ㅁ | ㅇ | ㅓ | ㅣ | ㄱ | ㅓ | ㅣ | ㅇ | ㅣ | ㄹ |
|---|---|---|---|---|---|---|---|---|---|---|---|---|
| 대응수 | | | | | | | | | | | | |
| 변환수 | | | | | | | | | | | | |
| 암호문 | | | | | | | | | | | | |

| | ㅈ | ㅜ | ㅇ | ㅣ | ㄹ | ㅇ | ㅓ | ㅣ | ㅎ | ㅏ | ㄴ | ㅂ |
|---|---|---|---|---|---|---|---|---|---|---|---|---|
| 대응수 | | | | | | | | | | | | |
| 변환수 | | | | | | | | | | | | |
| 암호문 | | | | | | | | | | | | |

| | ㅓ | ㄴ | ㅈ | ㅓ | ㄴ | ㅎ | ㅗ | ㅏ | ㅎ | ㅏ | ㅈ | ㅏ |
|---|---|---|---|---|---|---|---|---|---|---|---|---|
| 대응수 | | | | | | | | | | | | |
| 변환수 | | | | | | | | | | | | |
| 암호문 | | | | | | | | | | | | |

2) 암호문은

5. 다음 문자열은 아핀 암호문이다. 평문을 찾아라. 단, 곱하는 수 $t = 5$ 이고 더하는 수 $s = 3$ 이다.

NDGG ZA TVZK GVEXK VQNX D JXXB

* 평문 알파벳에 대한 수자 대응표는 다음과 같다.

| A | B | C | D | E | F | G | H | I | J | K | L | M |
|---|---|---|---|---|---|---|---|---|---|---|---|---|
| 00 | 01 | 02 | 03 | 04 | 05 | 06 | 07 | 08 | 09 | 10 | 11 | 12 |
| N | O | P | Q | R | S | T | U | V | W | X | Y | Z |
| 13 | 14 | 15 | 16 | 17 | 18 | 19 | 20 | 21 | 22 | 23 | 24 | 25 |

1) 곱하는 수 $t$의 역원($t^{-1} \mod 26$)은?($5 \times \bigcirc = 1 \mod 26$ 인 수 ◯를 찾는다)

2) 더하는 수 $s$의 역원($-s \mod 26$ )은?($3 + \bigcirc = 0 \mod 26$ 인 수 ◯를 찾는다)

3) 따라서 암호문에 해당하는 수를 찾고 역변환($(\heartsuit - s) \times t^{-1}$) 하면 평문을 얻는다.

| | N | D | G | G | Z | A | T | V | Z | K | G | V | E |
|---|---|---|---|---|---|---|---|---|---|---|---|---|---|
| 대응수 | 13 | 03 | | | | | | | | | | | |
| 역변환수 | 02 | 00 | | | | | | | | | | | |
| 평문자 | C | A | | | | | | | | | | | |

| | X | K | V | Q | N | X | D | J | X | X | B | | |
|---|---|---|---|---|---|---|---|---|---|---|---|---|---|
| 대응수 | | | | | | | | | 23 | | | | |
| 역변환수 | | | | | | | | | 04 | | | | |
| 평문자 | | | | | | | | | E | | | | |

## 1.3 암호공격

6. 다음은 미국의 오래된 팝송을 아핀 암호로 암호화한 문장이다. 빈도수 공격으로 암호문을 공격해 보자.

LCVQ N QVVK HBP N YPTE ZUBTV FH VHVT DQK N DF LNEC HBP DQK DUU ECDE N TB LDQE RNAV HBP NT BQUH D CVDIEOVDE DLDH FNUVT DQK FNUVT BG VFMEH TMDZV NQ OVELVVQ PT ECV EVUVM CBQV ZDQ'E EDJV ECV MUDZV BG HBPI TFNUV OPE HBP JQBL N LBQ'E OV EIDAVUNQR GBIVAVI NE'T ZBUK BPE TB CBUK BPE DQK KB UNJV N KB FNUVT DQK FNUVT BG VFMEH TMDZV NQ OVELVVQ PT ECV EVUVMCBQV ZDQ'E EDJV ECV MUDZV BG HBPI TFNUV OPE HBP JQBL N LBQ'E OV EIDAVUNQR GBIVAVI

1) 각 문자의 빈도수를 세어본다.

| A | B | C | D | E | F | G | H | I | J | K | L | M | N | O | P | Q | R | S | T | U | V | W | X | Y | Z |
|---|---|---|---|---|---|---|---|---|---|---|---|---|---|---|---|---|---|---|---|---|---|---|---|---|---|
| | | | | | | | | | | | | | | | | | | | | | | | | | |

2) 가장 빈도수가 높은 문자 아래 소문자 e 를 쓰고, 다음으로 빈도가 높은 문자 아래 t를 쓴 다음, 아핀 변환수를 추측하여 나머지 빈칸을 완성한다.

| A | B | C | D | E | F | G | H | I | J | K | L | M | N | O | P | Q | R | S | T | U | V | W | X | Y | Z |
|---|---|---|---|---|---|---|---|---|---|---|---|---|---|---|---|---|---|---|---|---|---|---|---|---|---|
| | | | | | | | | | | | | | | | | | | | | | | | | | |

3) 위 변환표를 이용하여 암호문을 평문으로 바꾸어 본다. 의미 있는 문장이 되었는가? 만약 실패했다면?

## 1.4 암호관련 용어

7. 다음 용어의 정의를 쓰고, 어려운 순서대로 나열하라.
   ① 선택평문 공격
   ② 알려진 평문공격
   ③ 암호문 단독 공격
   ④ 선택 암호문 공격

8. 최근 피싱사이트(fishing site)가 새로운 해킹 수단으로 알려져 있다. 낚시에 걸려든 클라이언트가 가짜 입력창에 비밀번호와 주소를 입력하고 암호화하여 전송하였다. 해커는 어떤 암호공격을 시행한 것인가?

9. 다음 용어를 설명하라.
   ① 암호알고리즘
   ② 단일문자 암호
   ③ 전치암호와 치환암호
   ④ 키
   ⑤ 전수공격

## 1.5 큰 정수들

* 초등학교에서 태양빛이 지구에 도달하려면 약 8분 이상이 걸린다고 배웠다. 초로 환산하면 $8 \times 60$초 $= 480$초이다. 빛이 1초에 30

만 km를 달리니까, 태양에서 지구까지의 거리는 300,000 km/초 × 480초 = 144,000,000 km = 144×10$^{12}$mm (1.44 억 km) 이상이다.

그리고 얇은 종이의 두께는 대략 어느 정도일까? 정확하지는 않지만 0.01mm라고 하자. 이 종이를 절반으로 잘라서 포갠 다음, 다시 또 절반으로 잘라서 포개고, 다시 잘라서 포개고... 이 과정을 약 60번 정도 거치고 나면 두께가 얼마나 될까? 한번 포갤 때마다 2배로 두꺼워지니까, 60번을 반복하면 $2^{60} \times 0.01\text{mm} \geq 2^{53}\text{mm}$ 이다. $2^{10} = 1,024 \simeq 10^3$ 으로 간단하게 생각하면

$$2^{53} \geq (2^{10})^5 \times 2^3 = (10^3)^5 \times 8 = 8,000\text{조 mm} = 80\text{억km}$$

이상이다. 즉 포개어 놓은 종이의 두께는 지구와 태양 사이 거리의 약 80억/1.44억 $\simeq$ 55 배를 넘는다.

10. 최근 유행하는 스포츠토토 가운데 야구토토의 1등 당첨확률을 $1/a \times 10^k$ 형태로 간단하게 계산하라.

MEMO

# 2
# 비제네르 암호

다중문자 암호는 단일문자 암호에 비해 빈도수를 관찰하는 통계적 분석으로 공격하기가 어렵다. 하지만 키에 해당하는 대응표를 어디엔가 기록해놓아야 하는 단점을 가지고 있다. 1586 년 프랑스 외교관 비제네르(Blaise de Vigenére) 는 메시지 문자 하나에 여러 개의 암호문자를 대응시키는, 일종의 다중문자 암호를 발표하였다.

## 2.1 비제네르 암호

비제네르

비제네르 이전에도 이미 트리테미우스(Johannes Trithemius, 1462-1516) 와 뽀르따(Giovanni Battista Della Porta, 1535-1615) 도 비슷한 암호체계를 연구한 적이 있었다. 트리테미우스는 다중 은닉기법( Poligraphia Stegonographia) 와 같은 암호기술에 관한 책을 저술하면서 이와 비슷한 암호방법을 적어 놓았으나, 그가 죽은 뒤 한참 후에야 출판되었다. 뽀르따는 어둠상자 사진기의 발명가로 잘 알려져 있는데, 1558 년에 출판된 그의 저서 자연의 마술 (Magia Naturalis) 에 비제네르 암호와 아주 유사한 다중문자 암호를 발표한 적이 있다. 다중문자 암호 가운데 비제네르 암호가 가장 유명한 이유는 다음과 같다.

- 이 암호는 오늘날 전문가들이 많이 사용하는 암호들의 기본적인 틀을 제공한다.
- 비제네르 암호를 깨기 위하여 사용하는 카지스키 테스트와 프리드만 테스트는 아주 중요한 암호 공격법이다.

비제네르 암호는 다중문자 암호이면서 복잡한 암호대응표가 필요없다는 특징이 있다.

이 암호의 기본적인 아이디어는, 메시지를 몇개의 열로 정리한 후 키 단어라는 것을 사용하여 각 열에 서로 다른 단일문자암호를 적용하는 것이다. 암호문자의 출현빈도가 흐트러지는 다중문자 암호이면서도 복잡한 암호대응표가 필요없다는 특징을 가지고 있어 상당한 매력이 있는 암호기법이라고 할 수 있다. 비제네르 암호는 언뜻보면 도저히 깨질 수 없는 완벽한 암호법으로 보였고, 실제로 200 년 이상이 지나고 난 후에서야 효율적인 공격법이 나타났다. 1863 년 카지스키가 처음으로 비제네르 암호의 부분적인 공격법을 사용한 후 다시 60 여년 지난 후 프리드만이 비로소 완벽한 공격방법을 만들어 내었다. 이제부터 비제네르 암호로 암호문을 만드는 과정을 살펴 보자.

1. 암호문을 만들기 위해 먼저 키를 정하여 서로 공유하여야 한다. 키는 키 단어라고 하는 문자열을 사용한다.
2. 그 다음 선택한 키 단어를 평문의 각 문자 바로 아래에 반복해서 쓴다. 예를 들어 단어 VENUS를 키 단어로 택하였다면, 이 키 단어 VENUS를 평문의 끝에 도달할 때까지 계속 쓴다.
3. 암호문은 키 단어의 문자와 평문자를 세로로 더하여 만든다.

예를 들어 'polyalphabetic' 이라는 단어를 비제네르암호로 암호화 해 보자.

우선 키 단어를 VENUS(5 문자) 로 미리 정하였다면 암호문은 다음과 같이 계산하여 작성한다.

| | | | | | | | | | | | | | | | |
|---|---|---|---|---|---|---|---|---|---|---|---|---|---|---|---|
| | 평문 | p | o | l | y | a | l | p | h | a | b | e | t | i | c |
| | 키 단어 | V | E | N | U | S | V | E | N | U | S | V | E | N | U |
| +mod26 | 암호문 | K | S | Y | S | S | G | T | U | U | T | Z | X | V | W |

표 2.1: 비제네르 암호의 암호화 과정

따라서 키 단어가 VENUS 일 때, 평문 'polyalphabetic' 은 암호문

KSYSSGTUUTZXVW

로 바뀐다. 이 때 더하기를 한다는 의미는, 1 장에서와 같이 각 알파벳을 00 부터 25 까지 바꾸어 mod 26 더하기를 한 다음 다시 숫자에 대응하는 문자로 바꾼다는 의미이다.

암호풀기 (복호화) 는 암호묶기 (암호화) 의 역과정을 거치면 된다. 즉 암호문자 바로 아래에 키 단어를 반복해서 쓴 다음 더하기의 반대인 빼기 (− mod 26) 를 수행하면 평문을 얻는다. Mr.X 의 입장에서 이 암호를 공격하려면 단일문자 암호 공격보다 훨씬 많이 애를 써야 한다. 암호문자의 출현빈도가 분산되어있다는 점도 공격을 어렵게 하는 이유 중의 하나이다.

| | | | | | | | | | | | | | | | |
|---|---|---|---|---|---|---|---|---|---|---|---|---|---|---|---|
| | 평문 | 15 | 14 | 11 | 24 | 00 | 11 | 15 | 07 | 00 | 01 | 04 | 19 | 08 | 02 |
| | 키 단어 | 21 | 04 | 13 | 20 | 18 | 21 | 04 | 13 | 20 | 18 | 21 | 04 | 13 | 20 |
| +mod26 | 암호문 | 10 | 18 | 24 | 18 | 18 | 06 | 19 | 20 | 20 | 19 | 25 | 23 | 21 | 22 |

표 2.2: 비제네르 암호의 암호화 과정(숫자)

| | | | | | | | | | | | | | | | |
|---|---|---|---|---|---|---|---|---|---|---|---|---|---|---|---|
| | 암호문 | K | S | Y | S | S | G | T | U | U | T | Z | X | V | W |
| +mod26 | 키 단어 | V | E | N | U | S | V | E | N | U | S | V | E | N | U |
| | 평 문 | p | o | l | y | a | l | p | h | a | b | e | t | i | c |

표 2.3: 비제네르 암호의 복호화 과정

비제네르 암호는 다중문자 암호이다. 위의 표2.1을 보면 평문자 a는 서로 다른 암호문자 S와 U에, p는 K와 T에 각각 대응한다. 반대로 암호문자 S에 대응하는 평문자는 o, y, a 등으로 여러 가지가 있어서, 키 단어가 없다면 암호대응 규칙을 짐작하기가 무척 어려워진다. 만약 키 단어가 한 문자라면 비제네르 암호는 시저의 암호와 다름이 없어진다. 그러나 키 단어가 두 문자 이상이면 통계적 분석이 힘들어진다. 키 단어의 길이가 길수록 대응하는 평문자에 대응하는 암호문자의 종류도 많아지며, 다중문자 암호처럼 암호문자들은 균등한 분포를 보이게 된다.

## 2.2 카지스키 테스트

비제네르 암호를 성공적으로 공격하는 방법은, 프러시아 출신의 독일군 제독 카지스키(Friedrich Wilhelm Kasiski, 1805-1881)가 1863년 처음으로 발표하였다. 미국인 프리드만(William Frederick Friedman, 1891-1969)은 카지스키의 방법을 보완하는 또 다른 방법을 고안했는데, 두 방법 모두 키 단어의 길이를 결정하는 것이 목표이다. 키 단어의 길이를 일단 알게 되면, 키 단어 자체를 알아내는 것은 더하기 암호 공격과 같은 방법을 쓰면 간단하다.

이 두 가지 방법은 암호학적으로 아주 중요한 공격법이므로 지금부터 자세히 소개하기로 한다. 이 공격법을 최초로 발표한 사람이 카지스키이지만, 사실 비제네르 암호를 가장 먼저 공격하려고 시도한 사람은 현대 컴퓨터 이론의 선구자로 유명한 영국의 배비지(Charles Babbage, 1792-1871)이다. 특히 배비지는 카지스키가 공격법을 발표하기 9년 전에 이미

이 방법을 사용했었다. Mr.X가 표 2.4와 같은 암호문을 입수했고, 비제네르 암호법을 사용했음을 알고 있다고 하자. 암호문을 보고 어떤 정보를 얻을 수 있을까? 표 2.5를 보면 일정한 문자열이 반복해서 나타나고 있는 것이 표시되어 있다. 여기에서 두번 반복해서 나타나는 같은 문자열의 출현 간격은 카지스키 테스트에서 매우 중요한 의미를 가지고 있다.

카지스키 테스트는 암호문에 사용된 문자열이 반복해서 나타나는 간격을 조사하여 공격하는 기법이다.

먼저 간단한 문장을 생각하자. 이 문장은 영어문장에서 자주 쓰이는 단어인 'the'를 의도적으로 많이 사용하였다.

> the word the is the best example of the cryptology
> and the the is also the most frequent word

이 문장을 키 단어 VENUS로 암호화하면 다음과 같다.

the word the is the best example in the cryptology
VEN USVE NUS VE NUS VENU SVENUSV EN USV ENUSVENUSV
OLR QGMH GBW DW GBW WIFN WSEZJDZ MA NZZ GESHOSYIYT

and the the is also the most frequent word
ENU SVE NUS VE NUSV ENU SVEN USVENUSV ENUS
EAX LCI GBW DW NFKJ XUY EJWG ZJZUHYFO ABLV

암호문에서, the에 대응하는 암호문자들은 OLR, GBW, NZZ, LCI, XUY 등으로 여러 가지이다. 이렇게 다양한 문자열로 암호화되는 것은 the를 암호화할 때 키 단어 VENUS의 일부분인 VEN, NUS, USV, SVE, XUY 들이 작용하기 때문이다. 이 시점에서 우리가 관심을 가져야 할 곳은 the가 GBW로 바뀐 부분이다. the가 평문장에서 여러번 반복하다 보면 키 단어의 같은 부분이 결합되는 경우가 있고, 그 결과 암호문자도 같아지게 된다. 지금은 the가 NUS와 결합하여 GBW를 만들어냈다.

그러면 어느 시점에서 같은 단어에 같은 키 단어 문자열이 작용하여 같은 암호문자열이 만들어지는가? VENUS가 다섯 문자이므로, 평문에서 the가 5의 배수만큼 떨어져 있는 경우일 것이다.

- 평문의 문자열이 일정한 간격(키 단어 길이의 배수)으로 '반복'되면, 암호문의 문자열도 일정한 간격으로 반복된다.

지금부터 본격적으로 암호문을 공격해 보자. 공격자 Mr.X는 표2.4의 암호문만 입수하였고, 키 단어는 전혀 모르는 상황이다. 그러나 Mr.X

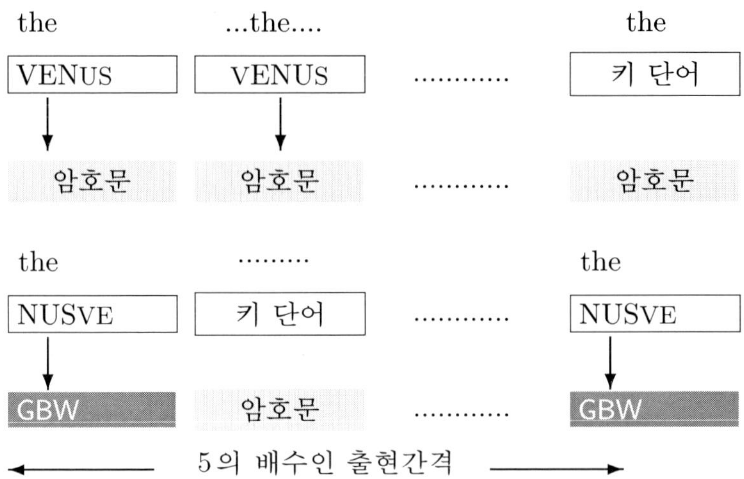


그림 2.1: 카지스키 테스트

암호문에서 반복되는 문자열을 발견하면, 그 문자열들 사이의 간격이 바로 키 단어 길이의 배수이다.

가 암호문에서 반복되는 문자열들을 찾아내기만 하면, 그 문자열들 사이의 간격이 바로 키 단어 길이의 배수라는 것을 짐작할 수 있을 것이다.

암호문에서 반복되는 문자열을 사람이 직접 찾는 것은 매우 어렵고 지루한 작업이지만 컴퓨터를 활용하여 간단하게 찾는 프로그램은 많이 있다.

Mr.X 입장에서는 '문장이 길수록 공격하기 쉽다'. 암호문에서 단 하나의 문자가 반복되는 것을 관찰하는 것은 키 단어 길이를 추측하는데 별로 도움이 되지 않는다. 그 이유는 평문에서 서로 다른 문자가 다른 키 단어로 암호화되면서 우연히 같은 문자로 암호화될 수도 있기 때문이다. 마찬가지로 두 문자열도 우연히 반복될 수 있다. 하지만 3개 이상인 문자열이 반복된다면 그때부터는 키 단어 길이에 대한 많은 정보를 얻을 수 있다. 표2.4의 암호문에서 주의 깊게 살펴보아야 할 문자열들을 표시해 보면 표2.5와 같다. 반복되는 문자열들이 여러 개가 있는데 중요한 몇 가지 문자열들의 출현 간격을 살펴보면 표2.6과 같다.

표에서 관찰한 모든 문자의 출현간격들의 최대 공약수는 1이다. 하지만 OPVF를 제외하면 최대공약수가 2이고, NZZ, ZZK를 제외하면 5 또는 10이다.

```
D B Z M G   A O I Y S   O P V F H   O W K B W
X Z P J L   V V R F G   N B K I X   D V U I M
O P F Q L   V V P U D   K P R V W   O A R L W
D V L M W   A W I N Z   D A K B W   M M R L W
Q I I C G   P A K Y U   C V Z K M   Z A R P S

D T R V D   Z W E Y G   A B Y Y E   Y M G Y F
Y A F H L   C M W L W   L C V H L   M M G Y L
D B Z I F   J N C Y L   O M I A J   J C G M A
I B V R L   O P V F W   O B V L K   O P V U J
Z D V L Q   X W D G G   I Q E Y F   B T Z M Z

D V R M M   A N Z W A   Z V K F Q   G W E A L
Z F K N Z   Z Z V C K   V D V L Q   B W F X U
C I E W W   O P R M U   J Z I Y K   K W E X A
I O I Y H   Z I K Y V   G M K N W   M O I I M
K A D U Q   W M W I M   I L Z H L   C M T C H

C M I N W   S B R H V   O P V S O   D T C M G
H M K C E   Z A S Y D   J K R N W   Y I K C F
O M I P S   G A F Z K   J U V G M   G B Z J D
Z W W N Z   Z V L G T   Z Z F Z S   G X Y U T
Z B J C F   P A V N Z   Z A V W S   I J V Z G

P V U V Q   N K R H F   D V X N Z   Z K Z J Z
Z Z K Y P   O I E X X   M W D N Z   Z Q I M H
V K Z H Y   D V K Y D   G Q X Y F   O O L Y K
N M J G S   Y M R M L   J B Y Y F   P U S Y J
J N R F H   C I S Y L   N
```

표 2.4: 비제네르 암호문

이 정보로부터 키 단어의 길이를 짐작하면 1, 2, 5, 10 가운데 하나이고, 가장 많은 문자열들을 고려한 유력한 후보는 5일 것이다. 성급한 공격자라면 키 단어 길이가 5라고 단정할 수도 있겠지만, 아직은 '키 단어 길이가 5라는 강력한 증거가 있다'라는 정도로만 생각하자.

- 실제 키 단어의 길이가 5라고 해도, 암호문에서 같은 문자열이 5의 배수가 아닌 거리만큼 떨어져서 반복될 수도 있다. 이런 경우 잘못하면 최대공약수가 1이라고 착각할 수도 있다. 예에서도 ZZK가 반복되는 거리는 6이다. 그래서 거리들의 최대 공약수를 기계적으로 계산할 것이 아니라 약간은 유연하게 사고할 필요가 있다. 전혀 엉뚱한 거리값은 무시할 수도 있다.
- 최대공약수가 5라고 해도 실제 키 단어 길이는 10이나 15일 수도

```
D B Z M G   A O I Y S   O P V F H   O W K B W
X Z P J ℒ   𝒱 𝒱 R F G   N B K I X   D V U I M
O P F Q ℒ   𝒱 𝒱 P U D   K P R V W   O A R L W
D V L M W   A W I N Z   D A K B W   M M R L W
Q I I C G   P A K Y U   C V Z K M   Z A R P S

D T R V D   Z W E Y G   A B Y Y E   Y M G Y F
Y A F H L   C M W L W   L C V H L   M M G Y L
D B Z I F   J N C Y L   O M I A J   J C G M A
I B V R L   O P V F W   O B V L K   O P V U J
Z D V L Q   X W D G G   I Q E Y F   B T Z M Z

D V R M M   A N Z W A   Z V K F Q   G W E A L
Z F K N Z   Z Z V C K   V D V L Q   B W F X U
C I E W W   O P R M U   J Z I Y K   K W E X A
I O I Y H   Z I K Y V   G M K N W   M O I I M
K A D U Q   W M W I M   I L Z H L   C M T C H

C M I N W   S B R H V   O P V S O   D T C M G
H M K C E   Z A S Y D   J K R N W   Y I K C F
O M I P S   G A F Z K   J U V G M   G B Z J D
Z W W N Z   Z V L G T   Z Z F Z S   G X Y U T
Z B J C F   P A V N Z   Z A V W S   I J V Z G

P V U V Q   N K R H F   D V X N Z   Z K Z J Z
Z Z K Y P   O I E X X   M W D N Z   Z Q I M H
V K Z H Y   D V K Y D   G Q X Y F   O O L Y K
N M J G S   Y M R M L   J B Y Y F   P U S Y J
J N R F H   C I S Y L   N
```

표 2.5: 같은 문자열

있다. 카지스키 테스트는 키 단어 길이의 약수나 배수가 얼마라는 정도까지 알아내는 데 그친다.

프리드만

다음 절에서 소개하는 프리드만 테스트는 키 단어 길이에 대한 중요한 단서를 찾을 수 있는 또 다른 방법이다. 카지스키 테스트로 키 단어 길이의 후보들을 어느 범위로 좁혀놓고 프리드만 테스트로 키 단어 길이를 확정짓는다. 예를 들어, 카지스키 테스트로 키 단어 길이의 후보들이 2, 5, 10이고, 프리드만 테스트에 의해 키 단어 길이가 4.68 정도라고 나타나면 공격하고자 하는 비제네르 암호문의 키 단어 길이는 5라고 확정하는 식이다. 두 방법을 함께 사용하면 키 단어의 길이를 거의 정확하게 알아낼 수 있다.

| OPVF | 155 | 5*31 | LVV | 20 | 2*2*5 |
|---|---|---|---|---|---|
| MGY | 20 | 2*2*5 | DVLQ | 50 | 2*5*5 |
| NZZ | 24 | $2^3 * 3$ | ZZK | 6 | 2*3 |

표 2.6: 문자열의 출현 간격

## 2.3 프리드만 테스트

이 방법은 1925 년 미국의 유명한 암호 해독가인 프리드만(Willam Frederick Friedman) 이 고안했다. 이 테스트의 요점은 바로 '암호문에서 임의로 두 문자를 선택했을 때, 두 문자가 서로 같을 확률은 얼마인가?' 이다. 이 값을 전문용어로 일치지수라고 한다. 프리드만은, 키 단어의 길이가 길수록 일치지수가 작아지고, 반대로 키 단어의 길이가 짧으면 일치지수가 커진다는 사실을 이용하여 키 단어의 길이를 추측하였다.

프리드만 테스트는 카지스키 테스트에서 유추한 키 단어의 길이를 확정할 수 있다.

공격하려고 하는 비제네르 암호문의 문자들이 모두 $n$ 개라고 하자. 그리고 이 가운데 A 의 개수를 $n_1$, B 의 개수를 $n_2$, ... , Z 의 개수를 $n_{26}$ 라고 하자. 우선 임의로 두 문자를 택하였을 때 두 문자 모두 A 일 확률은 얼마일까?
첫 번째 문자가 A 일 확률은 $n_1/n$ 이고 두 번째 문자도 같은 A 일 확률은 $(n_1-1)/(n-1)$ 이다. 선택하는 순서는 관계 없으므로, 두 문자가 모두 A 일 확률은 단순히 두 확률 값을 곱하여

$$\frac{n_1(n_1-1)}{n(n-1)}$$

이다. 그러므로 임의로 선택한 두 문자가 서로 같을 확률은 A 부터 Z 까지의 확률을 모두 더한 값

$$\sum_{i=0}^{26} \frac{n_i(n_i-1)}{n(n-1)}$$

이다. 이 값을 일치지수(index of coincidence) 라고 하고 $I$ 로 나타낸다. 프리드만은 처음에 일치지수를 $\kappa$ 로 표기했었는데 그런 이유로 일부 사람들은 카파(Kappa) 테스트라고 부르기도 한다. 이제부터 키 단어의 길이에 따라 일치지수가 어떻게 변화하는지 알아보자.

우선 전혀 암호화하지 않고 자연언어 그대로 작성한 평문에서의 일치지수는 얼마일까? 자연언어에서 사용하는 문자는 모두 고유의 확률(출현빈도)을 가지고 있다. 즉, 일반적으로 영어로 작성된 문서에서 알파벳 a는 확률 $p_1 = 0.08167$로, b는 확률$p_2 = 0.01492$로, $\cdots$, z는 확률 $p_{26} = 0.00074$로 나타난다. 영어의 경우 이 확률들은 1장에서 통계적 분석에 의한 암호 공격에서 설명했었다(표1.7 참고).

영어로 쓰인 평문에서 아무렇게나 두개의 문자를 택하였다고 하자. 첫 번째 문자가 a일 확률은 $p_1$이므로 두 문자 모두 a일 확률은 $p_1 \cdot p_1$이다. (정확히 말하자면 처음의 확률과 두 번째 확률은 아주 미세하게 다르지만 문서가 충분히 길다면 무시해도 좋을 정도의 차이이다).

다른 문자들의 경우도 마찬가지이고 문자의 종류가 모두 26개이므로, 임의로 선택한 두 문자가 서로 같을 확률은,

$$\sum_{i=1}^{26} {p_i}^2 = p_1 \cdot p_1 + p_2 \cdot p_2 + \cdots + p_{26} \cdot p_{26}$$

이다. 물론 이 값은 국가 혹은 사용언어에 따라 다르다. 하지만

- 영어에서는 $\sum_{i=1}^{26} {p_i}^2 = 0.065$ 이다.

즉, 일반적인 영어문서에서 임의로 선택한 두 문자가 같아지는 경우가 약 6.5% 라는 의미이다. 한편 키 단어의 길이를 충분히 길게하여, 모든 문자의 출현빈도를 같아지도록 조절해 놓은 이상적인 문서가 있다고 하자. 이 경우 모든 문자의 출현빈도는 $p_1 = 1/26$로 모두 같으므로

- 이상적인 비제네르 암호문의 일치지수는 약 0.038이다.

$$I = \sum_{i=1}^{26} {p_i}^2 = \sum_{i=1}^{26} 1/26^2 = 26 \cdot 1/26 = 1/26 \simeq 0.038$$

이처럼 모든 문자들을 잘 섞어 놓은 문서에서 무작위로 선택한 두 문자가 서로 같아질 확률은, 아무런 의도가 없는 평범한 영어문서의 경우와 비교하면 약 절반이 된다.

일정한 길이의 키 단어를 사용한 비제네르 암호는 다중문자 암호이므로 당연히 일치지수가 0.065보다 작다. 그러나 균등분포 암호문의 일치지수 0.038보다는 크다. 그 값은 '키 단어의 길이에 따라서 달라진다'. 비제네르 암호문의 일치지수 $I$가 $0.038 \leq I \leq 0.065$라는 사실은 암호학적으로 증명이 되어 있지만 여기서는 증명을 생략한다.

- 공격하려는 암호문에서 각 문자들의 출현빈도(확률) $p_1, p_2, \cdots, p_{26}$ 들은, 전체 문자의 개수와 각 문자의 개수를 모두 세어보면 간단하게 알 수 있다. 어떤 문자의 출현빈도가 $p_i = n_i/n$ 이고 $n$ 값이 적절히 크다면,

$$p_i{}^2 = \frac{n_i}{n} \cdot \frac{n_i}{n} \approx \frac{n_i}{n} \cdot \frac{n_i - 1}{n - 1}$$

  이다. 따라서 일치지수 $I$ 는 이 확률들의 제곱의 합과 거의 같아질 것이다. 즉, $I \approx p_1^2 + p_2^2 + \cdots + p_{26}^2$ 이다.

- 문서를 작성할 때 특정한 문자를 집중적으로 사용하면 일치지수 값 $I$ 는 커지고, 문자들의 빈도를 의도적으로 균등하게 조절했다면 작아질 것이다. 증명은 하지 않겠지만 일치지수의 최솟값은 출현빈도가 완전하게 균등한 경우인 0.038 이고, 최댓값은 인위적으로 출현빈도를 전혀 변화시키지 않은 단일문자 암호의 일치지수인 0.065 이다.

자연언어의 일치지수는 *0.065* 이고, 완전하게 균등화된 다중문자 암호문의 일치지수는 *0.038* 이다.
보통 암호문의 일치지수는 이 두 수의 중간값이다.

- 키 단어를 한 문자만 선택하였으면 키 단어의 길이는 1 이다. 이 경우는 단순한 더하기 암호이다. 즉, 평문의 문자들을 재배열한 것에 불과하므로, 암호문과 평문의 일치지수는 달라지지 않는다. 예를 들어 평문에서 a 의 확률이 0.08167 이었다면, 이 값은 a 에 대응하는 암호문자 X 의 확률이 된다. 나머지 문자들의 확률도 역시 재배열되므로 전체 제곱의 합은 변하지 않는다. 결국 '더하기 암호에서 일치지수는 변화하지 않는다'.
- 한편 비제네르 암호에서는 문자의 출현빈도가 흐트러져 있으므로 일치지수가 변화하여 감소한다. 그러므로 어떤 암호문의 일치지수를 계산해 보면 단일문자 암호를 사용했는지 아닌지를 판단할 수 있다.

비제네르 암호문에서 일치지수를 이용하면 키 단어의 길이를 알 수 있다. 키 단어 길이 $\ell$ 과 일치지수 $I$ 사이의 관계식을 유도하기 위해 지금부터 약간 수학적인 계산을 하겠다. 어려운 계산은 아니지만 혹시 수식에 지루함을 느낀다면 이 절 끝에 있는 결론으로 건너 뛰어도 괜찮다.

$\ell$ 을 키 단어 길이라고 하고, 간단하게 하기 위해 키 단어는 VENUS 와 같이 중복되지 않는 문자들로 이루어져 있다고 하자. 우선 암호문을 $\ell$ 개의 열로 배열하여 놓는다. 그러면 $1, \ell+1$ , $2\ell+1, 3\ell+1, \cdots$ 번째 문자들이 첫 번째 열에 오게 되고 이 문자들은 모두 같은 키 단어 문자로 암호화된 것이다.

마찬가지로 두 번째 열의 문자들은 키 단어의 두 번째 문자로 암호화되어 있을 것이다.

| 키 단어 | $S_1$ | $S_2$ | $S_3$ | $\cdots$ | $S_\ell$ |
|---|---|---|---|---|---|
| 재배열된 | $1$ | $2$ | $3$ | $\cdots$ | $\ell$ |
| 암호문의 | $\ell+1$ | $\ell+2$ | $\ell+3$ | $\cdots$ | $\ell+\ell$ |
| 문자들 | $2\ell+1$ | $2\ell+2$ | $2\ell+3$ | $\cdots$ | $2\ell+\ell$ |
| | $3\ell+1$ | $\cdots$ | | | |

표 2.7: 키 단어 길이가 $l$ 인 비제네르 암호문의 재배열

예를 들어

DBZMG AOIYS OPVFH OWKBW XZPJL VVRFG NBKIX DVUIM

과 같은 비제네르 암호문의 키 단어 길이가 4 일 것으로 추측하였다면, 암호문을 4 개의 열로 다음과 같이 재배열한다.

| 키 단어 | ? | ? | ? | ? |
|---|---|---|---|---|
| | D | B | Z | M |
| | G | A | O | I |
| | Y | S | O | P |
| 재배열된 | V | F | H | O |
| 암호문의 | W | K | B | W |
| 문자들 | X | Z | P | J |
| | L | V | V | R |
| | F | G | N | B |
| | K | I | X | D |
| | V | U | I | M |

이 때 첫 번째 열에 있는 암호문자들 DGYVWXLFKV 는, 키 단어가 무엇인지는 모르지만, 키 단어의 첫번째 문자로 암호화되어 있을 것이다. 마찬가지로 두 번째 열의 BASFKZVGIU 도 키 단어의 두번째 문자로 암호화되어 있을 것이다. 이제 이 형태를 잘 관찰하면 일치지수를 계산하여 보자.

**첫 번째 관찰** 각각의 열은 단일문자 암호이면서 더하기 암호이다. 그러므로 각 열의 일치지수는 0.065 이다.

한편 서로 다른 열에서 두 문자를 선택할 경우에는 서로 다른 더하기 암호를 무작위로 사용한 것이므로, 두 문자가 서로 같아질 확률도 그야말로 우연에 의한다. 일치지수는 당연히 0.065 보다 작아질 것이지만 그 값을 알수는 없다. 그러나 키 단어의 길이가 충분히 길고 무작위로 선정되어 있다면, 전체적으로는 비제네르 암호문이 균등한 분포를 가지는 다중문자 암호에 접근하므로 일단 0.038 이라고 가정한다.

**두 번째 관찰** 이제 한 쌍의 같은 문자들을 전체 문장에서 임의로 선택하는 경우의 수를 계산해 보자. $n$ 을 전체 문자의 수라고 하면 각 열에는 $n/\ell$ 개씩의 문자가 있다. 문서가 충분히 길다고 하면 소수점 이하는 무시해도 된다. 우선 선택한 문자들이 같은 열에 있을 경우는 몇 가지일까? 첫 번째 문자는 전체 문장의 $n$ 개 문자에서 하나를 선택하므로 경우의 수는 $n$ 이고, 두번째 문자는 첫번째 문자가 선택된 열에서 다시 동일한 문자를 선택해야 하므로, 두번째 문자를 선택하는 경우의 수는 $n/\ell - 1$ 이다. 그리고 두 문자를 선택하는 순서는 무시해야 하므로 같은 열에서 같은 문자 쌍을 선택하는 경우의 수는

$$n \cdot \frac{(n/\ell - 1)}{2} = \frac{n(n-\ell)}{2\ell}$$

이다. 이제 서로 다른 열에서 같은 문자를 선택하는 경우의 수를 계산해 보자. 앞의 경우와 마찬가지로 우선 첫 번째 문자를 선택하는 경우의 수는 역시 $n$ 이다. 두 번째 문자는 첫 번째 문자가 속한 열을 제외한 다른 열에서 선택해야 하므로 경우의 수는 $n - n/\ell$ 이다. 그러므로 서로 다른 열에서 같은 문자를 선택하는 경우의 수는 모두

$$n \cdot \frac{n - n/\ell}{2} = \frac{n^2(\ell - 1)}{2\ell}$$

이 된다.

위 사실들을 종합해 보면, 임의로 두 문자를 선택했을 때 같은 문자일 경우의 기대값 $A$ 는

$$A = \frac{n(n-\ell)}{2\ell} \cdot 0.065 + \frac{n^2(\ell - 1)}{2\ell} \cdot 0.038$$

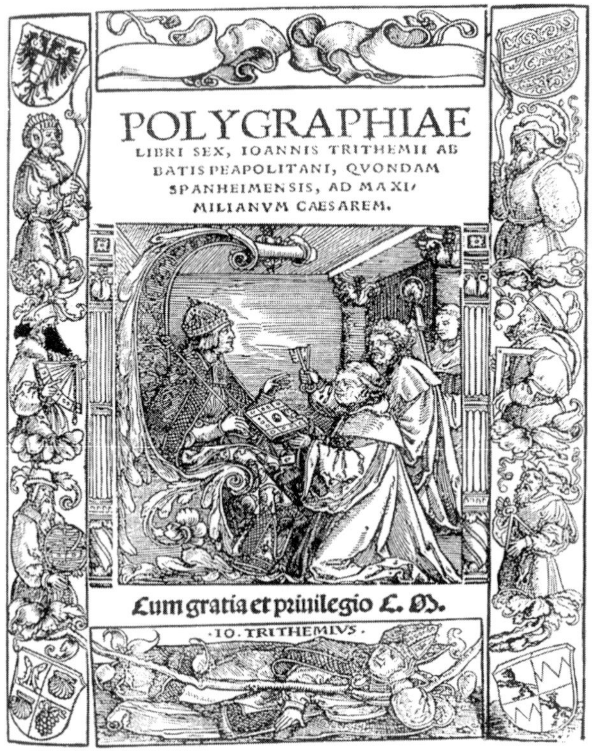


그림 2.2: 트리테미우스가 *1508*년에 발행한 다중문자 암호책

이다. 따라서 임의로 두 문자를 선택했을 때 서로 같을 확률은, 기대값을 전체 문자 선택 경우의 수로 나누어서,

$$\frac{A}{n(n-1)/2} = \frac{n-\ell}{\ell(n-1)} \cdot 0.065 + \frac{n(\ell-1)}{\ell(n-1)} \cdot 0.038$$

이다. 마지막으로 일치지수는 이 확률값과 거의 근사하므로

$$I \approx \frac{0.027n}{\ell(n-1)} + \frac{0.038n - 0.065}{n-1}$$

이다. 이 식을 키 단어의 길이 $\ell$에 관하여 다시 정리하면

$$\ell \approx \frac{0.027n}{(n-1)I - 0.038n + 0.065}$$

이다. 그리고 전체 문자 수와 각 문자들이 나타나는 횟수를 세고 나면 일치지수값

$$I = \sum_{i=1}^{26} \frac{n_i(n_i - 1)}{n(n-1)}$$

는 쉽게 계산할 수 있다. 수식이 다소 복잡하고 이끌어내는 과정이 길지만 실제 적용할 때는 마지막에 있는 두 수식만 사용하면 되므로 어려울 것은 없다. 신기한 것은 아주 적은 문자수를 가진 문서에서 계산한 $I$ 값일지라도 실제 공격에 비교적 정확하게 적용할 수 있다는 점이다.

지금까지의 내용을 표2.4의 예에 적용해 보자. 문자와 빈도수를 계산해 보면

$$n = 491, \qquad \sum_{i=1}^{26} n_i(n_i - 1) = 10,606$$

이므로

$$I = \sum_{i=1}^{26} \frac{n_i(n_i - 1)}{n(n-1)} = \frac{10,606}{240,590} = 0.044083$$

임을 알 수 있다. 그리고 키 단어의 길이 $\ell$ 은

$$\begin{aligned} \ell &= \frac{0.027n}{(n-1)I - 0.038n + 0.065} \\ &= \frac{0.027 \times 491}{490 \times 0.044083 - 0.038 \times 491 + 0.065} \\ &\approx 4.41 \end{aligned}$$

이다. 따라서 카지스키 테스트에서 조사된 키 단어 길이의 예상값 5, 10, 15, 20 $\cdots$ 과 프리드만 테스트에서 계산된 $\ell \approx 4.41$ 을 동시에 비교해 보면 키 단어의 길이가 5 임을 알 수 있다.

| | | | | | | | | | | | | | | | | | | | |
|---|---|---|---|---|---|---|---|---|---|---|---|---|---|---|---|---|---|---|---|
| D | B | Z | M | G | A | O | I | Y | S | O | P | V | F | H | O | W | K | B | W |
| X | Z | P | J | L | V | V | R | F | G | N | B | K | I | X | D | V | U | I | M |
| O | P | F | Q | L | V | V | P | U | D | K | P | R | V | W | O | A | R | L | W |
| D | V | L | M | W | A | W | I | N | Z | D | A | K | B | W | M | M | R | L | W |
| Q | I | I | C | G | P | A | K | Y | U | C | V | Z | K | M | Z | A | R | P | S |
| D | T | R | V | D | Z | W | E | Y | G | A | B | Y | Y | E | Y | M | G | Y | F |
| Y | A | F | H | L | C | M | W | L | W | L | C | V | H | L | M | M | G | Y | L |
| D | B | Z | I | F | J | N | C | Y | L | O | M | I | A | J | J | C | G | M | A |
| I | B | V | R | L | O | P | V | F | W | O | B | V | L | K | O | P | V | U | J |
| Z | D | V | L | Q | X | W | D | G | G | I | Q | E | Y | F | B | T | Z | M | Z |
| D | V | R | M | M | A | N | Z | W | A | Z | V | K | F | Q | G | W | E | A | L |
| Z | F | K | N | Z | Z | Z | V | C | K | V | D | V | L | Q | B | W | F | X | U |
| C | I | E | W | W | O | P | R | M | U | J | Z | I | Y | K | K | W | E | X | A |
| I | O | I | Y | H | Z | I | K | Y | V | G | M | K | N | W | M | O | I | I | M |
| K | A | D | U | Q | W | M | W | I | M | I | L | Z | H | L | C | M | T | C | H |
| C | M | I | N | W | S | B | R | H | V | O | P | V | S | O | D | T | C | M | G |
| H | M | K | C | E | Z | A | S | Y | D | J | K | R | N | W | Y | I | K | C | F |
| O | M | I | P | S | G | A | F | Z | K | J | U | V | G | M | G | B | Z | J | D |
| Z | W | W | N | Z | Z | V | L | G | T | Z | Z | F | Z | S | G | X | Y | U | T |
| Z | B | J | C | F | P | A | V | N | Z | Z | A | V | W | S | I | J | V | Z | G |
| P | V | U | V | Q | N | K | R | H | F | D | V | X | N | Z | Z | K | Z | J | Z |
| Z | Z | K | Y | P | O | I | E | X | X | M | W | D | N | Z | Z | Q | I | M | H |
| V | K | Z | H | Y | D | V | K | Y | D | G | Q | X | Y | F | O | O | L | Y | K |
| N | M | J | G | S | Y | M | R | M | L | J | B | Y | Y | F | P | U | S | Y | J |
| J | N | R | F | H | C | I | S | Y | L | N | | | | | | | | | |

표 2.8: 비제네르 암호문의 제 *1*열

비제네르 암호는 먼저 키 단어의 길이를, 카지스키 테스트와 프리드만 테스트로 결정한 다음, 키 단어 길이의 열로 재배열하여, 각 열마다 통계적 분석으로 공격한다.

**비제네르 암호 최종 공격** 키 단어의 길이를 알았으므로 키 단어가 무엇인지 알아내는 것은 쉽다. Mr.X는 문자들을 키 단어의 길이에 맞추어서 5개의 열로 다시 쓴다. 각 열을 기준으로 하면 같은 키 단어 문자로 암호화했으므로 단일문자 더하기 암호이므로 1장의 암호 공격법을 5번 반복하면 된다.

표2.4를 키 단어의 길이에 맞추어서 5개의 열로 정리하여 다시 쓴 다음 1열에 나타나는 암호문자들을 생각해 보자.

키 단어가 무엇인지 아직은 모른다. 그러나 표2.8의 1열은, 정해진 하나의 문자만 평문에 더하여 만들어졌다. 즉 1열만 생각하면 더하기 암호로 암호문이 만들어져 있다. 따라서 더하기 암호 공격에 사용하는 빈도수 공격을 1열에만 수행하자. 1열에서 가장 많이 나타나는 문자는 Z이므로 평문에서 가장 많이 사용하는 문자인 e가 암호화된 것으로 추측할 수 있다. e에 적당한 수를 더하여 Z로 만드는 문자, 즉 키 단어의 첫번째 문자는 바로 V이다. 이제 키 단어가 V**** 인 것을 알 수 있다. 다시 2열에 같은 방법을 써서 빈도수를 계산해 보면 가장 많이 나타나는 문자가 H이고, e를 H로 바꾸는 문자는 E이다. 따라서 키 단어는 VI*** 이다. 나머지 키 단어를 같은 방법으로 모두 찾아내면 VIRUS이다.
암호문에 키 단어 VIRUS를 적용하여 각 열에서 빼내면 표2.9와 같은 평문을 얻는다.

| | | | | | | | | | | | | | | | | | | | |
|---|---|---|---|---|---|---|---|---|---|---|---|---|---|---|---|---|---|---|---|
| I | T | I | S | O | F | G | R | E | A | T | H | E | L | P | T | O | T | H | E |
| C | R | Y | P | T | A | N | A | L | O | S | T | T | O | F | I | N | D | O | U |
| T | H | O | W | T | A | N | Y | A | L | P | H | A | B | E | T | S | A | R | E |
| I | N | U | S | E | F | O | R | T | H | I | S | T | H | E | R | E | A | R | E |
| V | A | R | I | O | U | S | T | E | C | H | N | I | Q | U | E | S | A | V | A |
| I | L | A | B | L | E | O | N | E | O | F | T | H | E | M | D | E | P | E | N |
| D | S | O | N | T | H | E | F | R | E | Q | U | E | N | T | R | E | P | E | T |
| I | T | I | O | N | O | F | L | E | T | T | E | R | G | R | O | U | P | S | I |
| N | T | E | X | T | T | H | E | L | E | T | T | E | R | S | T | H | E | A | R |
| E | V | E | R | Y | C | O | M | M | O | N | I | N | E | N | G | L | I | S | H |
| I | N | A | S | U | F | F | I | C | I | E | N | T | L | Y | L | O | N | G | T |
| E | X | T | T | H | E | R | E | I | S | A | V | E | R | Y | G | O | O | D | C |
| H | A | N | C | E | T | H | A | S | C | O | R | R | E | S | P | O | N | D | I |
| N | G | R | E | P | E | A | T | E | D | L | E | T | T | E | R | G | R | O | U |
| P | S | M | A | Y | B | E | F | O | U | N | D | I | N | T | H | E | C | I | P |
| H | E | R | T | E | X | T | A | N | D | T | H | E | Y | W | I | L | L | S | O |
| M | E | T | I | M | E | S | B | E | L | O | C | A | T | E | D | A | T | I | N |
| T | E | R | V | A | L | S | O | F | S | O | M | E | M | U | L | T | I | P | L |
| E | O | F | T | H | E | N | U | M | B | E | R | O | F | A | L | P | H | A | B |
| E | T | S | I | N | U | S | E | T | H | E | S | E | C | A | N | B | E | F | O |
| U | N | D | B | Y | S | C | A | N | N | I | N | G | T | H | E | C | I | P | H |
| E | R | T | E | X | T | A | N | D | F | R | O | M | T | H | E | I | R | S | P |
| A | C | I | N | G | I | N | T | E | L | L | I | G | E | N | T | G | U | E | S |
| S | E | S | M | A | D | E | A | S | T | O | T | H | E | N | U | M | B | E | R |
| O | F | A | L | P | H | A | B | E | T | S | | | | | | | | | |

표 2.9: 비제네르 암호 공격 후에 얻은 평문

띄어쓰기를 감안하여 읽기 편하게 다시 써 보면 다음과 같다.

IT IS OF GREAT HELP TO THE CRYPTANALOST TO FIND OUT HOW TANY ALPHABETS ARE IN USE FOR THIS
THERE ARE VARIOUS TECHNIQUES AVAILABLE ONE OF THEM DEPENDS ON THE FREQUENT REPETITION OF LETTER GROUPS IN TEXT
THE LETTERS THEAR EVERY COMMON IN ENGLISH IN A SUFFICIENTLY LONG TEXT
THERE IS A VERY GOOD CHANCE THAS CORRESPONDING REPEATED LETTER GROUPS MAY BE FOUND IN THE CIPHER TEXT AND THEY WILL SOME TIMES BE LOCATED AT INTERVALS OF SOME MULTIPLE OF THE NUMBER OF ALPHABETS IN USE
THESE CAN BE FOUND BY SCANNING THE CIPHERTEXT AND FROM THEIR SPACING
INTELLIGENT GUESSES MADE AS TO THE NUMBER OF ALPHABETS

## 2.4 비제네르 암호의 안전성

앞절에서 비제네르 암호가 쉽게 공격당할 수 있다는 것을 알았다. 그러나 모든 비제네르 암호가 안전하지 못한 것은 아니다. 카지스키와 프리드만의 공격은 상대적으로 짧은 키 단어를 사용한 경우에만 효율적이다. 키 단어의 길이가 길어질수록 비제네르 암호는 깨기가 어려워지며 더 안전한 암호방법이 된다. 그러면 어느 정도 긴 키 단어가 안전할까? 극단적으로 말하자면 암호화할 때, 평문의 문자수와 같은 정도로 긴 키 단어를 사용하면 된다. 키 단어의 길이를 늘리면서도 보관과 사용(기억)이 편리한 방법을 생각해 보기 바란다.

**방법1** 우리가 잘 읽는 어떤 책에 있는 긴 문장을 키 단어로 사용하면 단지 저자와 책이름만을 기억하면 되니까 키를 관리하기가 쉬울 것이다. 예를 들어 미국이나 영국 사람들은, 에드가 알렌 포우(Edgar Allen Poe)를 좋아하는데, 알렌포우의 시 '황금벌레' 에 나오는 다음과 같은 문장을 쓸 수도 있다.

> Many years ago, I contracted an intimacy with a Mr. William Legand. He was of an ancient Huguenot family, and had

> once been wealthy; but a series of misfourtunes had reduced him to want. To avoid the morfication censequent upon his disaster, he left New Orleans, the city of his forefathers, and took up his residence at Sullivan's Island, near Chalston, South Carolina ...
>
> 몇년 전 나는 윌리엄 리젼드라고 하는 한 남자와 교분을 가진 적이 있습니다. 그는 위그노 교도였으며 한 때는 아주 부자였습니다. 그러나 계속된 불행은 그를 아주 궁핍하게 만들었습니다. 꼬리를 물고 일어나는 재앙을 피할 생각으로 그는 조상대대로 살아 왔던 뉴올리언즈를 떠나 사우스캐롤라이나의 샬럿 근처에 있는 설리번 섬에 정착하였습니다.

이렇게 긴 키 단어를 사용하면 카지스키나 프리드만 테스트로는 키 단어 길이를 구하기가 어렵다. 하지만 이 키 단어도 역시 영어 문장이므로, 암호문을 공격하는데 중요한 통계적 데이터(예를 들어 문자의 출현빈도)를 완전히 없앨 수는 없다. 이 경우의 공격법을 자세하게 설명할 수는 없지만 간단하게 짐작하는 정도로만 생각해 보자.

보통의 영어 문서에서 가장 많이 사용하는 문자열은 예를 들어 TH, HE 등이다. 이러한 문자열들은 매우 긴 키 단어에도 많이 포함되는 한편, 메시지에도 역시 이러한 문자열들의 빈도가 높을 것이다. 만약 입수한 암호문이 충분히 길다면, TH, HE가, 역시 키 단어에서 많이 사용되는 $th$ 같은 문자로 암호화된, NO, AL 등 과 같은 문자들이 자주 나타난다.

$$\begin{aligned} \text{평문} + \text{키 단어} &= \text{암호문} \mod 26 \\ TH + th &= NO \mod 26, \\ HE + th &= AL \mod 26 \end{aligned}$$

따라서 암호문의 NO, AL 등은 대부분 원래의 메시지가 TH, HE였을 것이라고 생각할 수 있다. 이러한 통계적 특성을 활용하여 몇번의 시행착오를 거치면 비제네르 암호를 공격할 수 있을 것이다. 매우 영리한 암호 공격자가 집요한 끈기를 가지고 있으면 대부분의 암호들은 의외로 쉽게 공격을 당한다.

**방법 2** 방법 1의 약점은 키 단어를 완성된 영어 문장으로 사용하므로 키 단어 자체의 문자통계정보가 공격에 이용당할 수 있다는 것이다. 그러므로 무작위로 선택한 문자들로 만든 무한 수열을 키 단어로 사용하면, 키 단어에서의 통계적인 데이터는 아무 의미가 없게 된다. 예를 들어 확률적으로 고르게 나오는 26 면(영어 문자가 26 자이므로)을 가진 가상의 주사위를 던져서 만든 무작위 문자열을 만들어낸다. 이러한 문자열을 문자벌레(worm of letters) 라고 한다. 4 장에서 소개하는 DES 는 평문자열과 키를 이진법 수 비트열로 처리하는, 길이가 8 인 문자벌레를 키로 사용하는 현대적인 암호화 기법이라고 할 수 있다.

이러한 문자벌레는, 암호문으로부터 평문의 어떤 단일문자도 예측할 수 없게 한다. 만약 이 문자벌레를 사용해 평문을 암호화한다면, 암호문은 단순히 문자들의 무작위 배열에 불과하다. 암호 공격자가 방법 2 에 의한 암호문과 그에 대응하는 평문을 충분히 알고 있다고 하더라도 암호 공격에 필요한 정보를 얻기는 매우 어려울 것이다. 다만 키로 사용할 문자벌레를 상대방과 내가 어떻게 서로 공유 또는 교환하고 보관하는가는 또 다른 문제이다.

공격자가 암호문을 아무리 분석해도 보통의 문서에 나타나는 특징 이외의 정보를 얻어 낼 수 없다면 매우 이상적이다. 이러한 암호 알고리즘을, 이론적으로 완벽한 안전성을 가지고 있다는 의미에서, 완전 암호 시스템이라고 한다. 다음 장에서 소개할 일회용 암호가 일종의 완전 암호 시스템이라고 할 수 있는데 현실적으로는 키의 관리과 보관상 어려움 때문에 완벽하게 안전한 암호 시스템은 존재하기가 어렵다.

## 2.5 에니그마

2 차대전 당시 독일측이 사용한 에니그마 암호는 그 시대를 기준으로 보면 아주 효율적이고 안전한 암호이어서 오늘날에도 관심의 대상이며 영화의 소재로도 자주 이용된다. 이 절에서는 에니그마의 구조와 사용법을 간단하게 살펴보기로 한다.

### 2.5.1 에니그마의 구조

독일은 제 2 차 세계대전을 벌이기 전에 거의 모든 분야에서 비밀리에 전쟁 준비에 들어갔다. 루프트한자를 위한 민간항공기를 제작한다는 명목으로 고속 폭격기를, 농업용 트랙터를 제작한다는 명목으로 신형 전차를 개발하는 식이었다. 독일이 준비한 또 하나의 비밀 무기가 바로 에니그마(ENIGMA) 였다. 건전지로 작동하는 에니그마는 타자기와 비슷한 모양을 하고 있는데 기본적인 구조는 각각 알파벳이 새겨진 원판 3 개와 문자판으로 구성되어, 얼핏 보면 매우 단순한 형태이었다. 그러나 문자판

에니그마는 *2*차대전 독일군이 사용한 암호기계이다. *1919*년 처음 개발된 에니그마는 *1940*년 영국에서 공격할 때까지 상당기간 동안 깰 수 없는 안전한 암호시스템이었다.

| Q | W | E | R | T | Z | U | I | O |
|---|---|---|---|---|---|---|---|---|
| A | S | D | F | G | H | J | K | |
| P | Y | X | C | V | B | N | M | L |

표 2.10: 에니그마 자판배열

위의 문자키 하나를 누르면 나란히 놓인 3개의 원판(바퀴, 로터)이 회전하면서 매우 복잡한 체계에 의해 암호가 만들어지고, 그 경우의 수는 인간이 도저히 계산할 수 없을 만큼 많았다. 연락사항을 주고 받는 측은 작동지침서에 따라 매번 다른 순서와 조합으로 기계를 조작했고, 전쟁이 시작되기 전에는 한달에 한 번씩 변경하였다. 그러나 전쟁 직전에는 하루에 세 번이나 바뀌었다. 에니그마를 사용한 통신문의 암호화에 실수를 방지하기 위해 한 사람이 통신문을 타이핑하고, 한 사람이 암호화된 코드를 읽어내고, 나머지 한 사람이 기록하는 방식으로 사용했다. 독일의 패권주의 동맹이었던 일본도 에니그마의 일본어판을 만들어 사용했다.

1919년 처음 발명된 에니그마 암호기계는 다양하게 발전을 거듭하여 1926년 독일해군이 공식적으로 채택하여 본격적으로 사용하기 시작하였다. 이후 여러 가지 버전이 새로 개발되었으나 이 책에서는 1937년형 3-바퀴 에니그마를 중심으로 간단한 기능과 구조를 설명하겠다. 그림2.3에서 보는 것처럼 에니그마는 개인 여행용 가방 크기(34× 28× 15 cm) 정도인 타자기처럼 생겼다. 앞쪽에는 키 조합을 위해 전선을 연결하는 플러그들이 있고 그 위로 타자기 자판이 배열되어 있다. 다시 그 위로 키를 누를 때 불이 들어오는 전구들과 가장 핵심적인 로터(바퀴)를 3개 끼울 수 있는 구조로 되어 있다. 그리고 덮개 부분에는 이 로터들을 고정해 주는 홈, 덮개를 덮었을 때 로터부분의 글자를 볼 수 있는 조그만 창, 전원 공급용 스위치가 자리잡고 있다.

블렛츠리 파크는 런던 교외에 있는 농업 주택 지역의 이름이다. 영국은 이곳을 공원으로 지정하고 그 당시 만들었던 에니악을 복원하여 박물관에 전시하고 있다.

암호 입력을 위한 에니그마의 키보드는 독일의 표준 자판배열인 QWERTZU 패턴, 현재 우리가 쓰고있는 미국식 컴퓨터 자판배열과는 약간 다름)을 따르고 있으나 숫자입력키나 문장기호키가 없는 단순한 형태이다.

그 위로 보이는 조그만 전구들은 역시 QWERTZU 패턴을 이루고 있으면서 키를 한 번 누를 때마다 불이 들어오도록 되어 있다.

전구들 바로 위에는 중앙부분에 회전하는 바퀴 3개와 양 끝에 고정휠 2개가 부착되어 있다. 오른쪽 고정휠은 입력 휠로 좌우에 각각 26개씩의 전기적 접촉점이 있으며 키보드, 중앙휠과 연결되어 있다. 왼쪽 고정휠은 역변환 휠로 중앙휠로부터의 신호를 외부와 뒤섞어서 연결해 주는 기능을 가지고 있다. 가운데 휠들은 핵심적인 암호화(scramble) 부분으로

그림 2.3: *3*-바퀴 에니그마 *(1937)*

서, 5종류의 휠들 가운데 매일 3개를 선택하여(예를 들어 V-I-III, II-IV-I 등과 같이) 교체하여 장착하도록 설계되어 있다. 매일 선택하는 3개의 휠 조합은 1개월에 한 번씩 미리 비밀경로를 통해 명령으로 하달되었다. 이 휠들의 좌우에는 각각 26개의 동그랗게 튀어 나오거나 들어간 접촉점들을 있고 오른쪽에서 정보(문자 또는 숫자)를 받아, 적당한 순열조합을 거쳐 변환한 다음 왼쪽으로 전달한다.이 조합을 링 세팅(ring setting)이라고 하며 암호키의 일부분으로 사전에 명령된 숫자(예; 06-20-24 또는 F-T-X)에 따라 링을 세팅한 후 장착하여 사용한다.

다음으로 에니그마의 전면부에 있는 플러그들은, 기계 제조회사가 아닌 군 당국자(Armed Services)에서 직접 조작하기 위해 설계된 부분으로, 키보드와 같은 배열로 이루어진 26개의 소켓을 적절하게 전선으로 연결하도록 되어있다. 보통은 C를 P와, M을 Z와, J를 S와 연결하는 식으로 6개 문자들은 서로 다르게 연결하고, 나머지는 K를 K로, A를 A로 등과 같이 자기 자신에 다시 연결하여 사용했다.

그림 2.4: 에니그마 휠 *(1937년형)*

키보드에서 한 문자가 입력되면, 오른쪽 입력휠부터 움직이기 시작하여 중앙 휠들과 왼쪽 역변환 휠을 거친 다음, 앞 부분에 있는 플러그보드를 통해 변환된 문자가 다시 입력휠로 정보가 전달되고, 한 번 더 중앙 휠과 역변환휠(이번에는 상태가 바뀌어 있다)을 거쳐 플러그보드로 전달된 다음 변환된 문자에 해당하는 꼬마전구에 불이 들어온다. 불이

들어온 꼬마전구에 해장하는 문자가 암호문자이다. 이러한 과정을 거쳐 암호화할 수 있는 세팅(키 세팅)의 종류는 대략 $159 \times 10^{18} \simeq 159 \times 2^{60}$ 정도로 알려져 있다.

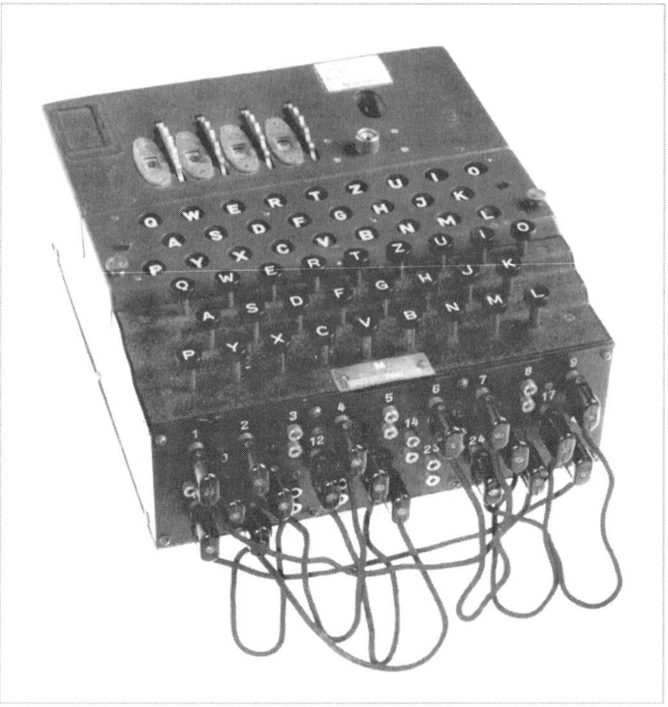

그림 2.5: *1944*년형 에니그마

### 2.5.2 에니그마 공격과 알란튜링

이처럼 복잡한 암호체계와 완벽에 가까운 보안을 통해 독일은 자신들의 암호체계가 완벽한 것이므로 연합국에서는 도저히 이 암호체계를 해독할 수 없을 것이라는 절대적인 믿음을 가지고 있었다. 서로 다른 글자들이 조합되는 복잡하고 교묘한 방식으로 인해 설령 외부인이 에니그마 암호기를 입수했다 하더라도 암호체계를 해독하는 것 자체가 사실상 불가능할 것으로 보였다. 더군다나 독일측은 에니그마 암호기에 대한 보안 자체를 엄격히 통제했으므로 '에니그마'를 입수하는 일 자체도 어려웠다.

이러한 암호체계를 해독하기 위해서는 신의 능력이 필요해 보였다. 영화 <U-571> 에서 연합군측 병사들이 목숨을 걸고 탈취하려고 들었던 암호기가 바로 이 '에니그마' 였다.

그러나 영국은 에니그마를 영화 <U-571> 과 같은 방식이 아니라 다른 방식으로 입수했다. 독일의 폴란드 침공으로 제 2 차 세계대전이 발발하기 6 주전인 1939 년 6 월 25 일 3 명의 영국 첩보원은 바르샤바 교외의 몰로코프-피리의 숲속에 만들어진 한 깊은 지하실에서 폴란드의 첩보 관계자들과 만났다.

폴란드 첩보부는 자신들이 입수한 독일의 가장 소중한 암호기인 에니그마와 그 작동법을 넘겨주었다. 폴란드로부터 뜻밖의 선물을 받은 영국 첩보부는 이 암호기가 다가오는 세계 대전의 향방을 좌우할 만한 아주 중요한 것이라고 판단하여, 입수한 바로 다음날 영국 본토로 이송했다. 영국 정보부는 즉시 에니그마의 분석에 착수하였으나 몇 가지 단서만으로는 해독할 수 없는 대단한 암호체계라는 결론에 도달하였다. 영국 정부는 거대한 빅토리아식 영지가 자리잡고 있는 런던 근교의 한 농촌 저택에 블렛츠리 파크(Bletchley Park) 라는 연구기관을 설치하고 에니그마의 암호 체계를 공격하기 위해 당시 영국의 최고 두뇌들을 비밀리에 소집하였다. 작전 암호명은 '울트라' 였다.

알란 튜링

울트라 작전에 참여한 사람들 가운데에는 당대 제일의 수학자였던 알란 튜링을 포함해서 세계 유수의 암호 해독가들이 포함되어 있었다. 그들은 난공불락의 암호체계라고 생각했던 에니그마에도 약점이 있다는 것을 알아냈다. 에니그마 암호기를 통해 전송되는 어떤 문자도 결코 자신과 같은 알파벳이 될 수 없다는 사실이었다. 가령 B 자를 표기할 때, 이 알파벳 문자가 에니그마를 통과해 암호화될 때는 결코 'B' 자가 될 수 없다는 것이다. 영국은 자신들이 알게 된 이런 에니그마의 약점을 최대한 이용하여 공격에 활용하였다. 때때로 전술적으로 중요하지 않은 지점에 항공기를 출동시켜 발생하는 독일측의 암호 전문을 도청하는 형태로 암호 체계의 일부를 해독할 수 있었다. 그러나 이런 방식은 시간도 오래 걸릴 뿐만 아니라 오독이 발생할 수 있다는 문제가 있었다. 결국 에니그마의 공격을 위해서는 거대한 계산능력을 가진 기계가 필요하였고, 드디어 1943 년 12 월 튜링은 콜로서스(거인, Colossus) 라는 세계 최초의 연산 컴퓨터를 만들어냈다. 2 천 4 백 개의 진공관을 이용해 만들어진 이 컴퓨터는 높이만 3m 에 이르는 거대한 덩치를 지니고 있었다. 공학 판독기에서 해석된 메시지는 5 비트 (bit) 텔레프린트 코드로 테이프에 천공되었는데, 1 초에 약 5,000 자를 천공할 수 있었다. 콜로서스는 이렇게 초당 5 천자의 암호문자가 종이 테이프를 타고 들어가면서 에니그마의 암호와 일치할 때까지

그림 2.6: 콜로서스

비교하는 방식이었다. 사람의 손으로 한다면 도저히 불가능한 일이었다. 내부적으로 콜로서스는 수를 세거나 비교하고, 간단한 산술 연산을 할 수 있는 전자 부속들을 갖추고 있었다. 계산결과는 전동타자기로 출력하도록 하였으며, 플러그판의 스위치를 조작하여 프로그램을 관리하였다. 콜로서스 한 시스템이 한 차례에 1만 7,576 개의 조합을 점검할 수 있었다고 한다.

흔히 세계 최초의 디지털 컴퓨터로 알려진 펜실베니아 대학의 '에니악'은 영국이 '콜로서스'의 존재를 1970년대 후반까지 비밀로 한 덕분에 세계 최초의 컴퓨터의 알려질 수 있었다. 그러나 에니악은 실제로는 콜로서스보다 2년이나 늦게 제작된 것이었다. 튜링에 의해 개발된 콜로서스는 독일이 완벽하다고 믿었던 에니그마의 암호 체계를 깨뜨리는 데 성공했다. 독일은 전쟁이 끝날 때까지 자신들의 암호가 영국의 손바닥 위에 있었다는 사실을 몰랐다. 연합국은 독일의 거의 모든 비밀 통신을 도청했고, 연합군의 유럽 대륙 상륙작전의 주요 목표에 대해 독일이 '노르망디'가 아니라 '칼레'로 예상하고 있다는 사실도 알 수 있었다.

제2차 세계대전은 연합국의 승리로 끝났다. 1948년 전쟁이 끝난 후, 튜링은 맨체스터로 옮겨가 당시 세계에서 가장 큰 기억용량을 가진 맨체스터 대학 디지털자동기계(MADAM)의 부책임자가 되었다. 이때 그가 보인 컴퓨터 설계와 프로그램 분야에 있어서의 성과는 컴퓨터 기술에 대한 혁명이었으며, 컴퓨터가 '생각하는 기계'로 발전할 수 있다는 가능성을 보여주었다. 프로그램 작업에 어떤 적절한 요소들을 도입하면 언젠가는 컴퓨터가 인간의 사고 작용과 비슷한 '생각'이란 것을 할 수 있게 되리라는 것이었다. 튜링은 1950년 '컴퓨터와 지능'이라는 논문을 발표하며 자신의 성과를 공표했다. 동일한 질문에 대해 컴퓨터와 인간이 똑같은 대답을 한다면 그것은 곧 컴퓨터가 생각한다고 말할 수 있다는 것이 요지였다.

# 연습문제

다음은 비제네르 암호를 이용한 암호문이다.

QECDY HJVAD KSVVA WGCNF EXXGV YYIIF QKCRM
GEPZT KGRRA TVFAG RDECI PGHTZ UFGCM SNCCR
MICCJ NLHKD SATHK EEPGR HLLIA WUZQI ASQEJ
NMSZK YKTWN RZAXH JRRRH ADZLT LQNRQ HBQCC
YCWQQ ERTFD QIYGR AGKFD WGQWA GRDVF JDZMY
ZRWTV KJRDK WERJE XFUGC RMWXV QINRG ERHTF
GVLRH ITRET WHQVV EECTV RWXWT JRGXB IKFHT
BFNCP DBGJQ TLOUK FTRSZ GCGBA GERLB HJMYG
BCWJA XIVGI QHXOO CCHLW PKCVK OVZMC USVNC
TGHJV RTQHO RRTKW CCYCW OETMB IOPPG CZGQW
RLTFG GYRDO IVAPI JZAW XBCSJ TLGVL BTGHU
KMTQD GIGBX BVNGI AHJVA DGQGG RHWWU TSHLS
FZLIA SVVVI ZWXVQ HMIFV LILWP JGVAH KERDV
FAGRD ECIPR WTHVY CNPCW CBCHH HZLSX ZUVUW
XFG

## 2.1 카지스키 테스트

1. 동일한 패턴의 문자열을 찾아내고(위 암호문에 적절하게 표시한다), 동일한 문자열의 출현 간격을 조사한다.

| HJV | | YCM | |
|---|---|---|---|
| JVA | | GQW | |
| SVV | | GRD | |
| FAG | | RDV | |
| ECI | | MXV | |
| GVL | | TGH | |
| ... | | ... | |

2. 키 단어의 길이로 추정 가능한 값은?

## 2.2. 프리드만 테스트

3. 위 암호문에서 각 암호문자의 출현빈도수를 모두 구한다.

| A | B | C | D | E | F | G | H | I | J | K | L | M | N | O | P | Q | R | S | T | U | V | W | X | Y | Z |
|---|---|---|---|---|---|---|---|---|---|---|---|---|---|---|---|---|---|---|---|---|---|---|---|---|---|
| | | | | | | | | | | | | | | | | | | | | | | | | | |

4. 일치지수 $I = \sum_{i=1}^{26} \frac{n_i(n_i - 1)}{n(n-1)}$ 를 계산한다. $I = (\quad\quad)$

5. 키 단어 길이의 추정 값 $\ell = \frac{0.027n}{(n-1)I - 0.038n + 0.065}$ 을 계산한다. $\ell = (\quad\quad)$

6. 암호문을 키 단어 길이로 재배치한다(별도 용지 사용).

7. 각 열에 대하여 통계적 공격을 시행한다.
   1) 각 열에서 나타나는 문자들의 빈도수를 계산한다.
   2) 각 열은 더하기 암호이다. 따라서 각 열에서 빈도가 가장 높은 문자가 평문자 e에 해당하는 문자이다.
   1열( ), 2열( ), 3열( ), 4열( ), 5열( ), 6열( ), 7열( )

8. 키 단어로 사용한 단어를 써 보고 의미가 있는지 확인한다.
   키 단어 : ____________________

9. 각 열을 복호화하기 위한 대응표를 작성한다(별도용지 사용).

10. 각 열을 복호화하여 세로로 쓴다(별도용지 사용).

11. 공격에 성공하였는지 확인하기 위해 문장의 띄어쓰기를 조절하여 다시 써본다.

*6*단계. 키 단어 길이로 재배치한 암호문

| 1열 | 2열 | 3열 | 4열 | 5열 | 6열 | | |
|---|---|---|---|---|---|---|---|
| | | | | | | | |
| | | | | | | | |
| | | | | | | | |
| | | | | | | | |
| | | | | | | | |
| | | | | | | | |
| | | | | | | | |
| | | | | | | | |
| | | | | | | | |
| | | | | | | | |
| | | | | | | | |
| | | | | | | | |
| | | | | | | | |
| | | | | | | | |
| | | | | | | | |
| | | | | | | | |
| | | | | | | | |
| | | | | | | | |
| | | | | | | | |
| | | | | | | | |
| | | | | | | | |
| | | | | | | | |
| | | | | | | | |
| | | | | | | | |
| | | | | | | | |
| | | | | | | | |
| | | | | | | | |
| | | | | | | | |
| | | | | | | | |
| | | | | | | | |
| | | | | | | | |
| | | | | | | | |
| | | | | | | | |
| | | | | | | | |

| 1열 | 2열 | 3열 | 4열 | 5열 | 6열 | | |
|---|---|---|---|---|---|---|---|
| | | | | | | | |
| | | | | | | | |
| | | | | | | | |
| | | | | | | | |
| | | | | | | | |
| | | | | | | | |
| | | | | | | | |
| | | | | | | | |
| | | | | | | | |
| | | | | | | | |
| | | | | | | | |
| | | | | | | | |
| | | | | | | | |
| | | | | | | | |
| | | | | | | | |
| | | | | | | | |
| | | | | | | | |
| | | | | | | | |
| | | | | | | | |
| | | | | | | | |
| | | | | | | | |
| | | | | | | | |
| | | | | | | | |
| | | | | | | | |
| | | | | | | | |
| | | | | | | | |
| | | | | | | | |
| | | | | | | | |
| | | | | | | | |
| | | | | | | | |
| | | | | | | | |
| | | | | | | | |
| | | | | | | | |
| | | | | | | | |

*9*단계. 각 열의 복호화 대응표

| | 1 열 | 2 열 | 3 열 | 4 열 | 5 열 | 6 열 | ⋯ | ⋯ |
|---|---|---|---|---|---|---|---|---|
| A | | | | | | | | |
| B | | | | | | | | |
| C | | | | | | | | |
| D | | | | | | | | |
| E | | | | | | | | |
| F | | | | | | | | |
| G | | | | | | | | |
| H | | | | | | | | |
| I | | | | | | | | |
| J | | | | | | | | |
| K | | | | | | | | |
| L | | | | | | | | |
| M | | | | | | | | |
| N | | | | | | | | |
| O | | | | | | | | |
| P | | | | | | | | |
| Q | | | | | | | | |
| R | | | | | | | | |
| S | | | | | | | | |
| T | | | | | | | | |
| U | | | | | | | | |
| V | | | | | | | | |
| W | | | | | | | | |
| X | | | | | | | | |
| Y | | | | | | | | |
| Z | | | | | | | | |

*10*단계. 각 열을 복호화

| 1열 | 2열 | 3열 | 4열 | 5열 | 6열 | | |
|---|---|---|---|---|---|---|---|
| | | | | | | | |
| | | | | | | | |
| | | | | | | | |
| | | | | | | | |
| | | | | | | | |
| | | | | | | | |
| | | | | | | | |
| | | | | | | | |
| | | | | | | | |
| | | | | | | | |
| | | | | | | | |
| | | | | | | | |
| | | | | | | | |
| | | | | | | | |
| | | | | | | | |
| | | | | | | | |
| | | | | | | | |
| | | | | | | | |
| | | | | | | | |
| | | | | | | | |
| | | | | | | | |
| | | | | | | | |
| | | | | | | | |
| | | | | | | | |
| | | | | | | | |
| | | | | | | | |
| | | | | | | | |
| | | | | | | | |
| | | | | | | | |
| | | | | | | | |
| | | | | | | | |
| | | | | | | | |
| | | | | | | | |
| | | | | | | | |

| 1열 | 2열 | 3열 | 4열 | 5열 | 6열 | | |
|---|---|---|---|---|---|---|---|
| | | | | | | | |
| | | | | | | | |
| | | | | | | | |
| | | | | | | | |
| | | | | | | | |
| | | | | | | | |
| | | | | | | | |
| | | | | | | | |
| | | | | | | | |
| | | | | | | | |
| | | | | | | | |
| | | | | | | | |
| | | | | | | | |
| | | | | | | | |
| | | | | | | | |
| | | | | | | | |
| | | | | | | | |
| | | | | | | | |
| | | | | | | | |
| | | | | | | | |
| | | | | | | | |
| | | | | | | | |
| | | | | | | | |
| | | | | | | | |
| | | | | | | | |
| | | | | | | | |
| | | | | | | | |
| | | | | | | | |
| | | | | | | | |
| | | | | | | | |
| | | | | | | | |
| | | | | | | | |
| | | | | | | | |
| | | | | | | | |

# 3
# 일회용 암호

앞에서도 언급했지만 암호의 안전성은 암호키를 얼마나 안전하게 취급하는가에 달려 있다. 키를 안전하게 다루려면 키의 보관, 전달, 제작 등 모든 과정에 신경을 써야 한다. 그 가운데 특히 공격자가 암호문으로부터 키와 관련한 정보를 추출하거나 암호문의 중요한 특징을 짐작할 수 없도록 설계하여 만드는 것이 무엇보다 중요하다.

단일문자 암호들은 주로 출현빈도와 같은 통계적 특성을 분석하는 공격에 취약하다. 비제네르 암호와 같은 다중문자 암호는 이와 같은 통계적 특성을 감추도록 설계되어 있기는 하지만 앞 절에서 살펴본 것처럼 키 단어의 길이가 아주 길지 않으면 역시 공격이 가능해진다.

## 3.1 일회용 암호

일회용 암호는 키를 한 번 사용하고 폐기하므로 안전성이 매우 높다.

지금부터 소개하는 일회용 암호(one-time pad)는 암호문으로부터 키의 특성을 전혀 파악할 수 없는 이론적으로 완전한 암호시스템이다. 실제로 사용하기에는 다소 불편한 면도 있지만 좀 더 연구하면 개선할 수 있기 때문에 현대 암호학에서 중요하게 다루고 있다. 이 암호시스템은 1917 년 미국 AT&T 회사의 엔지니어인 버냄(Gilbert S. Vernam) 이 처음 제안하였기 때문에 버냄 암호라고도 부른다. 키 문자들을 평문에 대응하도록 긴 종이에 써서 사용한 다음 버리기 때문에 '일회용' 이라는 이름을 사용한다. 오늘날에는 실제 종이에 써서 사용하지 않고 컴퓨터가 이 과정을 모두 대신하여 사용자가 불편하지 않도록 수행해 준다.

길이가 $n$ 인 비트열로 평문이 이루어져 있다고 하자. 키도 역시 길이가 $n$ 인 비트열인데 각 비트는 출현 빈도가 모두 같도록 선택한다. 키의 비트열은 완전 무작위 수열인 것이 바람직하다. 평문과 키의 연산은 그림 3.1과 같은 방식으로 수행하여, 평문 $a_1, a_2, \cdots, a_n$ 을 암호화한다. 즉, $i$

번째 문자 $a_i$ 와 $i$ 번째 키 $k_i$ 를 서로 더하여 $i$ 번째 암호문자 $c_i = a_i \oplus k_i$ 를 만들어 낸다.

버냄 암호를 실제로 구현할 때는 문자열을 비트열로 바꾸고 연산은 $\oplus$ 를 사용하지만, 이해하기 쉽도록 평문과 키는 영문자를, 연산은 더하기 mod$n$ 을 그냥 쓰기로 한다.

**예 3.1** 평문과 키를

$$\begin{array}{ccc} \text{평문} & : & ONETIMEPAD \\ \text{키} & : & TBFRGFARFM \end{array}$$

이라고 하면

$$\begin{aligned} O + T \bmod 26 &= H \\ N + B \bmod 26 &= O \\ E + F \bmod 26 &= J \\ &\vdots \end{aligned}$$

이므로 버냄 암호문은 '*HOJKOREGFP*'이 된다.

버냄 암호는, 어떤 의미에서 평문 $a_1, a_2, \cdots, a_n$ 에 키 단어 $k_1, k_2, \cdots, k_n$ 을 사용하는 비제네르 암호라고도 할 수 있다. 일회용 암호는 키가 완전한 무작위성을 가지도록 선택하므로 어떠한 수학적 통계적 특성이 존재하지 않는다. 따라서 공격자의 입장에서는 암호문을 아무리 분석한다고 해도 키를 추론할 만한 단서를 전혀 발견할 수 없다.

위의 예에서는 직관적인 이해를 돕기 위해 문자를 직접 더하였지만, 실제로 컴퓨터에서는 $a_i$ 와 $k_i$ 는 이진법 수 0, 1 을 사용하고, XOR 연산 $(\oplus)$ 이라고 부르는;

$$1 \oplus 1 = 0 \oplus 0 = 0; \quad 1 \oplus 0 = 0 \oplus 1 = 1$$

과 같은 규칙에 의해 $a_1 \oplus k_1, a_2 \oplus k_2, \cdots$ 를 계산한다.

이 암호 시스템의 안전성은 다른 암호들과 마찬가지로 키의 보안성, 즉 키에 관한 정보를 얼마나 잘 드러내지 않는가에 의존한다. 따라서 키 비트열의 0 과 1 은 서로 균등한 확률로 나타나야 한다. 바꾸어 말해서 0, 1 들은 어떠한 규칙성이나 분포확률을 가지고 있지 않아야 키를 짐작하거나 공격할 단서를 얻어낼 수가 없다. 비트열이 무작위성을 가지게 하는 가장 좋은 방법은 동전 던지기를 해서 앞면이 나오면 1, 뒷면이 나오면 0으로 선택하는 것이다. 컴퓨터는 난수 발생기와 같은 프로그램을 사용하여 무작위 수열을 발생시키는데 상당히 간편하면서도 빠르고 어느 정도 신뢰성도 있다.

일회용 암호는 암호학적으로 완전하게 안전한 암호시스템이다. 그러나 키를 만들고, 유지, 관리, 교환하는 데 상당한 어려움이 있다.

일회용 암호는 안전성을 유지하기 위해 상당한 비용과 자원을 소모한다. 앞으로 계속 사용할 키를 만들고 보관하려면 많은 양의 메모리가 필요하고, 사용한 키비트열을 폐기한다거나, 사용하지 않은 키비트열을 안전하고 효율적으로 유지, 관리해야 한다. 그리고 송신자와 수신자가 특정한 시점에서 같은 키 비트열을 사용하기 위한 동기화작업(syncronizing)도 필요하다. 따라서 일회용 암호는 아주 높은 보안성이 요구되며, 인트라넷과 같은 사용자가 적은 전용회선에서는 그런대로 사용할 만하다. 2차대전 당시 에니그마 공격을 위해 조직된 암호해독 전문기관인 블렛츠리 파크는 수상에게 이 암호를 써서 독일의 에니그마를 해독했다는 소식을 전했다. 독일측은 한동안 자신들의 암호체계가 공격당했다는 사실을 모르고 있었다고 한다. 한편 냉전기간동안 백악관과 크렘린 사이의 핫라인에서도 이 방식을 채택했다는 설도 있으나 단지 사적인 통신에 시험적으로 사용했다고도 하여 분명하지는 않다.

현대 암호는 안전성을 위해 여러 가지 암호 알고리즘을 복합적으로 적용한다. 이때 일회용 암호는 다양한 형태로 변형되어 적용된다. 그러나 일회용 암호만 단독으로 사용하는 경우는 거의 없는데 그 이유는 무엇일까? 일회용 암호가 안전성이라는 측면에서는 완벽하게 안전한 암호시스템이지만 몇가지 결정적 단점이 있기 때문이다. 암호를 주고 받는 사람들이 서로 같은 키를 사용하는 시스템을 대칭암호시스템이라고 한다. 대칭암호는 암호화와 복호화(암호 묶기와 암호 풀기) 과정이 매우 간편하고 수행속도가 빠르기 때문에 대용량 데이터 전송에 아주 적합하다.

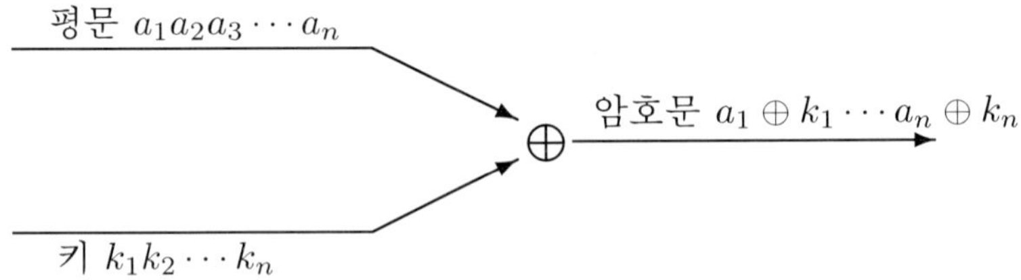

그림 3.1: 버냄 암호시스템

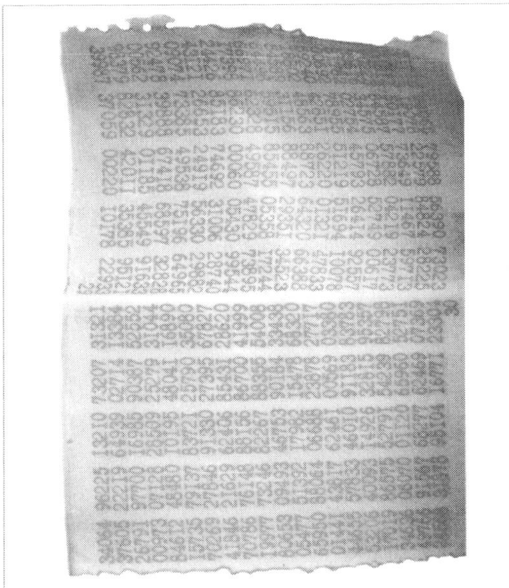

그림 3.2: 러시아에서 처음 사용한 일회용 암호키

문제는 받는 사람도 보내는 사람과 같은 키를 가지고 있어야 하기 때문에 사전에 안전하게 키를 주고 받는 과정이 매우 중요하다. 그런데 키의 크기가 커지면 통신 당사자가 직접 만날 수 없는 상황에서 사전에 키를 교환하는 것은 상당히 어려운 문제이다. 특히 일회용 암호는 키의 길이가 데이터의 길이와 같으므로 키의 크기가 극단적으로 커질 수밖에 없다. 대칭키 암호시스템에서 키의 사전 교환은 RSA와 같은 비대칭키 암호방식을 사용하는 것이 보통이다. 그러나 그것도 키의 길이가 어느 정도 적절한 경우(1,024비트 정도)에나 가능한 일이고 데이터와 같은 크기로 커지면 문제는 달라진다.

현대암호에서는 키를 안전하게 전달하기 위해 *RSA*와 같은 공개키 암호를 사용한다.

데이터와 같은 크기인 키 비트열을 미리 교환한 다음 그 키를 사용하여 암호통신을 한다는 것은 어찌 생각하면 어리석은 일일 수도 있다. 차라리 통신문(평문)을 그냥 직접 전달해 주는 것이 더 낫지 어렵게 키를 전달하고 다시 돌아와서 암호문을 작성하여 보내다니 시간과 노력만 두 배로 더 들지 않을까? 물론 그렇지는 않다. 키는 미리 대량으로 사전에

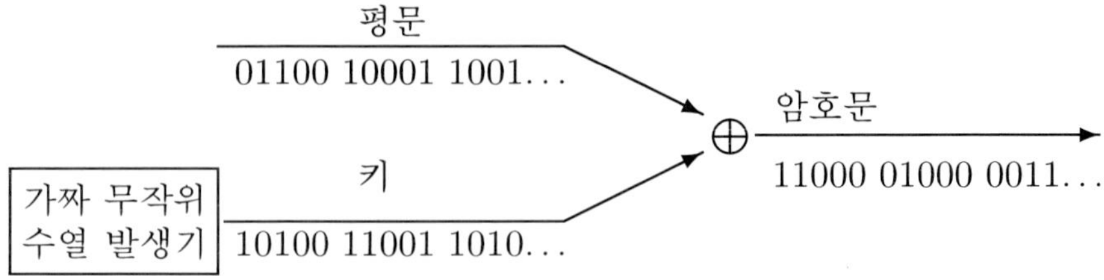


그림 3.3: 가짜 무작위수열 발생기를 사용하는 일회용 암호

교환할 수 있다. 즉 앞으로 여러 번 사용할 키를 한꺼번에 전달해놓고 암호메시지를 보내야 할 상황이 발생하면 그 때마다 키의 일부를 잘라 암호통신에 사용한 다음 버리면 된다. 키는 보내는 사람과 받는 사람이 편리한 시간과 수단을 협의하여 교환할 수 있으나 메시지를 송신해야 할 상황은 언제 발생할지 모른다. 예를 들어 핫라인의 경우, 키가 들어있는 테잎은 외교 행낭으로 편안하게 보낼 수 있지만, 언제 위기 상황이 발생하여 미국 대통령과 소련 수상이 도청없는 통화를 해야 할지는 예측할 수 없다.

문제는 미리 교환해놓은 키의 보관과 통신시점에 사용할 키를 일치시키는 과정에서 어려움이 발생한다는 것이다. 많은 양의 키를 보관하는 것은 저장용량의 문제도 있고 얼마나 안전하게 보관하느냐의 문제도 생긴다. 그리고 일부를 사용한 다음 다음 통신을 다시 시작하기 전에 '자, 지난번에 여기까지 키를 사용했으니까 이번에는 이 부분부터 키로 사용합시다'라는 식의 사전 조정작업이 필요할 것이다.

만약 키를 미리 잔뜩 교환해 놓을 필요 없이 어떤 적당한 장치가 있어서 그때그때 필요에 따라 서로 같은 키를 만들어서 사용한다면 편리하고, 저장용량이나 싱크로나이징 문제도 쉽게 해결할 수 있을 것이다.

## 3.2 무작위 수열 발생기

일회용 암호에 사용하는 키 비트열은 공격자가 공격에 필요한 정보를 전혀 얻을 수 없는 완전한 무작위 수열이어야 한다. 그러나 앞에서 설명한 것처럼 이러한 키 비트열은 전달이나 저장에 어려움이 있다. 따라서 적당한 비트열 발생장치를 이용하여, 언뜻 보기에는 진짜 무작위인 것처럼 보이는 비트열을 만들어 내어 키를 대신하는 방식을 사용하면 편리할 것이다. 이러한 비트열을 가짜 무작위 수열(pseudo-random sequence) 이라고 하고, 이러한 수열을 발생하는 장치를 레지스터(register) 라고 한다. 레지스터를 사용하는 이유는 다음과 같다.

- 레지스터는 컴퓨터에서 하드웨어 (전용칩) 로 매우 빠르게 수행할 수 있다.
- 레지스터는 지난 30 년 동안 많이 연구되어 비교적 잘 알려져 있다.
- 암호학적 안전성이 높은 레지스터에 관한 연구도 다양하게 진행되고 있다.

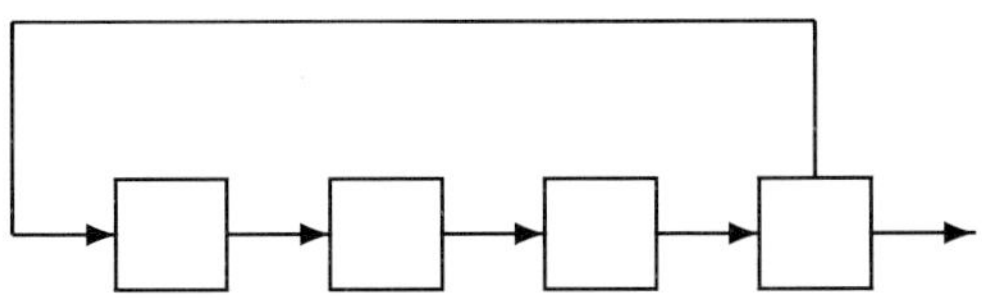

그림 3.4: 피드백 레지스터

**피드백 레지스터 (FSR)** 레지스터를 설계하는 방식은 여러 가지가 있지만 대부분 피드백 (feed back) 기법을 적용한다. 피드백기법이란 레지스터에서 일단 만들어낸 비트열의 일부를 다시 레지스터에 집어넣어 새로운 비트열을 만드는 데 사용한다는 의미이다.

가짜 무작위 수열을 만들어 내는 장치를 레지스터라고 한다. 레지스터 설계에 가장 많이 사용하는 기법은 선형 피드백이다.

그림3.4 와 같은 길이 4 인 레지스터를 예로 작동방법을 설명해 보자. 이 레지스터는 4 개의 네모 칸으로 구성되어 있고, 각 네모 칸에는 0 또는 1 이 들어간다. 레지스터가 작동하려면 초기값이 4 개의 칸 안에 미리 들어 있어야 하는데 우선 0, 1, 1, 0 이라고 하자.

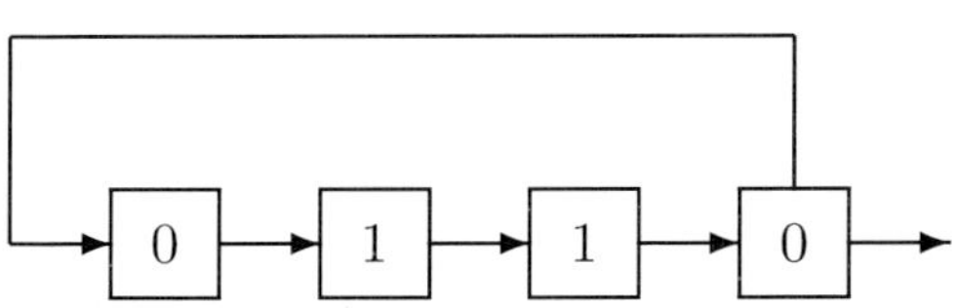


일단 레지스터가 작동하면 먼저 레지스터의 각 칸에 있던 수들은 모두 오른쪽으로 한 칸씩 이동하며, 가장 오른쪽 칸에 있던 0 이 빠져 나온다.

동시에 0은 다시 맨 앞 칸으로 피드백하여 들어간다.

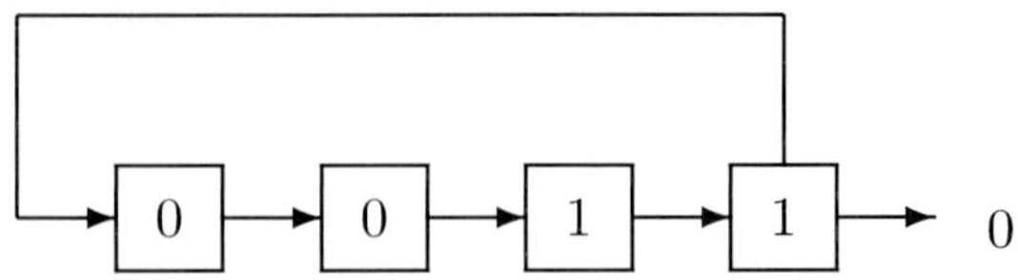


다시 한 번 더 작동하면 마지막 칸에 있던 수 1이 빠져 나와 의사 무작위 수열 0, 1을 만들며, 동시에 이 수 1은 맨 앞 칸으로 다시 되돌아간다.

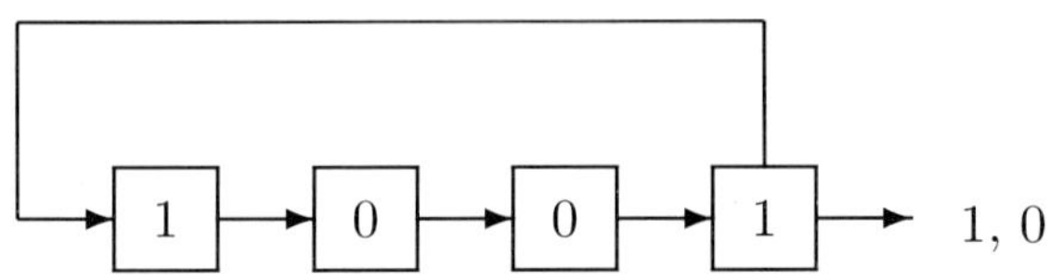


이 과정을 반복하면 $\cdots 0,1,1,0,0,1,1,0$ 과 같은 비트열이 계속 만들어진다. 알아보기 쉽게 거꾸로 쓰면 가짜 무작위 수열

$$0,1,1,0,0,1,1,0 \quad \cdots$$

을 얻을 수 있다. 그러나 결과를 보면 그리 좋은 수열이 만들어지지 않았음을 알 수 있을 것이다. 0, 1, 1, 0 이 계속 반복되는 수열을 무작위 수열과 유사하다고 말할 수는 없을 것이다. 무작위 수열은 규칙성을 전혀 예측할 수 없어야 한다.

**선형 피드백 레지스터(LFSR)** 단순한 피드백 방식으로는 규칙성이 너무 분명한 수열만 만들어 낼 수밖에 없다. 그러면 되돌아(feed back) 갈 때 적당한 조작을 덧붙임으로써 복잡한 수열을 발생시킬 수는 없을까? 간단하게 다음과 같은 생각을 할 수 있다.
이 선형 레지스터에서는 첫 번째 칸과 세 번째 칸의 성분을 배타합(ex-

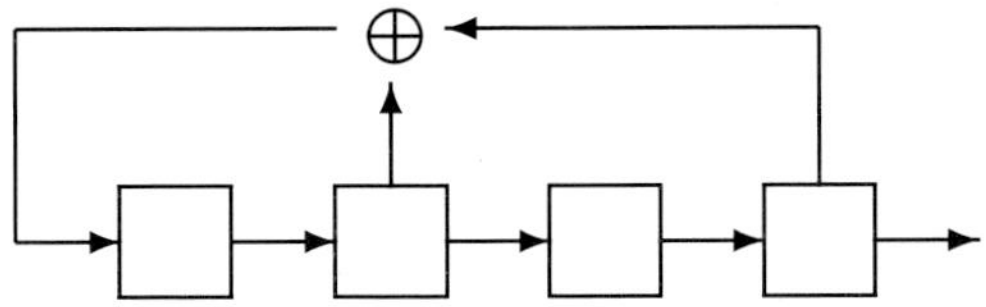

그림 3.5: 간단한 *LFSR*

clusive sum, $\oplus$) 을 계산하여 마지막 칸에 대입한다. 이때 $\oplus$ 의 의미는;

$$0 \oplus 0 = 0,\ 1 \oplus 0 = 1,\ 0 \oplus 1 = 1,\ 1 \oplus 1 = 0.$$

를 말한다. 이 계산은 XOR(eXculsive OR) 연산이라고도 하는데 컴퓨터가 비트끼리 계산할 때 자주 사용하는 연산규칙이다. 조금 더 복잡하게 하기 위해 위의 예처럼 2 개 칸만 더할 것이 아니라 3 개의 칸을 더하여 피드백할 수도 있다.

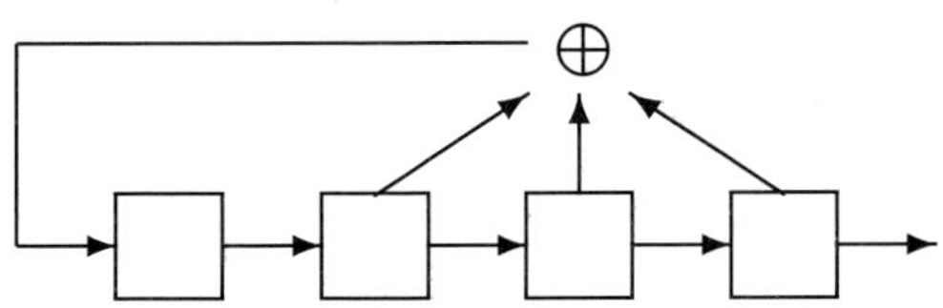

이제 조금 더 복잡해졌다. 그러면 피드백 방식이 복잡해짐에 따라 발생하는 비트열도 무작위 수열에 가까워지는가? 반드시 그렇다고 할 수는 없다.

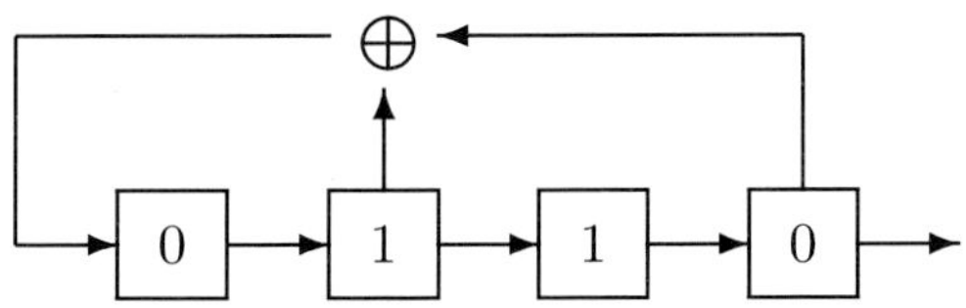


그림3.5 에서 초기값을 앞에서와 같이 0, 1, 1, 0 이라고 하고 다시 계

산해 보면 다음과 같은 비트열을 얻는다.

$$0110 \;\; 1101 \;\; 1011 \cdots$$

이 비트열은 언뜻 그럴듯해 보이지만 다시 재배열해 보면 011 이 반복되는, 앞의 경우보다 더 쓸모가 없는 수열이란 것을 알 수 있다.

$$011 \;\; 011 \;\; 011 \;\; 011 \cdots$$

그렇다면 이번에는 초기값을 다르게 해서 1, 0, 1, 0 이라고 하고 다시 계산해 보면

$$0101 \;\; 0001 \;\; 0100 \;\; 0101 \;\; 0001 \cdots$$

이다. 이번에는

$$0101\,00$$

이 반복되는, 약간 더 주기가 길어진(6 비트 주기) 비트열이 만들어졌다.

사실 길이가 한정되어 있는 LFSR 은 초기값을 어떻게 변환해서 입력해 보아도 수열의 일부분이 어느 시점부터는 반복해서 나타난다. 그리고 중간 셀에 있는 값들을 아무리 다양하게 선택하여 $\oplus$ 연산을 적용한다고 해도 역시 한정된 주기를 가지는 비트열들이 만들어진다. 다만 셀이 많이 있는, 즉 길이가 긴 LFSR 을 설계하면 주기가 훨씬 늘어난 비트열을 만들어낼 수 있다. 그렇다면 LFSR 의 셀 갯수와 비트열의 주기와는 어떤 관계가 있을까?

이론적으로 $n$ 개의 셀을 가지고 있는 LFSR 에서 만들어낼 수 있는 키 비트열의 최대 주기는 $2^n - 1$ 이다. 그러나 이 최대 주기는 초기값을 아주 조심스럽게 선택하였을 경우에만 가능하고 보통은 더 짧은 주기의 키 비트열이 만들어진다. 극단적으로 초기값을 0, 0, 0 ,0 으로 한다면 발생하는 키 비트열은 0, 0, 0, 0, 0, 0, 0, $\cdots$ 이라서 무의미한 비트열이 만들어진다. 따라서 초기값을 설정할 때는 모두 0 이거나 0000 1111 등과 같은 값들은 피하는 것이 바람직하다.

실제로 이 교재 전체의 텍스트 정보는 약 10 메가비트 정도이다. 이 정도 분량의 문서정보를 암호화하려면 키 비트열의 주기도 역시 10,000,000 을 넘어야 한다.

한편 $2^{10} = 1,024$ 이고

$$2^{35} \geq 2^5 \times 2^{10} \times 2^{10} \times 2^{10} \cong 32,000,000$$

이므로 셀의 갯수가 35 개인 LFSR 이라면, 초기값을 잘 선택하여 충분히 일회용 암호로 암호화할 수 있다. 이 정도 LFSR 은 컴퓨터가 그런대로 빠르게 처리해 줄 수 있을 것이다.

## 3.3 선형 피드백 레지스터 공격

암호 공격 기법 가운데 알려진 평문 공격이라는 것이 있다. 적당한 길이의 평문에 대응하는 암호문을 알 수 있는 상황을 말한다. 실생활에서 이런 상황이 발생할 가능성이 크다는 것은 1 장에서 이미 설명하였다. 일회용 암호를 사용한 암호문서에서, 알려진 평문공격 상황이 발생하였다는 것은 어느 정도 크기의 키 비트열을 알아낼 수 있다는 의미이다.

*LFSR*은 키 수열 일부만 있으면 연립방정식을 풀어서 공격할 수 있다. 따라서 최근에는 일차식을 쓰지 않는 비선형 레지스터가 연구되고 있다.

선형 피드백 레지스터 (LFSR) 는 아주 경제적이고 잘 돌아가는 방법이며, 만들어낸 가짜 무작위 수열은 통계적으로 볼 때 아주 좋은 성질을 가지고 있다. 아주 적은 수의 초기값을 가지고 무작위 수열을 아주 길게 만들어낼 수 있다는 것은 좋은 장점이다. 그러나 불행하게도 단순한 '선형' 레지스터는 알려진 평문공격 상황에서 너무 무력하게 깨지고 만다. 지금부터 어떻게 선형 레지스터가 공격당하는지 살펴보기로 하자.

암호 공격자 Mr.X 가 암호가 길이 4 인 선형 레지스터로 만들어졌다는 것을 알고 있다고 하자. Mr.X 는 키를 재구성하여 4 개의 초기 수와 피드백 규칙을 알아내려고 한다. 만약 Mr.X 가 8 자리 평문 비트와 그에 대응하는 8 자리 암호 비트를 알고 있다면, 8 자리 키 비트열도 알 수 있다. 예를 들어 키 수열이

$$00011110$$

이라고 하자. 키 길이가 4 이므로 처음 수 4 개를 거꾸로 한 수열이 초기 수열이다. 즉 초기 상태는 다음과 같은 형태임은 쉽게 알 수 있다.

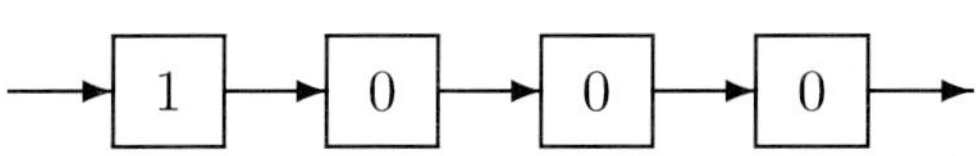


이제 피드백 규칙을 알아낸다. 우선 임시로 각 칸에 화살표를 그리고 $c_i$ 라는 이름을 붙힌다. 각 $c_i$ 는 값이 0 또는 1 인데 $c_i = 1$ 이면 화살표가 실제로 있어서 작용을 하는 것이고 $c_i = 0$ 이면 화살표가 없다고 생각한다. 그림으로 보면 다음과 같다.

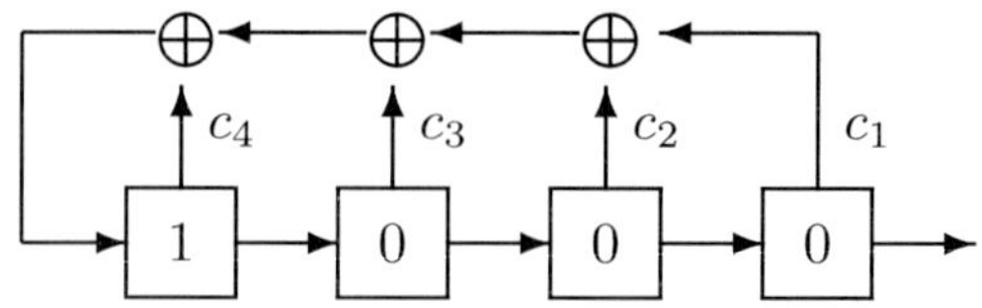


Mr.X가 해야 할 일은 $c_i$ 값들을 결정하는 것이다. 선형 레지스터가 수행되는 과정을 몇 회로 나누어 관찰해 보자. 선형 레지스터로 한 칸 이동하면, $c_1 \cdot 0 \oplus c_2 \cdot 0 \oplus c_3 \cdot 0 \oplus c_4 \cdot 1 = c_4$ 이므로 다음과 같다.

| 4 번째 칸 | 3 번째 칸 | 2 번째 칸 | 1 번째 칸 |
|---|---|---|---|
| $c_4$ | 1 | 0 | 0 |

또 한 칸 더 이동하면 가장 왼쪽에 있는 칸은 $c_1 \cdot 0 \oplus c_2 \cdot 0 \oplus c_3 \cdot 1 \oplus c_4 \cdot c_4 = c_4 \cdot c_4 \oplus c_3$ 이다. 그런데 $1 \cdot 1 = 1, 1 \cdot 0 = 0 \cdot 1 = 0 \cdot 0 = 0$ 이므로 $c_4 \cdot c_4 = c_4$ 이다. 그러므로 두 칸 이동한 결과는

| 4 번째 칸 | 3 번째 칸 | 2 번째 칸 | 1 번째 칸 |
|---|---|---|---|
| $c_4 \oplus c_3$ | $c_4$ | 1 | 0 |

이다. 계속하여 세 칸 이동하면 다소 복잡해지는데 간단하게 정리할 수 있다.

$$\begin{aligned} c_1 \cdot 0 \oplus c_2 \cdot 1 \oplus c_3 \cdot c_4 \oplus c_4(c_4 \oplus c_3) &= c_2 \oplus c_3 \cdot c_4 \oplus c_4 \cdot c_4 \oplus c_4 \cdot c_3 \\ &= c_2 \oplus c_4 \end{aligned}$$

세 칸 이동한 결과는

| 4번째 칸 | 3 번째 칸 | 2 번째 칸 | 1 번째 칸 |
|---|---|---|---|
| $c_2 \oplus c_4$ | $c_3 \oplus c_4$ | $c_4$ | 1 |

이고 네 칸 이동하면 좀 더 복잡해져서

| 4 번째 칸 | 3 번째 칸 | 2 번째 칸 | 1 번째 칸 |
|---|---|---|---|
| $c_1 \oplus c_3 \oplus c_4 \oplus c_3 \cdot c_4$ | $c_2 \oplus c_4$ | $c_3 \oplus c_4$ | $c_4$ |

이다. 알고 있는 수열이 8 자리이므로 이 정도만 생각해도 충분하다. Mr.X는

$$\begin{aligned} c_4 &= 1, \\ c_3 \oplus c_4 &= 1, \\ c_2 \oplus c_4 &= 1, \\ c_1 \oplus c_3 \oplus c_4 \oplus c_3 \cdot c_4 &= 0. \end{aligned}$$

임을 알 수 있고

$$c_4 = 1,\ c_3 = 0,\ c_2 = 0,\ c_1 = 1$$

이다. 결국 Mr.X는 다음 그림3.6과 같은 주기 15인 키 수열 규칙을 모두 알아냈다.

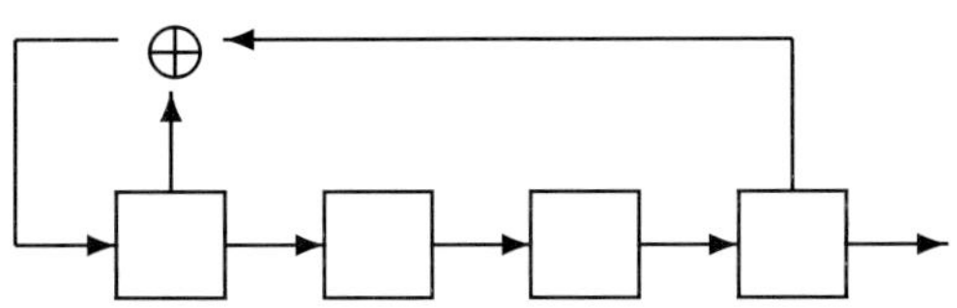

그림 3.6: *Mr.X*가 알아낸 선형 레지스터

일반적으로 길이 $2n$ 비트이면서 연속인 평문과 암호문을 알고 있다면, 길이 $n$(그러므로 최대 주기는 $2^n - 1$) 인 선형 레지스터를 깰 수 있다는 것은 증명 되어 있다. 백만$(1{,}048{,}575 = 2^{20} - 1)$ 비트를 주기로 갖는 수열이 단지 40개의 비트만 가지고도 공격할 가능성이 있다는 것은 놀라운 일이다.

레지스터가 매우 짧은 시간에 가짜 무작위 수열을 만들 수 있고 아주 쉽게 암호화에 적용할 수 있다는 측면에서 너무도 멋진 방법(10,000,000 비트 계산은 순식간에 할 수 있다) 이지만 쉽게 깨질 수 있는 약점을 가지고 있다는 점도 인식하고 있어야 한다. 이러한 약점은 비선형 레지스터를 사용함으로써 극복할 수 있다. 비선형이란 단순히 더하기 $\bigoplus$(선형) 만이 아닌 곱하기 등과 같은 좀 더 복잡한 연산 규칙 R을 사용하는 것을 말한다.

간단한 예로 다음과 같은 길이가 4인 레지스터를 생각할 수 있다. 이 레지스터는 $\oplus$와 함께 곱하기도 사용하였고, 0이 0으로 대응하지 않으므로 비선형이다. 물론 비선형 레지스터일지라도 완벽한 안전성을 보장하

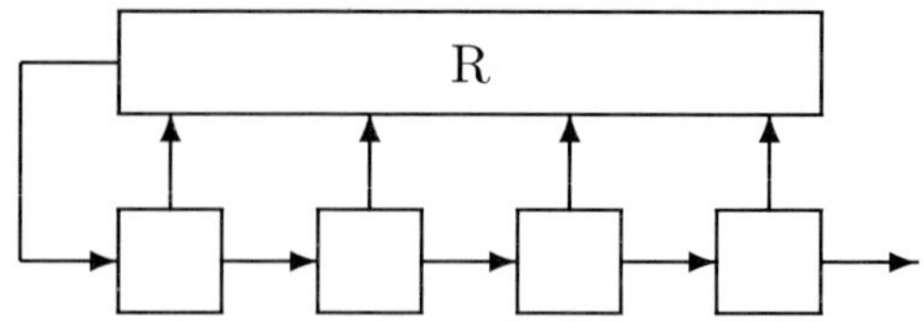


는 것은 아니지만, 선형보다는 훨씬 안전하다. 사실 요즈음의 대부분의 암호 알고리즘은 비선형 레지스터를 사용한다. 아마 가장 인기 있는 비선형 알고리즘은 DES 일 것이다.

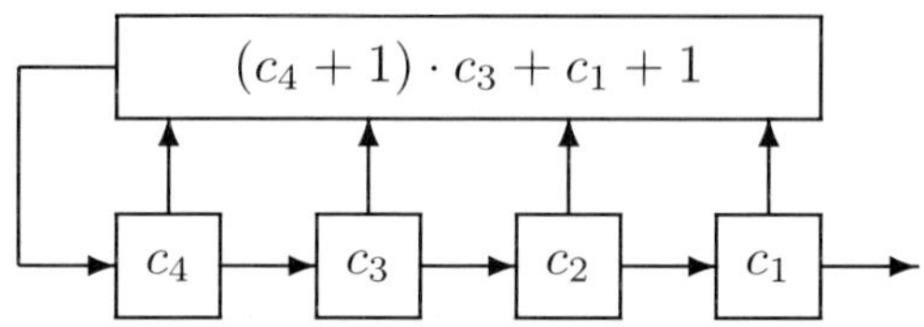


**참고** 마지막으로 근본적인 의문 하나를 언급하고 이 장을 마치겠다. 0과 1, 즉 비트열로 이루어진 암호 키의 좋고 나쁨(cryptological quality)을 어떻게 측정(measure)하느냐 하는 것이다. 현실적으로, 레지스터에서 만들어진 키 비트열은 어쩔 수 없이 주기를 가지고 있을 수밖에 없다. 따라서 암호의 안전성을 완전하게 보장하지 못한다는 것은 이미 알았다. 그러나 짧은 초기값을 입력하여 가능하면 최대 주기를 갖는 비트열을 만들어내는 것이 좋을 것이다. 그리고 레지스터 설계 자체가 앞에서 언급한 암호 공격이 매우 어려운 것이라면 더 좋을 것이다.

암호의 질을 판정하는 하나의 척도로 선형 복잡도(linear complexity)라는 것이 있다. 어떤 비트열의 선형 복잡도란, 이 비트열을 선형 레지스터에 의해 생성할 수 있는, 부분수열의 최소 길이를 말한다. 선형 복잡도가 클수록 암호학적으로 더 좋은 수열이다. 하지만 선형 복잡도가 큰 수열은 좋은 암호화에 대한 필요 조건이지 충분 조건이 아님을 명심해야 한다. 선형복잡도의 계산에 관해 관심이 있으면서, 선형대수와 이항연산에 대한 지식을 약간 가지고 있는 독자는 'Berlekamp-Massey algorithm'이라는 논문을 읽어 보기 바란다.

# 연습문제

## 3.1 LFSR

1. $1001010 \bigoplus 0111001 =$

2. 다음 무작위 수열 발생기로 의사무작위 수열을 20 자리까지 만들어라.

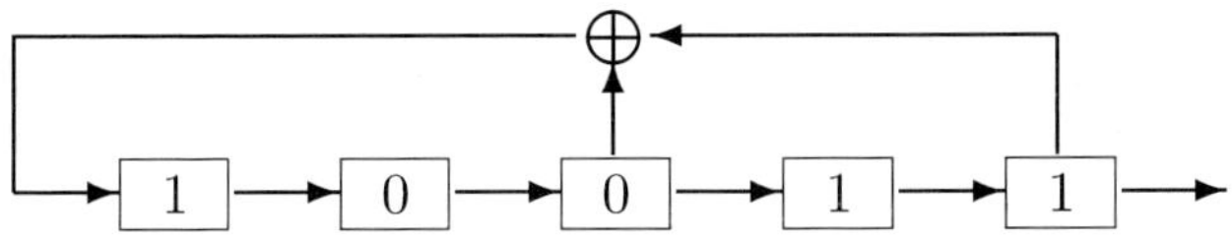


a) 우선 1 칸 shift 이동한 후, 밖으로 나온 수를 아래 표에 적고, 왼쪽 빈칸을 채운다.

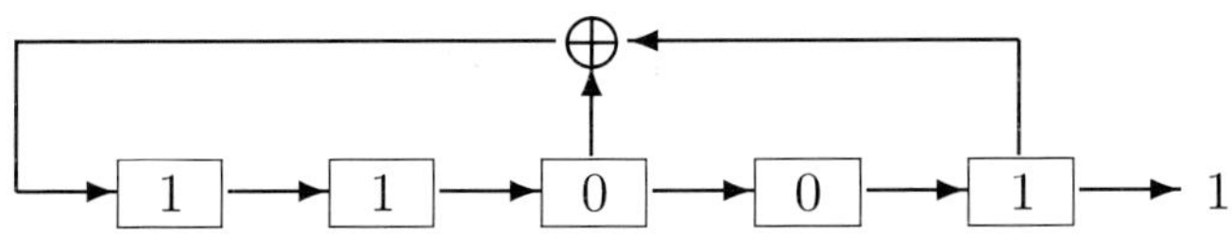


b) 계속 shift 이동한 후 계산한 결과를 20 회까지 적어 나간다.

| 1회 이동 | 1 |
|---|---|
| 2회 이동 | 11 |
| 3회 이동 | 110 |
| 4회 이동 | 1100 |
| 5회 이동 | 11001 |
| 6회 이동 | 110011 |
| 7회 이동 | |
| 8회 이동 | |
| 9회 이동 | |
| 10회 이동 | |

| 11회 이동 | |
|---|---|
| 12회 이동 | |
| 13회 이동 | |
| 14회 이동 | |
| 15회 이동 | |
| 16회 이동 | |
| 17회 이동 | |
| 18회 이동 | |
| 19회 이동 | |
| 20회 이동 | |

c) 20회까지 만들어낸 의사 무작위 수열에서 일정한 주기를 발견할 수 있는가?

## 3.2 LFSR 공격

3. '0100 0101 0'은 4칸짜리 LFSR로 만들어낸 의사무작위 수열이다. LFSR의 구조를 알아내보자.

   a) 앞에 있는 4비트를 보면 초기값이 ________ 임을 알 수 있다.
   b) 먼저 길이가 4인 LFSR을 그린 다음, 주어진 비트열을 이용하여 $c_1, c_2, c_3, c_4$에 관한 연립 1차 방정식을 만든다.

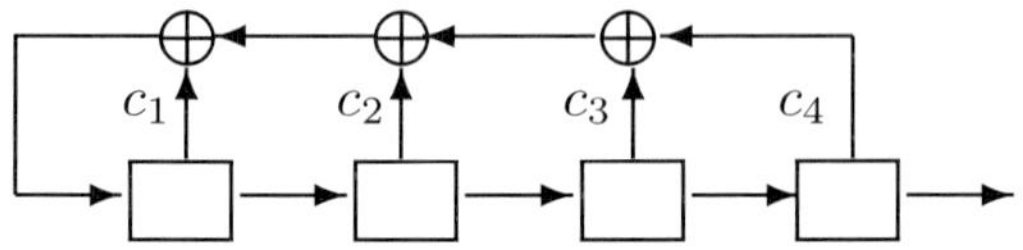


$$c_1 \oplus \quad c_2 \oplus \quad c_3 \oplus \quad c_4 \quad =$$
$$c_1 \oplus \quad c_2 \oplus \quad c_3 \oplus \quad c_4 \quad =$$
$$c_1 \oplus \quad c_2 \oplus \quad c_3 \oplus \quad c_4 \quad =$$
$$c_1 \oplus \quad c_2 \oplus \quad c_3 \oplus \quad c_4 \quad =$$

   c) $c_1, c_2, c_3, c_4$를 모두 결정하고 $c$ 값이 1인 곳만 선으로 연결하여 그려보라.

4. 다음은 길이가 4인 LFSR로 만들어낸 키 비트열로 암호화한 암호문이다. Mr.X가 많은 노력을 기울여서 키 비트열의 일부가

10111001

인 것을 알았다. 비트열에 해당하는 문자열은 표 1.9에 있는 ASCII 코드를 참고하여 평문을 찾아라.

11110101 00111101 10111101 11010010 01100011 11111100
00100010 10100111 11010010 01101111 11101010 00110111

공격 순서는 다음과 같다.

a) 8비트인 키열의 일부로부터 LFSR의 구조를 알아낸다.
b) 알아낸 LFSR과 8비트열로 96비트 키열을 만들어낸다.
c) 96비트 키열과 암호문을 위 아래로 나란히 쓰고 XOR(⊕) 연산을 수행한다.
d) 연산결과를 표1.9에 적용하여 평문을 알아낸다.

# 4
# *DES*

에니그마와 같이 물리적 기계장치를 이용하는 암호 시스템은 2차 세계대전과 함께 수명이 끝났다. 대부분의 암호시스템들이 공격을 당한 탓도 있었고 수행과정(암호화와 복호화)이 너무 느려서 실용적이지 못하다는 이유로 더 이상 사용하지 않게 되었다. 1950년대 이후에는 고성능 계산기와 통신수단의 발달로 이를 이용한 금융거래나 상거래도 급격하게 늘어나기 시작하였다. 당연히 데이터의 안전한 통신이나 저장, 관리 등의 요구도 급증하였다. 그러나 1970년대까지만 해도 암호는 외교나 국방에서 특별한 경우에만 사용하는 것으로 인식되어 있었고 소수의 사람들만이 암호의 이론적 배경을 이해할 수 있을 뿐이었다. 따라서 일반인들은 암호기법을 사용하고 싶어도 어떻게 해야 하는지, 어디에서 프로그램이나 하드웨어를 구입할 수 있는지 알 수 없었다. 당시 강력한 권력과 정보력을 가지고 있던 NSA(National Security Agency)는 암호기법에 대해 상당한 노하우를 가지고 있었으나 보통 사람들은 국가에 그런 조직이 있는지조차 알지 못하였다.

*DES*는 고전암호에서 현대암호로 암호학이 획기적으로 전환하는 중요한 분기점이 되었다. 고전암호는 많은 인력과 시간이 소모되는 수작업에 의해 암호, 복호화가 이루어졌지만, *DES* 이후의 현대암호는 컴퓨터의 빠른 처리능력을 사용하게 되었다.

NSA와 다소 경쟁관계였던 미국 상무성의 국립표준국(NBS, National Bureau of Standards, 후에 NIST로 조직 개편)은 1973년 5월 자국 내의 금융 및 상거래에 편리하게 사용할 수 있는 암호 알고리즘을 공모하였다. 공모조건은 대략 다음과 같았다.

- 알고리즘의 안전도는 매우 높아야 한다.
- 알고리즘은 매우 구체적이어야 하고 누구나 이해할 수 있어야 한다.
- 알고리즘의 안전성은 키의 안전성에 의존해야 하고, 알고리즘 자체를 비밀로 하는 것에 의존해서는 안 된다.
- 어떤 계층의 사람들도 모두 사용할 수 있어야 한다.
- 다양한 응용프로그램에 적용할 수 있어야 한다.
- 알고리즘은 전자장치(컴퓨터)에서 경제적으로 작동되어야 한다.
- 효율성이 높아야 한다.

공모 후 1년이 지나도록 응모자가 없자, 1974년 8월 NBS는 2차 공모를 발표하였다. 마침내 사무용기기 전문회사인 IBM이, 독자적으로 연구해 오던 루시퍼(Lucifer)라고 하는 암호 알고리즘을 적절히 개선하여 응모하였다. 당시 이 암호 알고리즘의 개발에 참여하였던 사람들은 투크만(W.Tuchman), 애들러( Roy Adler), 코퍼스미스(D. Coppersmi), 파이스텔(H. Feistel), 그로스만(E. Grossman), 콘하임(A. Konheim), 노츠(Bill Notz), 투크만(Bryant Tuchman), 메이어(C. Meyer) 등이었다. 이들이 제시한 암호 알고리즘은 매우 훌륭한 것이었으나, NBS와 NSA 사이의 정치적 갈등, IBM측이 소유하고 있던 특허권, 알고리즘의 안전성에 대한 평가 등의 문제로 많은 우여곡절을 겪은 끝에 1977년 미국 표준 암호 알고리즘(Data Encryption Standard)으로 선정되었다. 1981년 우리나라의 표준연구소와 같은 역할을 담당한 ANSI(미국 국립표준국)에서도 DES를 인정하였고, 그 후 1983년, 1994년에 공개적인 검증을 거쳐 재인증함으로써 안전하다는 신뢰를 얻게 되었다. DES는 비슷한 시기에 발표된 RSA와 함께 현대 암호를 혁신적으로 발전시키는 한편, 암호학을 수학적, 논리적으로 연구하고 토론하는 큰 계기를 제공하였다.

*DES*는 *1977*년 *IBM* 회사의 연구팀이 제안한 알고리즘을 *NIST*가 공식 채택함으로서 미국의 표준 암호 알고리즘이 되었다.

현대암호는 크게 블럭암호(Block)와 스트림암호(Stream), 또는 공개키암호(Public Key)와 대칭키 암호로 구분한다. 스트림암호가 1비트 단위로 암호연산을 수행하는데 비해 블록암호는 $n$ 비트씩 나눈 평문과 $k$ 비트 암호키를 입력하여 $n$ 비트씩으로 된 암호문을 출력한다. DES는 64비트 단위의 블럭을 사용하는 블럭암호이며, 통신상대와 같은 키를 사용하는 대칭키 암호이다.

현대암호는 크게 블럭암호와 스트림암호, 또는 공개키암호와 대칭키 암호로 구분한다.

DES(Data Encryption Standard)는 'standard' 라는 말이 의미하듯이, 미국 정부가 인정하는 안전한 표준 암호 알고리즘이다. 그러나 앞으로 자세히 알아보겠지만 암호화 과정을 살펴보면 너무나 복잡하고 납득이 논리적으로 잘 되지 않는 부분이 많아 사용자들이 불안해할 수밖에 없었다. 특히 DES 암호의 핵심인 S-box는, 비록 형태가 공개되기는 했지만 어떤 논리와 근거로 그렇게 설계했는지 알려지지 않아서 공개 당시에는 많은 저항과 의구심을 자아냈다. 사용자들은 혹시 일반인들이 잘 모르는 백도어(back door)가 숨겨 있을지도 모른다는 불안감을 가지고 있었다. 그러나 지금까지 이렇다할 공격법이 발견되지 않았으며, 공격사례도 발표되지 않았고, 컴퓨터에서 아주 잘 수행된다는 장점이 인식되면서 약 20여년간 널리 사용되어 왔다. 백도어는 숨겨진 뒷문이라는 의미로, 사용자가 복잡한 경로를 통해 암호화하였지만 실제로는 쉽게 열어볼 수 있는 숨겨진 방법이 있을지도 모른다는 두려움을 나타내는 말이다.

*DES* 암호의 핵심은 *S-box*이다.

## 4.1 DES

지금부터 DES 암호 알고리즘을 자세히 설명하겠다. DES 암호는 대칭키 암호이면서 블록암호이다. 그러므로 평문을 적당히 변환하여 비트(bit) 열로 바꾼 다음 일정한 간격으로 블록화한다. 보통은 64 비트 단위로 자른다. 예를 들어 암호화하려는 메시지가

I LOVE ROSE BUT NOT DOG

라고 하자. 각각의 문자(띄어쓰기 포함)를 표1.9의 ASCII 코드로 바꾸고 문자 8 개씩 묶으면 다음과 같이 64 비트 블럭 3 개를 얻는다.

01001001 00100000 01001100 01001111 01010110 01000101 00100000 01010010
01001111 01010011 01000101 00100000 01000010 01010101 01010100 00100000
01001110 01001111 01010100 00100000 01000100 01001111 01000111 00100000

DES는 이 비트열을 64 비트 블럭 단위로 각각 암호화하여, 예를 들면 다음과 같은 형태의 64 비트 블럭 3 개인 암호문을 만들어낸다.

11001011 00101111 01001100 01001100 01010110 11001101 00100000 01011100
11001000 01010011 01000101 00100111 01001010 01010101 01010100 00100111
11011110 01001111 01010100 00100111 01111100 01001111 01111111 00100111

*DES*는
*1*단계 - *IP*치환
*2*단계 - 좌우분리
*3*단계 - *16*라운드
*4*단계 - *IP*역치환
으로 구성되어 있다. 이 가운데 *3*단계가 가장 복잡하다.

물론 각 블록을 암호화하는 과정에서는 비밀키가 작용을 한다. DES 암호에 사용할 비밀키 $K$ 는 64 비트로 준비하여 송신자와 수신자가 서로 교환해 둔다. 키를 안전하게 교환하는 방법은 지금 여기에서 설명하지 않고 제2편 암호의 응용부분에서 키 교환이라는 명칭으로 다시 설명한다. 서로 공유하고 있는 비밀키 $K$ 는 암호화에 그대로 사용하는 것이 아니라 적절한 계산을 거쳐 새로운 보조키 열 $K_1, K_2, \cdots K_{16}$ 으로 변형하여 사용한다. 보조키 열을 만드는 과정은 다소 복잡하므로, 우선 전체과정을 먼저 설명한 다음 따로 설명한다.

### 4.1.1 DES 전체 과정

DES 암호에 의한 암호화 과정은 비교적 복잡한 편이다. 우선 도표로 대략 설명하자면 그림4.1과 같다. 그림의 중간에 나타나는 $f$ 연산(Feistel 연산)은 각 라운드에서 공통으로 사용되는 복잡한 연산과정이다. DES에서 사용하는 Feistel 연산은 교묘하게 설계되어 있어서 ;

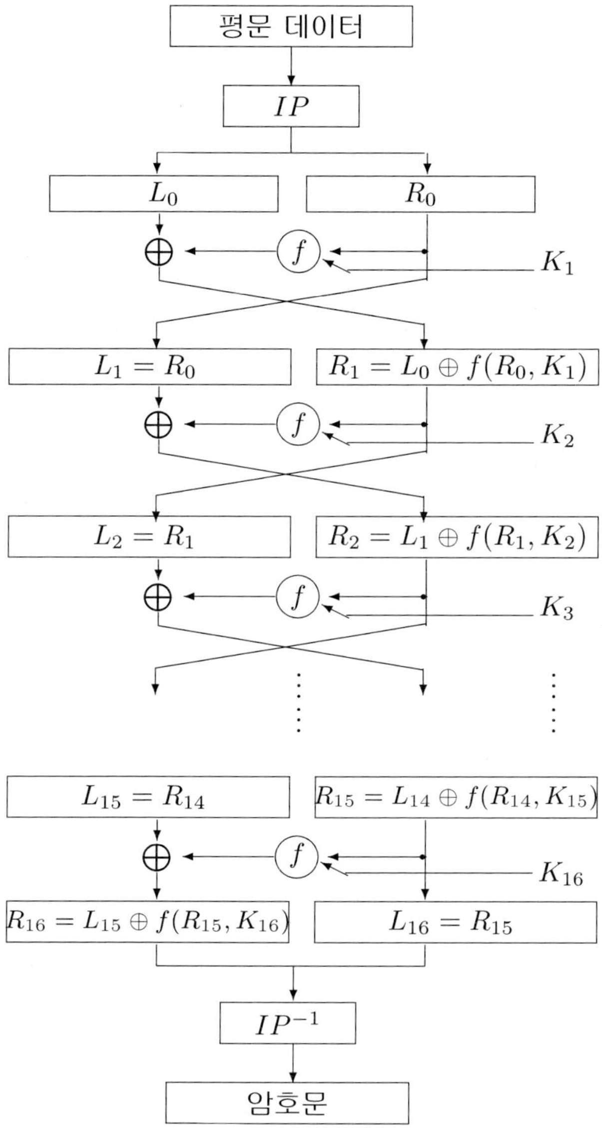


그림 4.1: $DES$암호 알고리즘

- 라운드 함수에 관계 없이 역변환이 가능하며(즉, 암·복호화 과정이 같음),
- 두 번의 수행으로 블록간의 완전한 분산(diffusion)이 이루어지며, 알고리즘의 수행속도가 빠르고,
- H/W 및 S/W로 구현이 용이하고,
- 아직 구조상의 문제점이 발견되고 있지 않다.

는 장점을 지니고 있다. DES 암호화 과정은 크게 단계별로 나누면, 1단계 IP 치환, 2단계 좌우분리, 3단계 라운드 진행, 4단계 IP 역치환, 5단계 암호문으로 구성된다. 대부분의 단계는 그리 복잡하지 않으나 3단계 라운드 진행에서 $f$ 연산과 보조키열이 개입한다. 따라서 우선 다섯 단계를 개략적으로 설명하고 3단계에 필요한 $f$ 연산, S-box, 보조키 열 생성은 따로 설명하겠다.

*1*단계 *IP*치환은 *64*비트 블럭에 있는 비트들의 자리를 바꾸는 작업이다.

### 1 단계 : 초기치환 IP

먼저 평문을 앞에서 설명한대로 비트열로 바꾼 후 64비트씩 끊어서 블럭화한다. 그 가운데 한 블럭을

$$M = m_1 \cdots m_{32}\; m_{33} \cdots m_{64}$$

라고 하자. 이 블럭 $M$은 초기치환 IP(initial permutation)를 거쳐 새로운 64비트 블럭

$$IP(M) = p_1 \cdots p_{32} p_{33} \cdots p_{64}$$

으로 바뀐다.

초기치환 IP는 표4.1과 같다. 즉 64비트 열의 1번 자리에 58번째 비트를 놓고, 2번 자리에 50번째 비트를 놓고, 3번 자리에 42번째 비트를 놓는 방식으로 비트열의 자리를 바꾸는 방식으로 재배열한다.

| | | | | | | | | | | | | | | | |
|---|---|---|---|---|---|---|---|---|---|---|---|---|---|---|---|
| 58 | 50 | 42 | 34 | 26 | 18 | 10 | 2 | 60 | 52 | 44 | 36 | 28 | 20 | 12 | 4 |
| 62 | 54 | 46 | 38 | 30 | 22 | 14 | 6 | 64 | 56 | 48 | 40 | 32 | 24 | 16 | 8 |
| 57 | 49 | 41 | 33 | 25 | 17 | 9 | 1 | 59 | 51 | 43 | 35 | 27 | 19 | 11 | 3 |
| 61 | 53 | 45 | 37 | 29 | 21 | 13 | 5 | 63 | 55 | 47 | 39 | 31 | 23 | 15 | 7 |

표 4.1: 초기치환 *IP*

예를 들어 I LOVE R에 해당하는 ASCII 코드

01001001 00100000 01001100 01001111
01010110 01000101 00100000 01010010

을 초기치환하면 IP(M)

10111101 10010000 00111100 00101001
00000000 01000010 00001101 10011000

으로 바뀐다.

### 2단계 : 좌우분리

초기치환 IP를 거친 IP(M)은 각각 32비트씩 $L_0 = p_1 \cdots p_{32}$ 와 $R_0 = p_{33} \cdots p_{64}$ 로 나누어 1라운드 암호화 과정에 들어간다.

즉 1단계에서 만들어진 IP(M)을 32비트씩 나누어 각각을 $L_0$, $R_0$ 이라고 하면

$$L_0 = 10111101100100000011110000101001$$
$$R_0 = 00000000010000100000110110011000$$

이다. 이 $L_0$ 와 $R_0$ 를 가지고 다음 단계인 라운드 진행을 수행하여 $L_1$ , $R_1$ 을 만들어낸다.

*2단계 좌우분리는 64비트블럭을 32비트씩 나눈다.*

### 3단계 : 16 라운드 진행

우선 왼쪽 32비트 $L_1$ 은 오른쪽 32비트$R_0$ 를 그대로 쓴다. 그 다음으로 오른쪽 32비트 $R_1$ 은, $R_0$ 를 $f$-연산틀에 넣어서 처리한 후 그 값과 $L_0$ 을 XOR 연산하여 얻는다.

$f$-연산틀은 앞에서 설명한 Feistel 연산을 의미한다. DES의 $f$ 연산은 매우 복잡하므로 뒤에 따로 설명하기로 하고, 일단 그냥 지나가자. 그리고 한 라운드를 넘기는 과정마다 암호키 $K$ 로부터 만들어낸 보조키 열 $K_1, K_2, \cdots K_{16}$ 이 차례대로 개입한다. 이 보조키 열의 생성과정도 뒤에 따로 설명한다.

*3단계 16라운드 진행은 파이스틸(Feistel) 연산이라고 하는 f-연산을 16번 적용하는 복잡한 과정이다.*
*이 과정에서 키 K가 관여하며 S-box도 처리한다.*

### 4단계 : IP 역치환

그림에서 보는 바와 같이 16라운드를 모두 진행하여 $L_{16}$ 과 $R_{16}$ 을 얻고 난 다음, 좌우를 다시 바꾼 64비트 블럭 $(R_{16}, L_{16})$ 에 초기치환 IP의 거꾸로인 역치환 $\mathrm{IP}^{-1}$ 를 적용한다. 역치환 $\mathrm{IP}^{-1}$ 는 표4.2와 같다.

*4단계 IP역치환은 처음 1단계 IP치환을 거꾸로 적용하는 것이다.*

### 5단계 : 암호블럭 완성

1단계에서 예로 들었던 ASCII코드

| 40 | 8 | 48 | 16 | 56 | 24 | 64 | 32 | 39 | 7 | 47 | 15 | 55 | 23 | 63 | 31 |
|---|---|---|---|---|---|---|---|---|---|---|---|---|---|---|---|
| 38 | 6 | 46 | 14 | 54 | 22 | 62 | 30 | 37 | 5 | 45 | 13 | 53 | 21 | 61 | 29 |
| 36 | 4 | 44 | 12 | 52 | 20 | 60 | 28 | 35 | 3 | 43 | 11 | 51 | 19 | 59 | 27 |
| 34 | 2 | 42 | 10 | 50 | 18 | 58 | 26 | 33 | 1 | 41 | 9 | 49 | 17 | 57 | 25 |

표 4.2: 역치환 $IP^{-1}$

01001001 00100000 01001100 01001111
01010110 01000101 00100000 01010010

를 $\mathrm{IP}^{-1}$ 까지 수행하여 얻은 최종 암호문은

11111010 01110110 11110011 01001110
10110101 10001011 11110010 10000011

이다.

### 4.1.2 보조키 열 만들기

*DES*는 서로 약속한 키 $K$ 로부터 *16*개의 보조키 열 $K_1, K_2, \cdots K_{16}$ 을 만들어서 암호화에 사용한다.
보조키열을 만드는 과정은 준비, *PC-1*적용, 좌측 순환이동, *PC-2*적용 등으로 구성되어 있다.

DES는 서로 약속한 키 $K$ 로부터 16개의 보조키 열 $K_1, K_2, \cdots K_{16}$ 을 만들어서 암호화에 사용한다. 지금부터 이 키 열을 만들어내는 과정을 설명한다.

#### 1. 준비

암호키 $K$ 도 메시지 데이터 블럭과 같은 64비트이다. 그러나 실제로 DES 에 사용하는 비트열은 이 가운데 56비트뿐이고, 나머지 8비트는 에러정정 코드라고 하는 부분으로 보조키열을 만드는 과정에서 삭제된다. 암호키 $K$

0110101$\underline{\mathit{0}}$ 0110100$\underline{\mathit{1}}$ 0110111$\underline{\mathit{1}}$ 0110101$\underline{\mathit{0}}$
0111100$\underline{\mathit{0}}$ 0011010$\underline{\mathit{1}}$ 0011100$\underline{\mathit{1}}$ 0010000$\underline{\mathit{1}}$

을 생각하자. 이 비트열 가운데 8, 16, 24, 32, 40, 48, 56, 64번째 비트들을 에러정정 코드라고 하는데, 암호키 $K$ 의 전송, 보관과정에서 오류가 발생하였는지를 확인할 수 있게 하는 역할을 한다. 에러정정 비트를 결정하는 방법은 여러 가지가 있다. 여기에서는 가장 간단한 방법으로 8비트 블럭마다, 각각 앞에 있는 7개의 비트와 함께 1의 개수가 짝수가 되도록 삽입하였다. 즉, 7비트에서 1일 홀수개이면 1을, 짝수개이면 0을

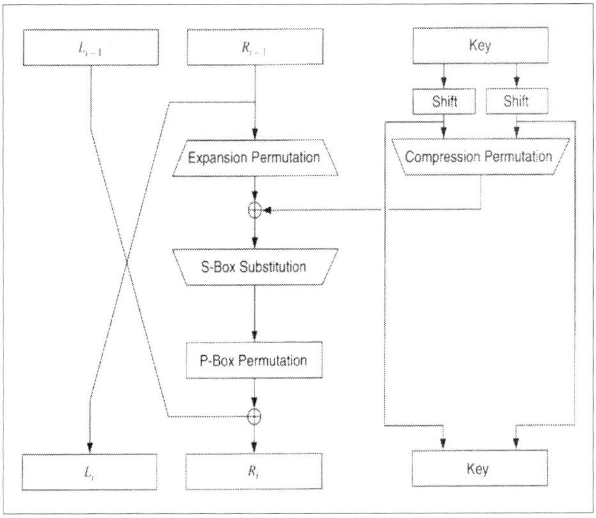


그림 4.2: $f$-연산과 보조키 열 만들기

8 비트자리에 삽입한다.

2. PC-1 적용

암호키 $K$ 에 PC-1을 적용하면 자연스럽게 8의 배수 위치에 있던 비트들은 없어지고 나머지 비트들은 자리가 뒤섞인다. 다음 행렬을 유심히 살펴보면 8, 16, 24, 32, 40, 48, 56, 64 이라는 수는 없을 것이다.

*PC-1*은 *64*비트 키에서 에러정정코드를 없애고 나머지 비트의 자리를 바꾼다.

| | | | | | | | | | | | | | |
|---|---|---|---|---|---|---|---|---|---|---|---|---|---|
| 57 | 49 | 41 | 33 | 25 | 17 | 9 | 1 | 58 | 50 | 42 | 34 | 26 | 18 |
| 10 | 2 | 59 | 51 | 43 | 35 | 27 | 19 | 11 | 3 | 60 | 52 | 44 | 36 |
| 63 | 55 | 47 | 39 | 31 | 23 | 15 | 7 | 62 | 54 | 46 | 38 | 30 | 22 |
| 14 | 6 | 61 | 53 | 45 | 37 | 29 | 21 | 13 | 5 | 28 | 20 | 12 | 4 |

표 4.3: *PC-1* 행렬

이제 64 비트 키 $K$

01101010 01101001 01101111 01101010
01111000 00110101 00111001 00100001

에 PC-1 에 적용하면 56 비트인

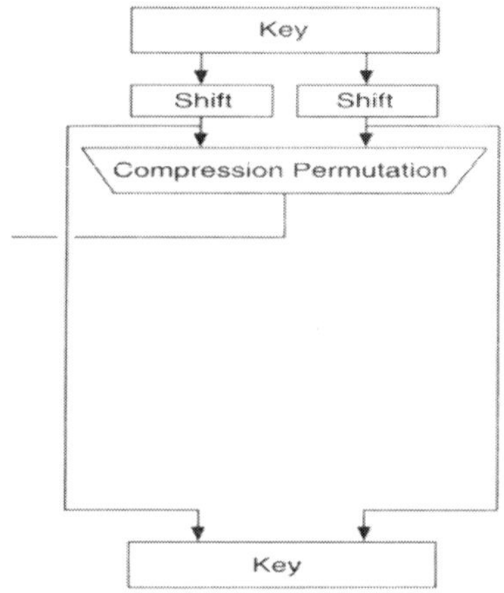


그림 4.3: 보조키열 만들기

0000000 0000111 1111111 1110111
0000110 1001001 0001011 1110000

이 된다.

### 3. 좌측 순환이동(Shift)

PC-1을 적용한 56 비트를 28 비트씩 좌우 2개의 블럭으로 나눈 다음 좌측 순환이동을 시행한다. 좌측 순환이동이란 각 블럭에 있는 비트를 모두 왼쪽으로 한 칸씩 모두 이동한 다음 맨 앞에 있던 비트는 맨 뒤로 보낸다는 의미이다. 즉,

*0*000000 0000111 1111111 1110111
*0*000110 1001001 0001011 1110000

을 1 칸 좌측 순환이동하면

000000 0000111 1111111 1110111 *0*
000110 1001001 0001011 1110000 *0*

이 된다. 좌측 순환이동은 매 라운드마다 약간씩 다르며 다음 표와 같다.

### 4. PC-2 적용

*PC-2는 56비트를 48비트로 압축한다.*

좌측 순환이동을 마친 56 비트는 다시 PC-2라고 하는 압축치환행렬(Com-

| 라운드 | 1 | 2 | 3 | 4 | 5 | 6 | 7 | 8 | 9 | 10 | 11 | 12 | 13 | 14 | 15 | 16 |
|---|---|---|---|---|---|---|---|---|---|---|---|---|---|---|---|---|
| 이동수 | 1 | 1 | 2 | 2 | 2 | 2 | 2 | 2 | 1 | 2 | 2 | 2 | 2 | 2 | 2 | 1 |

표 4.4: 각 라운드의 좌측 순환이동

pression Permutation)을 적용하여 48비트로 바꾼다. 56비트가 48비트로 줄어들기 때문에 압축이라는 표현을 쓰며 다시 한 번 자리가 뒤바꾸는 치환도 동시에 시행한다.

PC-2 행렬을 잘 살펴 보면 흥미롭게도 처음 28개 비트에서 9, 18, 22, 25번째 비트가 없어지면서 자리가 바뀌고, 나머지 28비트에서 35, 38, 43, 54번째 비트가 없어지면서 자리가 바뀐다. 그러나 없어지는 자리에 어떤 이유나 규칙성이 있는 것은 아니다. 그 이유는 아마 설계자들만 알고 있을 것이다.

| | | | | | | | | | | | |
|---|---|---|---|---|---|---|---|---|---|---|---|
| 14 | 17 | 11 | 24 | 1 | 5 | 3 | 28 | 15 | 6 | 21 | 10 |
| 23 | 19 | 12 | 4 | 26 | 8 | 16 | 7 | 27 | 20 | 13 | 2 |
| 41 | 52 | 31 | 37 | 47 | 55 | 30 | 40 | 51 | 45 | 33 | 48 |
| 44 | 49 | 39 | 56 | 34 | 53 | 46 | 42 | 50 | 36 | 29 | 32 |

표 4.5: *PC-2* 압축치환행렬

다시 예로 돌아가서, 좌측 순환이동을 마친 56비트열

00000000001111 11111111101110
00011010010010 00101111100000

을 $\overline{K}_1$ 라고 하자. 이 $\overline{K}_1$ 에 압축치환행렬 PC-2를 적용하면 48비트인

111000001010 111010101110 100010001111 010000001001

로 바뀌는데 이 비트열이 첫번째 보조키인 $K_1$ 이다. $K_2$ 는 $K_1$ 를 만들기 직전의 비트열이었던 $\overline{K}_1$ 를 다시 좌측 순환이동한 다음 압축치환한다. 나머지 보조키 $K_3$, $K_4, \cdots$, $K_{16}$ 도 마찬가지로 만들어낸다.

### 4.1.3 $f$-연산

$f$-연산은 확장치환, 보조키와 더하기, *S-box* 치환, *P-box* 치환으로 이루어진다.

마지막으로 가장 중요한 $f$-연산부분을 설명한다. 그림4.4 에서 보는 바와 같이 $f$-연산은 세 부분으로 나뉘어 지는데,

1) 32 비트를 48 비트로 확장하는 확장치환(Expansion Permutation),
2) 보조키 $K_i$ 와 48 비트의 XOR 연산,
3) 확장된 48 비트를 6 비트씩 8-토막으로 나누어 복잡한 처리과정을 거친 후 다시 32 비트로 바꾸는 S-box 치환,
4) 32 비트를 단순히 자리만 바꾸는 P-box 치환

으로 구성된다.

1. 확장 치환

확장치환은 앞 라운드에서 처리되어 넘어온 *64*비트 가운데 오른쪽 절반*(32*비트*)*인 $R_{i-1}$ 를 *48*비트로 늘려주는 과정이다.

이 과정은 앞 라운드에서 처리되어 넘어온 64 비트 가운데 오른쪽 절반(32 비트) 인 $R_{i-1}$ 를 48 비트로 늘려주는 과정이다. 비트를 늘려주는 이유는 48 비트인 보조키 $K_i$ 와 $\bigoplus$ 연산이 가능하도록 크기를 맞추기 위해서 이다. 확장치환은 비트를 늘려주기도 하지만 앞에서의 모든 치환들처럼 순서를 바꾸기도 한다.

예를 들어 $R_{i-1}$ 이

0000 0000 0100 0010 0000 1101 1001 1000

이라고 하면, 확장치환을 거친 후

000000 000000 001000 000100 000001 011011 110011 110000

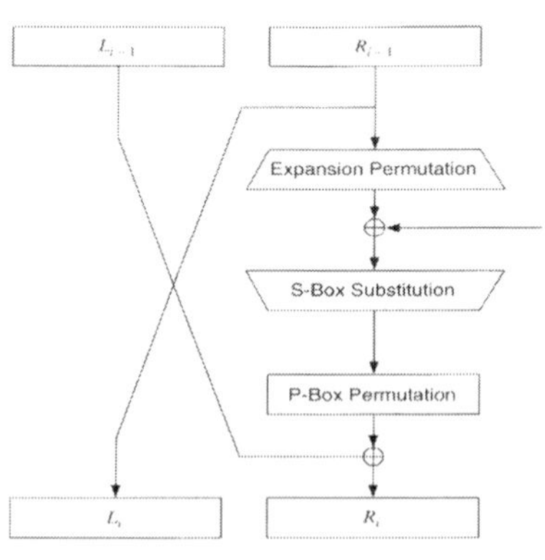


그림 4.4: $f$-연산의 구조

| | | | | | | | | | | | |
|---|---|---|---|---|---|---|---|---|---|---|---|
| 32 | 1 | 2 | 3 | 4 | 5 | 4 | 5 | 6 | 7 | 8 | 9 |
| 8 | 9 | 10 | 11 | 12 | 13 | 12 | 13 | 14 | 15 | 16 | 17 |
| 16 | 17 | 18 | 19 | 20 | 21 | 20 | 21 | 22 | 23 | 24 | 25 |
| 24 | 25 | 26 | 27 | 28 | 29 | 28 | 29 | 30 | 31 | 32 | 1 |

표 4.6: 확장치환행렬

이 된다.

2. $R_{i-1} \oplus$ 보조키 $K_i$

이 비트열에 암호화키로부터 만들어 낸 보조키 $K_i$

111000 001010 111010 101110 100010 001011 010000 001001

를 더하고 (XOR 연산) 나면

111000 001010 110010 101010 100011 010000 100011 111001

으로 바뀐다.

3. S-box 치환

이제 S-box로 이 수열을 처리할 차례이다. S-box 처리과정은 DES 암호의 가장 핵심적인 부분이면서 매우 복잡한 과정을 거친다.

*S-box* 처리과정은 $f$-연산의 일부로 *DES*암호에서 가장 핵심적인 부분이다.

*S-box*는 모두 *8*개이며, 각각 *6*비트를 *4*비트로 축소하여 출력한다.

확장치환에서 48 비트로 바뀐 수열은 각각 6 비트씩 8 블럭으로 나뉜 다음, 각각 8 개의 S-box 치환을 거친다 (그림4.5와 표4.7 참고). 예를 들어 확장치환을 거친 48 비트열이

010000 100111 010101 010001 011000 100110 000110 111001

이라고 하자.

위의 48 비트 가운데 처음 6 비트는 S-box 1으로 처리한다. 첫 6 비트는

010000

이다. 이 비트 열로부터 S-box 1의 행과 열 번호를 결정한다. 1 번째 비트와 6 번째 비트는 행의 번호를 결정하고, 2, 3, 4, 5 번째 비트열은 열의 번호를 결정한다. 1 번과 6 번 비트를 써 놓으면 00 인데 이 수는 10 집법수로 0에 해당한다. 2, 3, 4, 5 비트열은 1000 이고 이 수는 10 진법수로 8

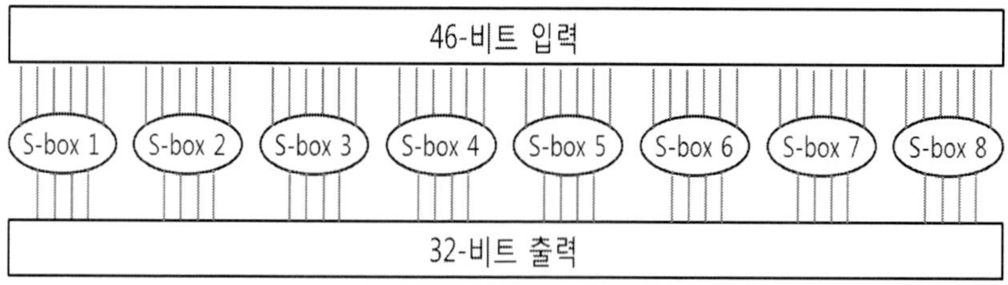


그림 4.5: *S-box*의 구조

이다. 따라서 0 행과 8 열이 결정되었다. 이제 S-box 1을 보면 0 행부터 3 행까지, 0 열부터 15 열까지 숫자가 나열되어 있다.이 가운데 0 행 8 열에 있는 수는 '3' 인데 이 수를 다시 2 진법수인 4 비트열로 바꾸면

0011

이 된다. 다시 말해서 010000 은 S-box 1의 0 행 8 열에 있는 수 0011 으로 바뀐다.

두 번째 6 비트는

100111

이다. 이 비트열은 두 번째에 해당하므로 S-box 2 에서 처리한다.

1 번째 비트와 6 번째 비트를 합치면 11 이고 10 진수로 바꾸면 3 이다. 그리고 2 번째부터 5 번째까지의 비트열 0011 은 10 진수로 바꾸면 역시 3 이다. S-box 2 에서 3 행 3 열에 있는 수는 '1' 이고 비트열로 나타내면 0001 이다. 이와 같은 과정을 마지막 8 번째 비트블럭까지 모두 적용한다.

따라서 확장치환(Expansion permutation)을 거친 48 비트

010000 100111 010101 010001 011000 100110 000110 111001

를 8 개의 비트블럭으로 나누어 S-box 1 부터 S-box 8 까지 차례대로 적용하면 36 비트열인

0011 0001 0101 0100 1101 0101 1110 0011

으로 치환된다.

*S-Box 1:*

| 열 | 0 | 1 | 2 | 3 | 4 | 5 | 6 | 7 | 8 | 9 | 10 | 11 | 12 | 13 | 14 | 15 |
|---|---|---|---|---|---|---|---|---|---|---|---|---|---|---|---|---|
| 0행 | 14 | 4 | 13 | 1 | 2 | 15 | 11 | 8 | 3 | 10 | 6 | 12 | 5 | 9 | 0 | 7 |
| 1행 | 0 | 15 | 7 | 4 | 14 | 2 | 13 | 1 | 10 | 6 | 12 | 11 | 9 | 5 | 3 | 8 |
| 2행 | 4 | 1 | 14 | 8 | 13 | 6 | 2 | 11 | 15 | 12 | 9 | 7 | 3 | 10 | 5 | 0 |
| 3행 | 15 | 12 | 8 | 2 | 4 | 9 | 1 | 7 | 5 | 11 | 3 | 14 | 10 | 0 | 6 | 13 |

*S-Box 2:*

| 열 | 0 | 1 | 2 | 3 | 4 | 5 | 6 | 7 | 8 | 9 | 10 | 11 | 12 | 13 | 14 | 15 |
|---|---|---|---|---|---|---|---|---|---|---|---|---|---|---|---|---|
| 0행 | 15 | 1 | 8 | 14 | 6 | 11 | 3 | 4 | 9 | 7 | 2 | 13 | 12 | 0 | 5 | 10 |
| 1행 | 3 | 13 | 4 | 7 | 15 | 2 | 8 | 14 | 12 | 0 | 1 | 10 | 6 | 9 | 11 | 5 |
| 2행 | 0 | 14 | 7 | 11 | 10 | 4 | 13 | 1 | 5 | 8 | 12 | 6 | 9 | 3 | 2 | 15 |
| 3행 | 13 | 8 | 10 | 1 | 3 | 15 | 4 | 2 | 11 | 6 | 7 | 12 | 0 | 5 | 14 | 9 |

*S-Box 3:*

| 열 | 0 | 1 | 2 | 3 | 4 | 5 | 6 | 7 | 8 | 9 | 10 | 11 | 12 | 13 | 14 | 15 |
|---|---|---|---|---|---|---|---|---|---|---|---|---|---|---|---|---|
| 0행 | 10 | 0 | 9 | 14 | 6 | 3 | 15 | 5 | 1 | 13 | 12 | 7 | 11 | 4 | 2 | 8 |
| 1행 | 13 | 7 | 0 | 9 | 3 | 4 | 6 | 10 | 2 | 8 | 5 | 14 | 12 | 11 | 15 | 1 |
| 2행 | 13 | 6 | 4 | 9 | 8 | 15 | 3 | 0 | 11 | 1 | 2 | 12 | 5 | 10 | 14 | 7 |
| 3행 | 1 | 10 | 13 | 0 | 6 | 9 | 8 | 7 | 4 | 15 | 14 | 3 | 11 | 5 | 2 | 12 |

*S-Box 4:*

| 열 | 0 | 1 | 2 | 3 | 4 | 5 | 6 | 7 | 8 | 9 | 10 | 11 | 12 | 13 | 14 | 15 |
|---|---|---|---|---|---|---|---|---|---|---|---|---|---|---|---|---|
| 0행 | 7 | 13 | 14 | 3 | 0 | 6 | 9 | 10 | 1 | 2 | 8 | 5 | 11 | 12 | 4 | 15 |
| 1행 | 13 | 8 | 11 | 5 | 6 | 15 | 0 | 3 | 4 | 7 | 2 | 12 | 1 | 10 | 14 | 9 |
| 2행 | 10 | 6 | 9 | 0 | 12 | 11 | 7 | 13 | 15 | 1 | 3 | 14 | 5 | 2 | 8 | 4 |
| 3행 | 3 | 15 | 0 | 6 | 10 | 1 | 13 | 8 | 9 | 4 | 5 | 11 | 12 | 7 | 2 | 14 |

*S-Box 5:*

| 열 | 0 | 1 | 2 | 3 | 4 | 5 | 6 | 7 | 8 | 9 | 10 | 11 | 12 | 13 | 14 | 15 |
|---|---|---|---|---|---|---|---|---|---|---|---|---|---|---|---|---|
| 0행 | 2 | 12 | 4 | 1 | 7 | 10 | 11 | 6 | 8 | 5 | 3 | 15 | 13 | 0 | 14 | 9 |
| 1행 | 14 | 11 | 2 | 12 | 4 | 7 | 13 | 1 | 5 | 0 | 15 | 10 | 3 | 9 | 8 | 6 |
| 2행 | 4 | 2 | 1 | 11 | 10 | 13 | 7 | 8 | 15 | 9 | 12 | 5 | 6 | 3 | 0 | 14 |
| 3행 | 11 | 8 | 12 | 7 | 1 | 14 | 2 | 13 | 6 | 15 | 0 | 9 | 10 | 4 | 5 | 3 |

*S-Box 6:*

| 열 | 0 | 1 | 2 | 3 | 4 | 5 | 6 | 7 | 8 | 9 | 10 | 11 | 12 | 13 | 14 | 15 |
|---|---|---|---|---|---|---|---|---|---|---|---|---|---|---|---|---|
| 0행 | 12 | 1 | 10 | 15 | 9 | 2 | 6 | 8 | 0 | 13 | 3 | 4 | 14 | 7 | 5 | 11 |
| 1행 | 10 | 15 | 4 | 2 | 7 | 12 | 9 | 5 | 6 | 1 | 13 | 14 | 0 | 11 | 3 | 8 |
| 2행 | 9 | 14 | 15 | 5 | 2 | 8 | 12 | 3 | 7 | 0 | 4 | 10 | 1 | 13 | 11 | 6 |
| 3행 | 4 | 3 | 2 | 12 | 9 | 5 | 15 | 10 | 11 | 14 | 1 | 7 | 6 | 0 | 8 | 13 |

표 4.7: *S-boxes*

*S-Box 7:*

| 열 | 0 | 1 | 2 | 3 | 4 | 5 | 6 | 7 | 8 | 9 | 10 | 11 | 12 | 13 | 14 | 15 |
|---|---|---|---|---|---|---|---|---|---|---|---|---|---|---|---|---|
| 0행 | 4 | 11 | 2 | 14 | 15 | 0 | 8 | 13 | 3 | 12 | 9 | 7 | 5 | 10 | 6 | 1 |
| 1행 | 13 | 0 | 11 | 7 | 4 | 9 | 1 | 10 | 14 | 3 | 5 | 12 | 2 | 15 | 8 | 6 |
| 2행 | 1 | 4 | 11 | 13 | 12 | 3 | 7 | 14 | 10 | 15 | 6 | 8 | 0 | 5 | 9 | 2 |
| 3행 | 6 | 11 | 13 | 8 | 1 | 4 | 10 | 7 | 9 | 5 | 0 | 15 | 14 | 2 | 3 | 12 |

*S-Box 8:*

| 열 | 0 | 1 | 2 | 3 | 4 | 5 | 6 | 7 | 8 | 9 | 10 | 11 | 12 | 13 | 14 | 15 |
|---|---|---|---|---|---|---|---|---|---|---|---|---|---|---|---|---|
| 0행 | 13 | 2 | 8 | 4 | 6 | 15 | 11 | 1 | 10 | 9 | 3 | 14 | 5 | 0 | 12 | 7 |
| 1행 | 1 | 15 | 13 | 8 | 10 | 3 | 7 | 4 | 12 | 5 | 6 | 11 | 0 | 14 | 9 | 2 |
| 2행 | 7 | 11 | 4 | 1 | 9 | 12 | 14 | 2 | 0 | 6 | 10 | 13 | 15 | 3 | 5 | 8 |
| 3행 | 2 | 1 | 14 | 7 | 4 | 10 | 8 | 13 | 15 | 12 | 9 | 0 | 3 | 5 | 6 | 11 |

표 4.8: *S-boxes(계속)*

*P-box* 치환은 단순한 자리바꾸기이다.

4. P-box 치환

이 32비트를 P-box로 치환하고 나면 연산을 모두 마치게 된다. P-box 치환은 다음과 같다. P-box 치환은 비교적 간단하므로 예를 들 필요는 없을 것이다.

| | | | | | | | | | | | | | | | |
|---|---|---|---|---|---|---|---|---|---|---|---|---|---|---|---|
| 16 | 7 | 20 | 21 | 29 | 12 | 28 | 17 | 1 | 15 | 23 | 26 | 5 | 18 | 31 | 10 |
| 2 | 8 | 24 | 14 | 32 | 27 | 3 | 9 | 19 | 13 | 30 | 6 | 22 | 11 | 4 | 25 |

표 4.9: *P-box*치환

### 4.1.4 DES 복호화

*DES*의 매력은 복호화 과정이 암호화와 같다는 것이다. 즉 암호문을 다시 암호화하는 것처럼 *DES* 알고리즘에 그대로 적용하면 된다.

DES는 암호화 과정이 복잡하여, 수신자가 암호문을 원래의 메시지로 복호화하는 알고리즘은 더 복잡하지 않을까 걱정스러울 것이다. 그러나 DES의 매력은 복호화 과정이 암호화와 같다는 것이다. 즉 암호문을 다시 암호화하는 것처럼 DES 알고리즘에 그대로 적용하면 된다. 다만 복호화 과정에서는 보조키열 $K_1, K_2, \cdots K_{16}$ 의 순서를 바꾸어 $K_{16}, K_{15}, \cdots, K_1$ 으로 적용한다는 점만 다르다.

### 4.1.5 DES의 하드웨어 구현

DES를 하드웨어로 구현한 제품들 가운데 가장 빠른 기록을 가지고 있는 것은 Digital Equipment Corporation 회사의 DES 전용칩일 것이다. 이 제품은 1초에 1기가비트의 메시지 비트를 암호화와 복호화 처리를 할 수있고, 초당 16백만개 블럭을 처리할 수 있는 것으로 알려져 있다. 3장에서 말한대로 이 책의 모든 텍스트는 그림 파일을 포함하여 약 100메가바이트 정도이므로 이 칩을 사용하면 0.01초 정도의 시간안에 암호화 처리를 할 수 있다는 의미이다.
물론 DES는 소프트웨어로 처리할 수 있다. S/W로 DES를 구현하는 것은 컴퓨터의 연산처리속도에 의존해야 하므로 전용칩보다는 훨씬 느리다. IBM 3090 기종에서는 1초에 약 3만2000개의 메시지 블럭을 처리할수 있다고 알려져 있다.

## 4.2 DES의 안전성

DES에 대한 사람들의 의심은 상당히 오랜 역사를 가지고 있다. 발표 초기부터 비교적 짧은 키의 길이, 16이라는 라운드 횟수, S-box 설계의 의구심 등으로 많은 억측을 불러 일으켰다. 특히 S-box 부분은, 어떤 이유로 그렇게 설계했는지 IBM측에서 전혀 설명해 주지 않았기 때문에 상당한 미스테리로 남아 있다. 사용자들의 비난때문에 IBM측은 마지 못해 17명의 연구원들이 수년간 암호 공격을 시도하면서 연구한 결과 그렇게 설계했고 안전성을 믿어도 좋다고 설명했지만, 사람들은 혹시 NSA에서 트랩도어를 설치하여 사용자 모르게 암호문을 열어볼 가능성이 있지 않을까 하는 의심이 사라지지 않았다. 급기야 1978년 미국 상원 특별 정보위원회에서 이 문제를 조사하여, NSA가 DES의 개발에 부적절한 개입을 하지 않았다고 공식발표하였다.

> “ IBM을 조사한 결과, 키의 길이는 짧아도 충분히 안전하며, S-box의 개발에 간접적으로도 영향을 주지 않았으며, 어떤 수학적 결함도 발견되지 않았다는 것을 확인하였다.”

DES 암호 개발을 주도하였던 IBM 연구원 투크만과 마이어도 NSA가 알고리즘을 변형하지 않았다고 증언하였다. 후에 투크만은 어떤 글에서 “우리는 DES 알고리즘을 철저하게 IBM 안에서 IBM 제품들만 가지고 연구하였다. NSA는 단 한치도 개입할 수가 없었다” 고 밝혔다. 그러나 또 다른 연구원 코퍼스미스는 ‘NSA는 IBM측에 기술적 조언을 해 주었다’ 고 글을 썼으며, 콘하임도 ‘우리는 S-box를 워싱턴으로 보냈다. 그런데 되돌아 온 것은 완전히 다른 것이었다. 우리는 이것을 다시 테스트한 결과 문제가 없다고 판단했다'고 하였다. 사람들은 이 점이 바로 NSA가 트랩도어를 설치했다는 분명한 증거라고 지적하기도 하였다.

한번은 DES가 암호학적으로 약점이 있지 않은가라는 어떤 질문에 NSA는 다음과 같이 답변하였다.

> DES에 관하여 우리는, 지난 1978년 상원 정보특별위원회의 'DES 개발과정에 NSA가 개입하였는가'에 대한 조사 결과가 당신의 질문에 대답을 대신한다고 믿는다. 그 보고서에 의하면 NSA는 알고리즘 설계에 어떤 방식으로든 간섭하지 않았고 DES의 안전성은 적어도 5~10년간 유효할 것이라는 것을 밝히고 있다. 분명히 말하지만 NSA는 DES의 어떠한 약점도 파악하고 있지 못하고 파악할 의사도 없다.

그렇다면 왜 S-box를 수정했었는가? 아마도 오히려 IBM측에서 트랩도어를 설치하지 못하도록 하려는 의도였을 것을 추측된다. 국가의 공식기관인 NSA 입장에서는 한 사기업의 제품을 국가의 중요한 공식 암호 알고리즘으로 채택하기에 무척 조심스러웠을 것이다. 만약 DES에 어떤 형태로든 국가의 안전을 위협하거나 개인의 정보를 침해할 우려가 있는 제품을 묵인하거나 모르고 지나친다면 큰 문제가 아닐 수 없다.

### 4.2.1 좋지 않은 키

DES 비밀키 K는 앞에서도 설명하였듯이 키 생성과정을 거쳐 16개의 보조키열로 만들어 각 라운드에 적용한다. 키 생성과정은 순환이동과 압축치환행렬로 구성되어 있다. 따라서 만약 키 K가 모두 0이거나 1이면 당연히 보조키들도 모두 0이거나 1이 된다. 키의 생성구조를 염두에 두고 조심하여 살펴보면 비밀키로서 부적합 것들이 몇 가지 나타난다. 어떤 형태의 키들은 보조키열을 만들면 16개의 서로 다른 종류로 나타나는 것이 아니라 단지 2종류 또는 4종류의 보조키들이 반복해서 나타나는 경우도 있다. 이러한 키들은 대략 60여개 정도 알려져 있다. 60개 정도이면 미리 리스트를 만들어 놓고 피할 수 있을 것이다. 표4.10는 가장 대표적인 것들만 몇 가지 제시하였다. 형태를 보면 대략 짐작하겠지만 특정한 수들이 어떤 규칙성을 보이고 있음을 알 수 있다. 표에서 사용한 숫자는 모두 16진수이다. 예를 들어 0101은 0000000100000001이고, F1F1은 1111000111110001이다.

아주 나쁜 키

| | | | | | | | |
|---|---|---|---|---|---|---|---|
| 0101 | 0101 | 0101 | 0101 | 0000 | 0000 | 0000 | 0000 |
| 1F1F | 1F1F | 0E0E | 0E0E | 0000 | 0000 | FFFF | FFFF |
| E0E0 | E0E0 | F1F1 | F1F1 | FFFF | FFFF | 0000 | 0000 |
| FEFE | FEFE | FEFE | FEFE | FFFF | FFFF | FFFF | FFFF |

보조키 열을 2종류만 만드는 키

| | | | | | | | |
|---|---|---|---|---|---|---|---|
| 01FE | 01FE | 01FE | 01FE | FE01 | FE01 | FE01 | FE01 |
| 1FE0 | 1FE0 | 0EF1 | 0EF1 | E01F | E01F | F10E | F10E |
| 01E0 | 01E0 | 01F1 | 01F1 | E001 | E001 | F101 | F101 |

보조키 열을 4종류만 만드는 키

| | | | | | | | |
|---|---|---|---|---|---|---|---|
| 1F1F1 | 0101 | 0E0E | 0101 | E001 | 01E0 | F101 | 01F1 |
| 011F | 1F01 | 010E | 0E01 | FE1F | 01E0 | FE0E | 01F1 |

표 4.10: 좋지 않은 *DES* 키 *(16진법)*

### 4.2.2 구조적 문제에 대한 우려

DES 비밀키의 실제 길이가 56 비트이므로 이론적으로 키는 모두 $2^{56}$(약 $10^{17}$) 종류일 것이다. 그런데 만약 서로 다른 키 $K_1, K_2$ 로 두 번 암호화 했을 때의 결과가 또 다른 키 $K_3$ 로 암호화 한 것과 같다면 사용 가능한 키의 종류는 더 줄어들 것이다.

$$E_{K_2}(E_{K_1}(P)) = E_{K_3}(P)$$

이 경우 DES 암호가 '닫혀있다' 또는 'group 을 형성한다' 고 표현한다. 1986 년에 발표한 칼리스키(Kaliski) 의 연구에 의하면 알려진 평문공격 상황에서 $2^{28}$ 단계를 거치면 중간자공격 (man-in-the-middle attack) 이 가능하다고 한다. 그러나 다행히도 1992 년 캠벨(Campbel) 이, DES 가 닫혀 있지 않다는 것을 수학적으로 증명하여 이 문제에 대한 우려는 깨끗하게 사라졌다. 한편 얄밉게도 IBM 연구원이었던 코퍼스미스는 후에 자기네들은 이미 개발 초기부터 이 문제에 대한 검토가 끝났었다고 말했다.

## 4.3 DES 공격

차분 공격은 아주 미세한 차이가 있는 두 개의 평문을 암호화하였을 때 어떤 차이가 생기는지 조사하여 공격한다.

**차분 공격** IBM 이 초기에 NSA 에 보여 주었던 DES 는 112 비트 키를 사용하도록 설계되어 있었으나 표준알고리즘으로 채택하는 과정에서 56 비트로 줄어 들었다. 많은 암호학자들이 키의 길이가 상대적으로 짧은 것에 대한 걱정을 하면서, 전수공격 (brute-force attack) 가능성이 없는지 집중적으로 연구하였다. 그러나 $2^{56}$ 이라는 수는 100, 000,000,000,000,000 이 넘는 큰 수이어서 초기에는 이렇다할 공격법이 나타나지 않았다.

1990 년 바이햄 (Biham) 과 샤미르 (Shamir) 가, 선택 평문공격법의 일종인 차분 공격법 (Differential Cryptanalysis) 을 발표하면서 비로소 DES 의 공격 가능성이 보이기 시작하였다. 이 공격은 두 개의 평문 블록들의 비트의 차이 (예: 1001 과 1101 의 차이는 $1001 \oplus 1101 = 0100$ 이 됨) 에 대응하는 암호문 블록들의 차이를 이용하여 사용된 암호열쇠를 찾아내는 방법이다. 1993 년 바이햄과 샤미르가 주장한 바에 따르면, DES 암호는 계산량 $2^{47}$ 의 차분 공격으로 깨질 수 있다고 한다. 그러나 코퍼스미스는 또 다시 '설계 당시부터 이미 차분 공격법에 대해 알고 있어, 그에 대한 대비책으로 S-함수 설계조건이 나왔다고 한다' 고 설명하였다. 차분 공격의 기본 개념은 다음과 같다.

1. 2 개의 입력 블럭 $I, I'$ 에 같은 암호키 $K$ 를 사용하여 암호화한 출력값 $O, O'$ 를 알면,
2. 출력 $O, O'$ 의 차이 $\triangle O = O \oplus O'$ 를 알 수 있다.
3. 입력 $I, I'$ 의 차이 $\triangle I = I \oplus I'$ 는 암호키 $K$ 에 상관없는 값이다.
4. 입력쌍 $I \oplus K, I' \oplus K$ 도 $I, I'$ 와 같은 출력값 $\triangle I, \triangle O$ 를 갖는다.
5. $I$ 와 $I \oplus K$ 를 XOR 연산을 하여 암호키 $K = I \oplus (I \oplus K) = (I \oplus I) \oplus K$ 를 구할 수 있다.

선형근사공격은 입력값과 출력값의 상관관계를 통계학적 기법인 선형근사법으로 조사한다.

**선형근사공격** 1993 년에는 일본의 마쓰이 (Matsui) 가 DES S-함수의 입력 비트와 출력비트 사이의 상관도를 선형근사하여 해독하는 선형근사공격법을 발표하였다. 이들은 $2^{43}$ 개의 알려진 평문과 12 대의 워크스테이션을 이용하여, 50 일 만에 DES 암호를 공격하는 데 성공하였다. 또한 1993 년에 캐나다의 와이너 (Weiner) 는 Key Search Machine 을 설계하였는데 100 만 달러를 들여 칩을 만들어 공격하면 3.5 시간 안에 해독할 수 있다고 주장하였다.

**RSA 현상공모** 1997 년 RSA Data Security 사는 DES 로 암호화된 메시지의 키를 찾아내어 공격하는 문제를 일반인들에게 10,000 달러의 상

금을 걸고 공모했다. DES Challenge가 공모된 지 단 5개월 만에 버서(Rocke Verser)가 DES 키를 획득하여 제시했다. 버서는 DES 암호를 공격하기 위하여 수천개의 컴퓨터가 인터넷상에서 가능한 키를 나누어 검색하는 프로그램을 고안하여 일반인들의 협조를 구했다. 버서는 최초로 키를 찾아내는 컴퓨터의 소유자와 6:4로 상금을 나누어 갖자는 제안을 하기도 했다. 많은 사람들이 버서의 프로그램을 자기 컴퓨터에 설치하도록 허락하고 기꺼이 협조했다. $2^{56}$ 개의 키 가운데 25% 정도 검색해 가던 어느날 마침내 샌더스(Michael Sanders)의 컴퓨터에서 결정적인 키가 발견되었다. 발견한 키로 해독한 DES 챌린지 문구는 '강한 암호는 더 안전한 세상을 만든다' 였다.

그 다음해, RSA Data Security사는 다시 DES Challenge II를 공모했다. 이번에는 Distributed Computing Technologies 회사가 키를 발견하였고, 메시지는 'Many hands make light work(사람들이 많으면 손쉽게 해결된다)' 로 밝혀졌다. 가능한 키의 대략 85%를 검색하던 도중에 성공하였다. 이때까지 걸린 시간은 39일이었다. 첫 번째 했던 것보다 두 번째 챌린저가 더 많은 키 공간을 검색하였음에도 불구하고 더 빠르게 공격했다는 사실은, 컴퓨터 기술이 1년만에 상당히 진보하였다는 의미이고, 이러한 진보가 암호 해독에서 엄청난 효과를 가질 수 있다는 것을 보여준다.

*DES*크래커는 동시에 여러 개의 칩을 구동시켜서 가능성있는 키를 거의 모두 검색하는 공격법이다. 현재까지 알려진 공격법 가운데 가장 효율적이다.

**DES 크래커** 1998년 여름, EFF(Electronic Frontier Foundation)는 DES 알고리즘이 어떠한 상황에서 취약성을 보이는지 테스트하기 위하여 'DES 크래커'라고 하는 20만 달러짜리 컴퓨터를 개발하였다. EFF의 DES 크래커는 전용 소프트웨어와 특별한 칩(chip)들의 모임으로 구성되어 있다. 소프트웨어는 각각의 칩이 수행하는 것을 감독하며, 칩들이 프로세스를 시작하기 위한 정보만 제공하고 후보로 되어 있는 키들이 칩에서 되돌아올 때까지 기다린다. DES 해독기의 칩은 24개의 검색 유니트로 이루어져 있다.

DES 해독기는 128비트(16바이트) 샘플 암호문을 선택하여 64 비트(8 바이트) 텍스트 블록 2개로 자른 다음 검색 유니트로 테스트를 의뢰한다. 검색유니트는 자신에게 할당된 키를 사용하여 우선 지정된 암호텍스트의 첫 번째 블럭을 무작정 복호화해 본다. 만약 키가 적절한 것이라면 복호화한 텍스트에는 보통의 문자, 수, 구두점에 해당하는 ASCII 코드가 나타날 것이고 그렇지 않으면 무의미한 비트열들만 나열될 것이다. 첫 번째 블럭을 테스트한 결과가 흥미롭게(?) 보이면 검색유니트는 다시 두 번째 블록을 복호화하고 그 결과도 역시 흥미롭게 보이면 검색 유니트는 소프트웨어에 체크된 키가 가능성이 있다고 알려준다.

만약 처음 테스트한 키가 흥미롭지 않은 것으로 판정되면 검색유니트는, 새로운 키를 만들기 위해 키를 1 비트 증가시킨 새로운 키를 시도해 보고 그 결과가 적합한지 다시 체크한다. 검색유니트는 자신에게 할당된 키를 모두 검색할 때까지 이 과정을 계속해 나간다.

각 검색유니트가 어느 정도로 쓸데없는 키들을 걸러낼 수 있을지 한 번 계산해 보자. 한 블럭은 8 바이트이고 각 바이트는 ASCII 코드의 한 문자에 해당한다. 그런데 보통 메시지를 작성할 때 사용하는 코드는 알파벳의 대문자와 소문자, 수, 띄어쓰기, 구두점 등 69 개 문자코드이다.

따라서 1 바이트를 테스트하여 흥미로운 키로 판단될 확률은 $69/256 \simeq 1/4$ 이고, 8 바이트 블록 전체에서 적합한 키일 가능성은 $1/4^8 = 1/65,536$ 이다. 이 정도로 충분하지는 않다. 흥미로운 키 후보들의 범위를 줄이기 위해서는 텍스트의 두 번째 8 바이트 블록 사용이 필요하다. 첫 번째 블럭의 테스트 결과가 흥미롭다고 판단되고 두 번째 블럭에서도 역시 테스트를 통과할 확률은

$$\frac{1}{4^{16}} = \frac{1}{65,536^2}$$

이다. DES 크래커의 최종 모델은 대략 1,500 개의 칩으로 이루어져 있고, 평균 4.5 일 안에 DES 를 공격할 수 있었다. 당시 칩의 속도는 40-MHz 정도였는데 오늘날 수 Ghz 의 성능을 가진 컴퓨터들을 생각하면 DES 는 의외로 공격당할 가능성이 크다는 것을 알 수 있다.

**DES 의 설계기준** 차분 공격이 본격적으로 사람들에게 알려지기 시작하자 IBM 은 S-box 와 P-box 를 설계할 때 고려하였던 사항들을 일부 발표하였다.

우선 S-box 에 관하여;

- S-box 에서 입력은 6 비트, 출력은 4 비트로 설계하였다.(1975 년 당시의 컴퓨터 기술로는 단일칩에서 처리할 수 있는 최대 비트가 6 비트였다)
- 출력값과 입력값의 관계가 1 차함수가 되지 않도록 하였다.
- S-box 의 각 행은 0 부터 15 사이의 수가 모두 들어있다.
- 서로 다른 입력값의 차이가 1 비트라면, 출력값은 적어도 2 비트 이상 차이가 난다.

- 서로 다른 입력값이 처음 2비트는 다르고 마지막 2비트가 같을 경우, 출력값이 같아지는 경우는 절대로 없다.
- 16라운드를 진행하면서 $\bigoplus$ 연산을 모두 32번(각 라운드에서 2번씩) 수행해야 한다. 이 32개의 계산 결과 가운데 출력값이 같아지는 것이 8개를 넘지 않도록 S-box를 설계하였다. 이는 차분 공격 가능성에 대비하기 위한 것이었다.

P-box의 설계 기준은;

- 각각의 S-box를 거쳐 출력된 4비트 가운데 2비트는 다음 라운드 S-box의 중앙 비트에, 그리고 나머지 2비트는 S-box의 마지막 비트에 영향을 줄 수 있도록 P-box가 분산시킨다.
- S-box를 거친 4비트는 나머지 S-box 가운데 6개에 영향을 주도록 P-box가 분산시킨다.
- 한 S-box의 출력 비트가 다른 S-box의 중앙 비트에 영향을 준다면, 그 S-box에서 출력한 비트가 원래의 S-box의 중앙비트에 영향을 줄 수 없다.

이러한 설계기준에 대한 토론과 연구는 지금도 계속되고 있다. 오늘날 이런 기준을 따르는 S-box는 아주 쉽게 만들어 볼 수 있다. 그러나 70년대 당시로서는 엄청나게 복잡한 작업이었을 것이다. 투크만의 말에 따르면 몇 개월씩 컴퓨터를 돌려가면서 S-box들을 설계했다고 한다.

## 4.4 개선된 DES

**3중 DES(triple DES)** DES는 앞에서 말한 것처럼 그룹(group)을 형성하고 있지 않다. 따라서 그림에서 보는 것처럼 암호화키 $K_1, K_2, K_3$를 써서 DES를 3번 적용하면 안전도가 훨씬 높아진다. 이렇게 DES를 3번 적용하는 방식을 3중 DES라고 하며, 두 가지 방법이 있다.

*3중 DES는 서로 다른 키 $K_1$, $K_2$, $K_3$를 차례로 세 번 적용하는 것과 2개의 암호화 키 $K_1$, $K_2$를 섞어서 세 번 적용하는 것 두 종류가 있다.*

우선 그림4.6과 같이 3개의 서로 다른 암호화 키 $K_1, K_2, K_3$를 써서 DES를 그대로 3번 적용하는 방법이 있다.

다른 하나는 그림4.7처럼, 암호화 키를 2개 $K_1, K_2$ 선택하고 메시지 $M$을

$$E_{K_1}(D_{K_2}(E_{K_1}(M)))$$

으로 암호화하는 방식이다.

3중 DES는 모두 중간자 공격(man-in-the-middle attack)에 비교적 안전하고, 전수공격에 대해서도 112비트 키를 사용하는 것과 같은 효과를 거둘 수 있는 것으로 알려져 있다. 3중 DES는 2,000년 현재 키 관리

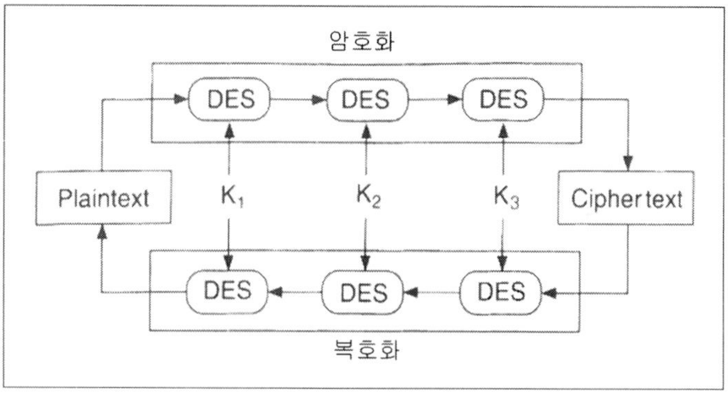


그림 4.6: *3중 DES-1*

표준인 ANSI X9.17, ISO 8732와 PEM(Privacy-Enhanced Mail) 등에서 채택하고 있다.

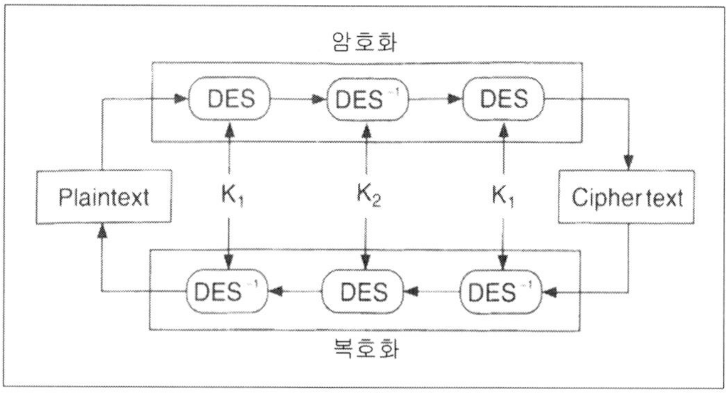


그림 4.7: *3중 DES-2*

**DESX** 3중 DES를 보다 더 강력하게 만들 수 있는 방법을 RSA 데이터 보안(RSA Data Security)회사의 리베스트(Rivest)가 제안하였다. DESX는 DES의 입,출력을 보다 더 흐트러뜨리는 효과를 위해, DES에서 사용하는 56비트 키 $K_1$과 함께 64비트의 탈색(Whitening) 키 $K_2, K_3$

를 사용한다. 즉 메시지 $M$ 을

$$K_3 \oplus E_{K_2}(K_1 \oplus M)$$

과 같이 암호화한다. DESX를 공격하려면 알려진 평문이 $n$ 개 있는 상황에서는 $2^{120/n}$ 의 전수 공격이 필요하고, 차분 공격에는 $2^{61}$ 의 선택평문이, 선형공격에 대하여는 $2^{60}$ 알려진 평문이 확보되어야 공격이 가능하다.

**보조키를 따로 정하는 DES** DES는 미리 정한 키로부터 보조키를 생성하여 각 라운드에서 사용한다. 그러나 보조키들은 독립적으로, DES의 보조키 생성과정을 거치지 않고, 따로 정하여 사용하면 안전성이 더 높아질 수 있다. 각 라운드마다 48비트키가 필요하니까 16라운드 모두 사용하려면 768비트의 키가 필요하다. 당연히 이 방법은 전수공격에 강력하게 견딜 수 있다.

이 방법은 중간자공격(man-in-the-middle)에 취약하다는 것이 밝혀졌지만 그렇다고 해도 복잡도는 여전히 $2^{384}$ 로 높아서 충분히 안전하다고 할 수 있다. 또한 보조키를 공격하는 선형공격에도 무척 강하다고 알려져 있다. 하지만 차분 공격에는 약해서 $2^{61}$ 개의 알려진 평문으로 공격하면 깨진다는 것이 밝혀졌다. 따라서 키 생성과정을 변형하여 안전도를 높히려는 노력을 한다고 해도 DES가 더 강해질 수는 없다.

**$s^n$DES** 한국 과학기술대학의 김광조 교수가 이끄는 연구그룹이, 차분공격과 선형 공격에 견딜 수 있는 S-box의 새 모델을 찾아 내려고 노력한 적이 있다. 이들은 우선 1993년에 s$^2$DES를 제안하였는데, 그 다음해 스스로 기존의 DES보다 더 좋지 않다는 평가를 내렸다. 김교수팀은 1993년 한일정보보호학회에서 s$^3$DES 모델을 발표했지만 곧바로 누센(Knudsen)이나 토키타(Tokita) 등이 역시 DES보다 더 나쁘다는 주장을 했고 연구팀에서도 이를 인정하고 보완하려는 노력을 하였다. 암호학의 대가인 바이햄도 관심을 가지고 s$^3$DES를 약간 수정하여 약점을 보완하면 차분 공격이나 선형 공격을 견딜 수 있다는 것을 보여 주었다. 김교수팀은 다시 연구를 거듭하여 s$^4$DES, s$^5$DES를 잇따라 발표하였다. 이 모델들은 3중 DES와 함께 혼합하여 사용하면 암호 공격자들을 한층 더 짜증나게 만들 수 있을 것이다.

**SEED** 1998 년 10 월 한국정보보호진흥원(KISA)은 DES를 개량한 128 비트 블록암호 SEED를 개발하여, 1999 년 9 월에 한국통신기술협회에서 국가 표준안(TTA. KO-12. 0004)으로 제정하였다. SEED는 특허가 걸려있지 않으므로, 아무런 제약이 없이 상용화하여 사용할 수 있다. SEED에 관한 자세한 내용은 6 장에서 소개한다.

**DES의 미래** 1990 년대 들어 DES 암호의 해독의 가능성이 높아지고, 1998 년을 기점으로 DES는 표준 기한이 만료됨에 따라, 미국 NIST(국립표준기술국, National Institute of Standards and Technology)는 1997 년 9 월, 암호키의 길이가 128 비트 이상인 새로운 블록암호인 AES(Advanced Encryption Standard)를 공모하였다. AES는 정부와 상업계에서 사용할 수 있는 강한 암호화 알고리즘 표준으로 다음과 같은 조건을 만족하여야 한다는 조건을 제시하였다.

1. 3중 DES보다 더 효율적이어야 하고, 더 안전해야 한다.
2. 키 크기는 128 비트 이상이고 블록의 크기는 128 비트를 권장한다.
3. 로얄티가 없어야 하며, 공개적으로 정의되고 평가되어야 한다.

총 21 개가 응모하여 그 중 1998 년 8 월에 다음 표와 같은 15 개의 1 차 후보가 올라 1999 년 4 월 5 개의 후보로 압축되었고, 최종적으로 2000 년 10 월 2 일에 벨기에에서 만든 륜돌(Rijndael, Rijmen & Daemen)이 AES로 채택되었다. AES는 DES 암호의 뒤를 이을 블록암호 시스템으로 활용될 전망이다. AES의 자세한 알고리즘을 이해하려면 약간의 대수학적 지식이 필요하다. 자세한 내용은 6 장에서 다시 설명한다.

## 4.5 여러 가지 블록암호

DES가 세상에 모습을 드러낸 1975 년 이후 상당히 많은 종류의 블록암호들이 알려져 왔다. 대부분 DES의 약점(차분 공격, 선형 공격, 분산공격 등의 가능성)을 보완하여 좀 더 강력한 암호 알고리즘을 설계하고자 했기 때문에 큰 틀에서 보면 DES와 거의 비슷하고, 다만 라운드의 설계나 키의 조작에서 다양한 변화를 주고 있다. 물론 암호화 속도를 개선하는 것도 여러 가지 블록암호가 제시된 이유이기도 하다. 수많은 블록암호 가운데 가장 흔하게 알려져 있는 몇 가지를 간단하게 소개하겠다. 각 알고리즘의 속도에 관하여는 이 절의 끝에 간단한 도표로 비교해 놓았다.

**NewDES** NewDES는 1985년 스콧(Robert Scott)이 DES의 대안으로 설계하였다. 새로운 DES라는 이름이 붙어 있지만, 보조키를 따로 생성하지 않는다거나 라운드연산을 더 정교하게 설계한 점이 DES와는 크게 다르다. 우선 메시지는 DES와 마찬가지로 64비트 블록으로 처리하지만, 키는 120비트를 쓴다. 그리고 초기치환이나 마지막 역치환 과정은 없다. 메시지는 8비트씩 모두 8개의 보조블록으로 나뉜고 120비트 키는 단순하게 15개의 8비트 보조블록으로 쪼갠다. 각각의 메시지 보조블록들은 17라운드를 거치는 동안 서로 영향을 주면서, 보조키들과 함께 뒤섞인다.

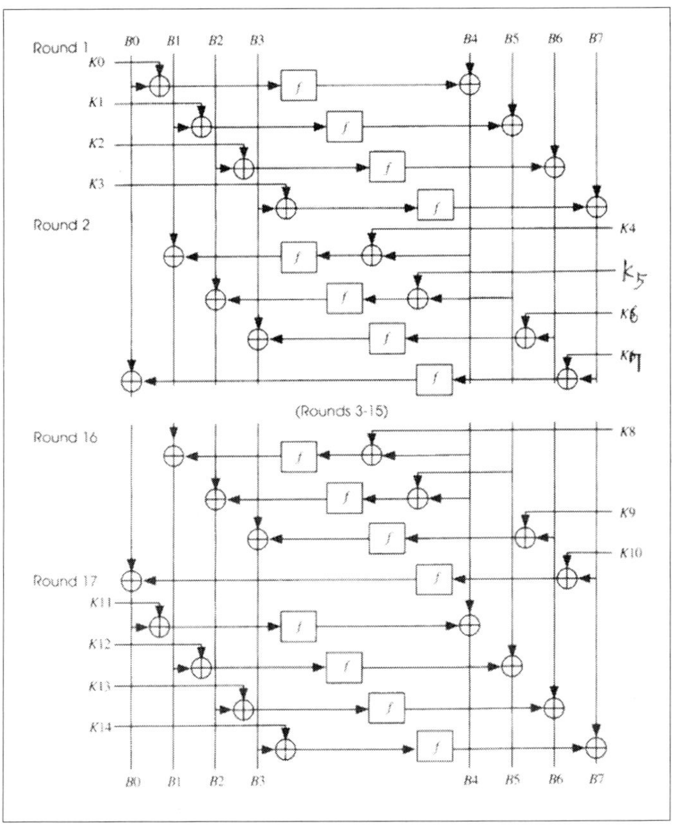


그림 4.8: *NewDES*

NewDES 암호 알고리즘의 진행은 그림4.8을 보면(DES를 잘 경험했으므로) 어렵지 않게 짐작할 수 있다. NewDES도 DES와 마찬가지로 서로 맞물리는(complementation) 성질을 가지고 있다. 즉, $P \oplus P' = 1$, $K \oplus K' = 1$ 일 때(예; 1010과 0101),

$$E_K(P) = C \quad \text{이면} \quad E_K(P') = C'$$

인 특성을 가지고 있다. 이 성질은 $2^{120}$ 단계의 의 전수공격을 $2^{119}$ 단계로 줄이는 효과를 의미하는데 이 정도는 암호 공격자에게 도움이 되지는 않을 것이다. 바이햄(Biham)은 $2^{33}$ 개의 잘 선택된 키와 메시지가 있으면 $2^{48}$ 단계의 전수공격으로도 NewDES가 깨질 수 있다고 경고했다. 이 정도로만으로도 공격시간이 엄청나기 때문에 안전성이 있다고 말할 수 있지만 어쨌든 DES보다 NewDES가 더 약한 것은 사실이다.

**FEAL** FEAL은 일본의 통신회사 NTT의 아키히로 시미즈와 쇼지 미야구치가 1987년에 디자인했다. DES와 같은 알고리즘을 쓰면서 보다 더 강한 라운드 함수를 도입하는 방식으로 설계했기 때문에 역시 64비트 데이터블록과 64비트 키를 사용한다. 라운드 수가 줄어 들었기 때문에 DES보다 빠르게 구현되기는 하지만 눈에 띄게 빨라지지는 않았다. FEAL 의 암호화 과정은 그림4.9과 그림4.10을 살펴보기 바란다. 64비트 암호키는 그림4.11과 그림4.10에서처럼 16개의 보조키 $K_0, K_1, \cdots, K_{15}$를 만들어서 각 라운드에서 적용한다.

$f$-함수나 $f_k$-함수에서 나타나는 $S_0$와 $S_1$는 DES의 S-box들과는 다르게 비교적 간단하여;

$$\begin{aligned} S_0(a,b) &= \text{rotate left 2-bits } ((a+b) \mod 256) \\ S_1(a,b) &= \text{rotate left 2-bits } ((a+b+1) \mod 256) \end{aligned}$$

으로 정의된다.

FEAL이 발표된 다음해 보어(Boer)는 유럽암호학회에서 선택평문 공격 가능성을 제시하였고, 1994년 머피(Murphy)에 의해 20개의 선택평문 공격만으로 깨진다는 것이 입증되었다. 아키히로 시미즈는 88년 선택평문공격 가능성을 없애기 위해 FEAL을 8라운드(초기 버전은 4라운드였다)로 늘리는 방법을 제시하였으나 역시 89년 샤미르와 바이햄에 의해 공격당하였다. 이후 라운드 수를 마구 늘릴 수 있는 FEAL-N이 발표되었으나 역시 바이햄과 샤미르는, 32라운드가 안 되는 FEAL-N들은 $2^{64}$ 보다 적은 선택평문 공격이 가능하다는 것을 보여 주었다. 다시 시미즈는 키를 128비트로 늘린 FEAL-NX을 제시하였으나, 바이햄, 샤미르

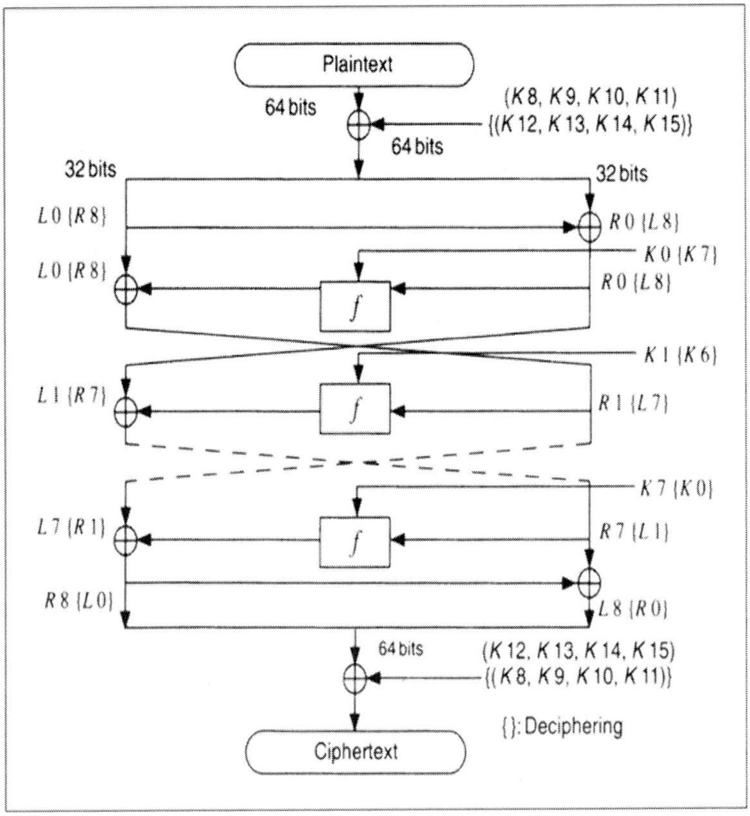


그림 4.9: *FEAL*

가 또 다시 64비트 FEAL-N보다 더 깨기 쉽다는 것을 입증하였다. 1995년 한일 공동 심포지움에서 테라다(Terada)가 $f$-함수를 수시로 바꾸어 안전성을 강화한 FEAL-N(X)S를 제안하였고 이를 공격할 수 있다는 보고는 아직 없다.

여기서 잠깐, 독자 여러분들의 오해를 염려하여 한 가지만 지적하고 넘어가도록 하겠다. DES가 발표된 이후 수많은 암호 알고리즘들이 제시되어 왔다. 그 가운데는 DES의 S-box를 수정하거나 라운드 수를 늘리는 방법도 있고, 알고리즘의 구조를 획기적으로 변형시키는 방법도 있다. 그러나 대부분의 알고리즘들은 여러 가지 이유로 암호전문가들의 관심을 끌지 못한 채 그대로 묻혀지고 만다. 한국의 김광조 교수가 제안한

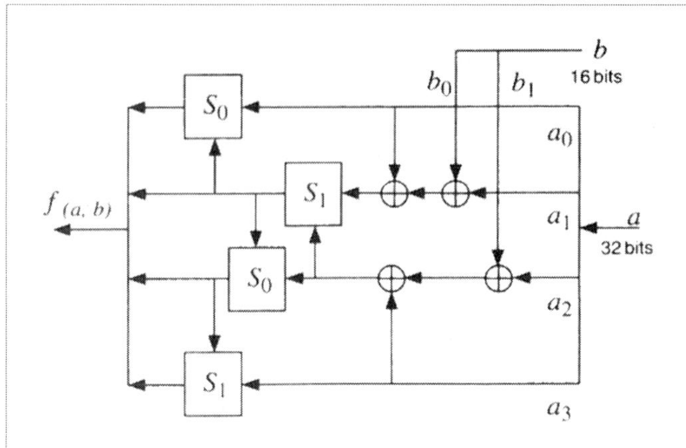


그림 4.10: $f$-함수

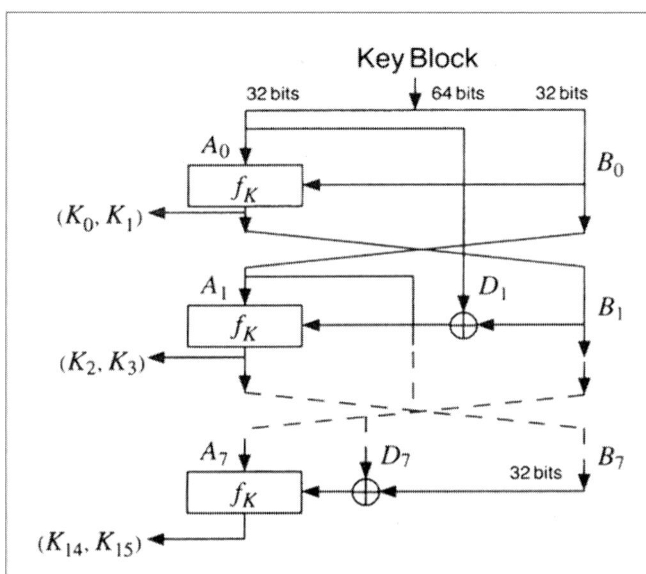


그림 4.11: $FEAL$의 보조키 생성과정

| | 발표자 | 발표 | 소속 | 최초 공격자 |
|---|---|---|---|---|
| Lucifer | H.Feistel, W.Tuchman | 1973 | IBM | Biham, Shamir |
| MADRYGA | Madryga | 1984 | | Queensland University of Technology |
| REDOC | Michael Wood | 1990 | Crytech, Inc. | Biham & Shamir, Shirriff |
| LOKI | L.Brown, J.Pieprjyk, J.Seberry | 1990 | Australia | Biham & Shamir |
| Khufu | R.Merkle | 1990 | | |
| Khafre | R.Merkle | 1990 | | Biham & Shamir |
| IDEA | X.Lai, J.Massey | 1990 | | Biham & Shamir |
| MMB | J.Daemen | 1993 | Katholieke Univ. Leuven | Biham(개인 편지) |
| CA-1.1 | H.Gutowitz | 1992 | | $1,000 현상금 |
| SKIPJACK | NSA | | | 고려대학교 |
| GOST | | 1989 | 구 소련 | 전수공격만 가능 |
| CAST | C.Adams, S.Tavares | 1993 | Canada | 전수공격만 가능 |
| BLOFISH | B.Schuneier | 1994 | | r 라운드의경우 $2^{8r+1}$ 선택평문 공격 가능 |
| SAFER | J.MAssey | 1994 | | Knudsen |
| 3-WAY | J.Daemen | 1994 | | |
| CRAB | B.Kaliski, M.Robshaw | 1994 | RSA 연구소 | Biham |
| SEED | 전자통신연구소 | | 한국 | |

표 4.11: 여러 가지 블록암호들

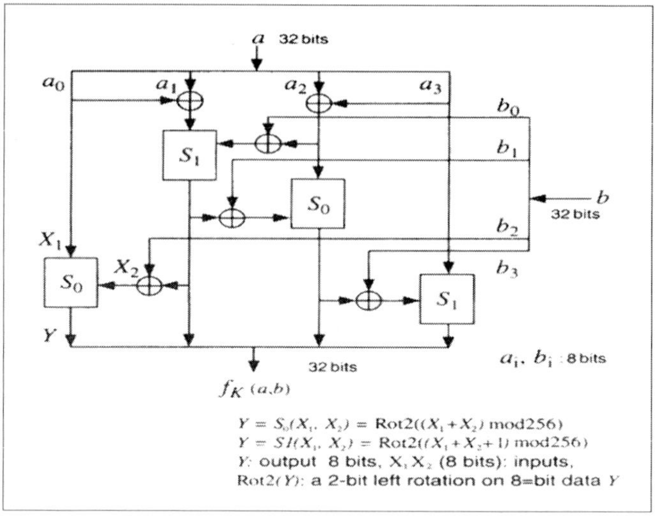


그림 4.12: $f_k$-함수

$s^n$-DES 나 일본 시미즈의 FEAL 이 발표되는 즉시 공격 가능성이 제기되고 결국은 깨지고마는 과정을 보면서 이들의 알고리즘이 형편없었다고 속단하지 말기 바란다. 바이햄이나 샤미르는 현대암호의 역사에서 거의 유일한 천재들로서, 대단한 직관력을 발휘하여 수많은 암호 알고리즘의 허점을 지적하고 보완하는 작업을 해온 사람들이다. 역설적이지만 이들이 관심을 가지고 공격을 가한 알고리즘들은 그만큼 충분히 가치있는 것들이라고 말할 수 있다.

표4.11 는, 2001 년에 채택된 새로운 대칭키 암호표준인 AES 가 발표되기 이전의 블록암호들을 정리해놓은 것이다. 자세한 알고리즘은 슈나이어(B. Schneier) 가 쓴 응용 암호학(Applied Cryptography) 을 참고하면 좋다. 거의 모든 블록암호들이 $f$-연산을 사용하여 여러 라운드를 돌리는 등, DES 의 틀에서 맴돌고 있다는 점은 흥미롭다. 그만큼 DES 가 암호학과 암호기술에 미친 영향이 크다는 것을 말해주고 있기도 하다. 각 블록암호마다 장단점이 있다. 수행속도도 빠르면서 안전성이 높은 것이 가장 좋은 암호 알고리즘일 것이다.

마지막으로 슈나이어의 텍스트에서 인용한 블록암호들의 연산속도를 소개한다. 이 책이 1996 년에 저술되었으므로 속도비교도 그 시점을 기준으로 한 것이다. 10년이 지난 현재와 당시 컴퓨터의 처리속도를 생각하면 절대적인 수치는 크게 달라졌지만, 각 알고리즘의 상대적 수행속도를 비교하는 것은 의미가 있다.

| 블록암호 | Kb/초 | 블록암호 | Kb/초 |
|---|---|---|---|
| Blowfish(12rounds) | 182 | MDC(MD5 사용시) | 186 |
| DES | 35 | REDOC II | 1 |
| FEAL-32 | 91 | RC5032/16 | 65 |
| GOST | 53 | SAFER(12rounds) | 41 |
| Lucifer | 52 | 3중 DES | 12 |
| IDEA | 70 | Khufu(32rounds) | 115 |

표 4.12: 블록암호의 속도비교

# 연습문제

평문 'good job' 을 아스키 코드로 변환하면 평문비트열 $M$ 은

01100111 01101111 01101111 01100100
00100000 01101010 01101111 01100010

이고, 대칭키 $K$ 는

01100111 01100101 01101110 01100101
01110010 01100001 01101100 00100000

이다.

## DES 부분키 생성

1. 우선 대칭키 $K$

   01100111 01100101 01101110 01100101
   01110010 01100001 01101100 00100000

   에서 잘못 삽입된 에러정정코드를 고쳐라.

2. 위의 $K$ 로부터 에러정정코드를 지우면서 자리를 바꾸는 PC-1 을 시행하면

   | | | | |
   |---|---|---|---|
   | 0000000 | 0011111 | 11(_)1111 | 11100(_)1 |
   | 0001010 | 1010011 | 1101000 | 1000000 |

   이다.

3. 좌측 shift 이동을 실시하면

   | | | | |
   |---|---|---|---|
   | 1000000 | 00(_)(_)111 | 1111111 | 1111000 |
   | 0000(_)(_)1 | 0101001 | 1110100 | 0100000 |

이다.

4. 이 값에 압축변환 PC-2를 시행하여 첫 번째 부분키 $K_1$

   11100000 10111110 00101110 10(_)(_)0001 01100100 00010000

   를 얻는다.
   마찬가지 방법으로 계속하여 부분키열을 계산하면

   $K_2$ = 11100000 10110110 11100110 10000011 00011010 10010101
   $K_3$ = 11110000 11010110 01110110 00010011 00000011 10110001
   $K_4$ = 11100100 11010011 01110010 00010011 00001001 00000101
   $K_5$ = 10100110 11010011 01110111 01000010 0010(_)(_)01 10010100
   $K_6$ = 10101111 01010011 01010011 01100001 00100001 10001101
   $K_7$ = 00101111 01010011 11111001 01100010 00010000 10001011
   $K_8$ = 10011111 01010001 11011001 01000110 00010001 00101111
   $K_9$ = 000111(_)(_) 01001001 110110 11001011 00110001 0100000010
   $K_{10}$ = 00111111 01101001 10011001 01001100 01100100 01000010
   $K_{11}$ = 00011111 00101101 10001101 11101100 11000000 01001000
   $K_{12}$ = 01011011 00101100 10011101 10000000 11010110 01001010
   $K_{13}$ = 01011101 10101100 10101100 10011100 10010110 00100000
   $K_{14}$ = 110100101 01011001 01011101 00110000 10011100 1100000
   $K_{15}$ = 11111000 10101110 00100110 00011000 11101010 00010000
   $K_{16}$ = 11110001 10111110 00100110 10000000 00001000 10111101
   을 얻는다.

## DES 암호화

1. $M$ 에 초기치환 IP를 시행하면

   11101111 00000000 0100111(_) 01000111
   (_)0000000 11111111 01100110 11100111

   이다.
2. 좌우 분리하면

   $L_0$ = 11101111 00000000 01001111 01000111
   $R_0$ = 00000000 11111111 01100110 11100111

   이고, $R_0$ 에 확장치환을 시행하면 $E(R_0)$=

   1000000(_) 0001011(_) 11111110 1011000(_) 11010111 00001110

이다.

3. 키 생성 과정에서 만들어진 부분키는
$K_1 =$ 111000001011111000101110 100100010110010000010000
이었다. 따라서 $E(R_0) \oplus K_1 =$

   01100000101(_)100111010000 0000(_)0011011001100011110

   이다.

4. 이 값을 S-box 에 처리하기 위해 다음과 같이 6 비트씩 나눈다.

   011000 001010 100111 010000 000000 011011 001100 011110

   $S_1$-box 에 들어갈 값을 찾기 위해 011000 에서 00 행과 1100 열의 값을 찾아보면 (____) 이다. 이를 비트열로 바꾸면 0101 이다.

5. 각각의 S-box 를 거치고 나면

   0101 1011 0000 0001 (____) 1011 1000 0111

   이고

6. 다시 P-box 로 치환하면

   11010000001010(__) 1110100010100011

7. 이 값을 $L_0$ 와 $\oplus$ 하면

   $R_1 =$ 00111111001010(__) 1010011111100100

   이다.

8. 따라서 1 라운드를 시행한 결과

$$
\begin{aligned}
L_0 &= 11101111\ 00000000\ 01001111\ 01000111 \\
R_0 &= 00000000\ 11111111\ 01100110\ 11100111
\end{aligned}
$$

   는

$$
\begin{aligned}
L_1 &= 00000000\ 11111111\ 01100110\ 11100111 \\
R_1 &= 00111111\ 00101010\ 10100111\ 11100100
\end{aligned}
$$

   으로 변환되었다.

9. 16 라운드를 모두 거친 비트열은

 00100010000111001000001101000000
 10010111010101100000010110011001

 이다.

10. 여기서 다시 $IP$ 치환의 역치환인 $IP^{-1}$ 를 시행하면 암호문인
 1000111011100100101110000000100(__)
 10110010010000000010000110000110
 이다.

## DES 의 안전성

1. DES 에서 사용할 키 $K$ = Ox0000 0000 0000 0000 의 보조키 $K_2$ 를 만들어 보고, 키 $K$ 가 왜 좋지 않은지 이유를 설명하라.

2. DES 암호 공격에 $2^{43}$ 개의 키를 조사하여 성공하였다고 하자. 전수 공격과 비교하면 어느 정도 쉽게 공격하였다는 의미인가?

## 개선된 DES

1. 두 종류의 3 중 DES 는 각각 키를 모두 몇개 사용하는가?

2. NewDES 의 키는 몇비트인가?

3. DES 와 NewDES 의 안전성을 비교하여 설명하라.

4. DES 와 FEAL 의 안전성을 비교하여 설명하라.

# 5 공개키 암호

현대 암호의 대표라고 할 수 있는 DES를 앞 장에서 설명하였다. DES는 블록암호이면서 동시에 대칭키 암호라는 중요한 특성을 가지고 있다. 대칭키 암호는 데이터를 암호화할 때나 복호화할 때 같은 키를 사용하는 암호시스템을 말한다. 물론 $K$ 와 $-K$, $K$ 와 $K^{-1}$, 또는 $K_1||K_2$ 와 $K_2||K_1$ 처럼 암호키와 복호키가 서로 다르기는 하지만, 수학적으로 사실상 같은 키일 때도 대칭키 암호라고 한다. 대칭키암호 시스템은 다음과 같은 두 가지 특징을 가지고 있다.

- 암호화할 수 있는 사람이 복호화도 할 수 있다.
- 암호 메시지를 주고받기 전에 송신자와 수신자는 서로 같은 비밀키를 공유해야 한다.

첫 번째 성질은 한 컴퓨터로 암호화와 복호화를 함께 수행할 수 있으므로 상대적으로 속도가 빨라진다는 점에서 장점이라고 생각할 수도 있다
두 번째 성질을 가지고 있다는 것은, 비밀키를 서로 공유하거나 한쪽이 정해서 다른 쪽에 전달하는 과정과 방법(키 교환, 분배)을 따로 마련해야 한다는 의미이다. 또한 한 쪽에서 비밀키가 유출되면 상대방이 피해를 입게 될 가능성이 있으므로 단점인 것이 분명하다.
지금부터 소개할 비대칭키 암호(공개키 암호)는 대칭키 암호와 전혀 다른 성질을 가지고 있다.

- 메시지를 작성하고 암호화한 사람조차도 복호화할 수 없다.
- 암호메시지를 주고받기 전에 송· 수신자가 서로 같은 비밀키를 공유할 필요가 없다.
- 암호화 키와 복호화 키는 완전히 서로 다르다.
- 수신자가 두 종류의 키를 모두 만들어야 하며, 암호화 키는 공개하고 복호화 키는 공개하지 않고 비밀로 한다.

DES와 거의 같은 시기에 세상에 소개된 RSA는 전형적인 비대칭(asymmetric system) 암호 시스템이다. 즉 암호화할 때의 키와 복호화할 때의

그림 5.1: 아파트 우편함

키가 서로 완전히 다른 암호알고리즘이다. 다르다는 의미는, 별도의 사전 정보를 가지고 있지 않는 한, 한 키로부터 다른 키를 수학적으로 추론해 낼 수 없다는 것이다.

비대칭 암호 시스템은, 1976년에 스탠포드(Stanford) 대학의 디피(Whitefield Diffie)와 헬만(Martin Hellman)이 '암호학의 새로운 방향(New directions in cryptography)'이라는 논문에서 처음으로 제안하였다.

> 공개키 암호는 1975년 5월에 두 가지의 문제 ... 키분배 문제와 서명문제...를 해결하고자 하는 노력의 하나로 태어났다. .... 공개키 암호는 이 두 가지 문제의 완전한 해결책은 아니었지만, 근본적으로 해결할 수 없어 보이던 두 문제가 결국에는 풀릴 수 있고 그 해결책이 한 패키지로부터 나올 것이라는 인식을 사람들에게 심어 주었다.

비대칭암호의 가장 큰 장점은 마치 아파트의 우편함처럼 활용할 수 있다는 것이다. 여러분들이 아파트에 살고 있다면 현관 입구에 각 세대별로 지정된 우편함이 있는 것을 알고 있을 것이다. 이 우편함은 우편배달원이 편지나 작은 소포를 직접 세대에 전달하는 수고를 덜기 위해 설치되어 있다. 여기서 관심을 가지는 것은 우편함의 구조이다. 누구나 우편물을 우편함에 쉽게 넣을 수는 있으나 일단 투입한 우편물은 우편함의 열쇠를 가지고 있는 주인 이외에는 어느 누구도 꺼낼 수가 없다. 심지어는 투입한 당사자도 일단 우편함에 넣고 나면 도로 꺼낼 수가 없다.

비대칭 암호 시스템에서 각각의 사용자는 서로 다른 키를 두 개 가지고 있다. 하나는 암호화(우편함에 투입)하는 키이고 다른 하나는 복호화(우편함에서 꺼내는) 키이다. 암호화하는 키는 단지 데이터를 암호화하는 데에만 사용하므로 누구나 알고 있어도 상관없다. 그러나 복호화 키는 암호데이터를 받는 사람만 알고 있어야 한다. 그리고 한 가지 중요한 것은 암호화 키로부터 복호화 키를 알아낼 수 있는 방법이 전혀 없어야 한다는 것이다. 이런 암호시스템이 정말 가능할까? 놀랍게도 간단한 정수계산 (최대공약수, 소인수분해 등) 만으로 가능하다.

## 5.1 공개키 암호

공개키 암호는 데이터를 암호화하는 키를 공개하여 누구나 암호문을 작성할 수 있는 암호이다. 그러나 암호문을 복호화하는 키는 특정인만 알고 있어서 그 사람만 원래의 데이터를 열어볼 수 있다.
암호키 *(공개키)* 와 복호키 *(비밀키)* 가 전혀 다르므로 비대칭키 암호라고도 부른다.

한 키는 비밀로 하지만 다른 한 키를 모두에게 공개할 수 있다는 의미에서 비대칭키 암호를 공개키 암호시스템 (public key cryptosystem) 이라고도 한다. 구체적인 공개키 암호시스템을 설명하기 전에 우선 도식적으로 개념을 살펴보자.

공개키 암호를 사용하기로 약속한 어느 집단이 있다고 하자. 각각의 사용자 $P$ 들은 다음과 같은 키를 한 쌍씩 가지고 있다.

- 암호화에 필요한 공개키 $E = E_P$.
- 복호화에 필요한 개인키 (비밀키) $D = D_p$. 단, $E_P$ 로부터 $D_P$ 를 계산할 수 없어야 한다.

공개키는 모든 참가자들이 쉽게 열람할 수 있는 방법으로 공개한다. 전화번호처럼 책자로 발간하거나, 웹사이트에 리스트를 공개하는 방법, 또는 명함에 아예 인쇄해서 만나는 사람마다 줄 수도 있다. 이메일이나 휴대폰 전송정보에 암호화 키 (공개키) 를 첨부하면 더 간편하게 사용할 수 있다. 그러나 개인키(비밀키) 는 반드시 비밀로 하여 사용자 본인만 알고 있어야 한다. 앞으로 암호화 알고리즘 $E$ 를 이용하여 메시지 $m$ 로부터 얻은 암호문을 $E(m)$ 이라고 쓴다.

- 공개키 암호 시스템에서, 암호문 $E(m)$ 은 키 $D$ 를 이용하여 정확하게 복호화할 수 있어야 한다.
- 공개키 $E$ 나 암호문 $E(m)$ 으로부터 비밀키 $D$ 를 절대로 알아낼 수 없어야 한다.

나중에 자세히 설명할 RSA, 라빈 암호, 엘가말 암호 등이 이러한 요구조건을 만족하는 훌륭한 공개키 암호시스템들이다.

자, 이제 키를 공개하고 나면 어떤 과정으로 암호데이터를 전달하는지 알아보자.

그림 5.2: 개인키와 공개키

> **공개키 암호**
> 1. 앨리스 $A$가 봅 $B$에게 메시지 $m$을 보내려고 한다. $A$는
>    - 앞에서 말한 책자, 웹, e-명함 등에서 $B$의 공개키 $E_B$를 찾는다.
>    - $E_B$를 이용하여 메시지 $m$을 암호화한 다음,
>    - $E_B(m)$을 $B$에게 보낸다.
> 2. $B$는 개인키 $D_B$를 (자신만) 알고 있으므로 암호문 $E_B(m)$을 복호화할 수 있다: $D_B(E_B(m)) = m$
> 3. 다른 사람은 $E_B$(와 $E_B(m)$)으로부터 $D_B$를 알아낼 수 없기 때문에, $m$은 열어볼 수 있는 사람은 봅뿐이다.

공개키 암호시스템은 세 가지 좋은 장점을 가지고 있다.

공개키 암호는 키 교환과 분배가 간단하고 새로운 참여자를 쉽게 받아들일 수 있으며, 안전성도 매우 높다는 장점이 있다. 그러나 알고리즘을 수행하는 속도가 느리다는 단점이 있다.

- 참가자들은 서로 키를 주고 받을 필요가 없으므로 새로운 멤버는 원래 멤버들에게 거의 영향을 주지 않고 시스템에 참가할 수 있다.
- 키의 요구량이 훨씬 줄어든다.
- 공개키 알고리즘은 디지털 서명에 아주 훌륭하게 응용될 수 있다.

첫 번째 장점은 대칭키 암호에서 가장 어려운 부분이었던 '키의 사전 공유' 문제를 해결할 수 있다는 것이다. 키를 미리 주고받을 필요 없이 일

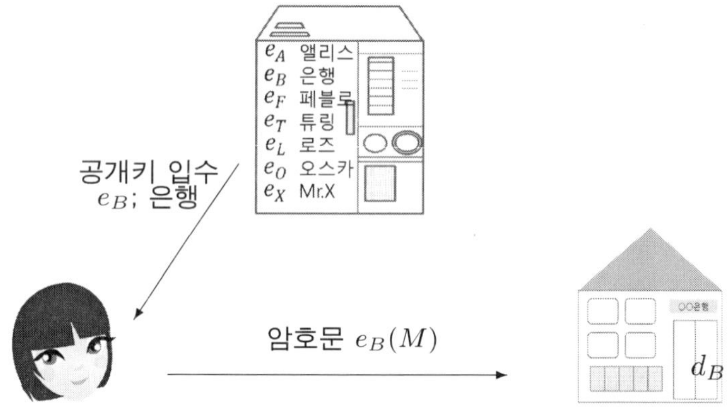


그림 5.3: 공개키 암호 사용

방적으로 암호화 키를 공개하면 되기 때문에 상대와 사전 접촉이 필요없고 상대를 의심할 필요도 없다. 또 특정인에게 암호메시지를 보낼 필요가 있는 어느 누구도 상대방의 비밀키를 알 필요 없이 공개키만 있으면 안전하게 암호 메시지를 보낼 수 있다. 따라서 공개키 암호는 인터넷과 같은 개방형 통신 시스템에 적합한 이상적인 알고리즘이라고 할 수 있다.

둘째로, 대칭키 암호시스템과 비교하면 키를 만드는 고생이 훨씬 줄어드는 장점이 있다. 대칭키 암호시스템을 사용하면, 비밀메시지를 주고받는 상대방에 따라 각각의 공통키가 있어야 하므로, $n$ 명의 참가자가 있다면 $n(n-1)/2$ 개의 서로 다른 키가 필요하다. 하지만 비대칭 알고리즘을 사용하면, 각 참가자들은 단지 두 개의 키만 필요하고, 이 키 가운데 하나만 비밀로 하면 된다. 그러므로 키들의 수는 참가자의 단지 두 배만 있으면 된다. 즉 1,000 명의 참가자가 있다면 대칭 시스템에서는 499,500 개의 키가 필요하지만, 비대칭 시스템이라면 단지 2,000 개의 키만 있으면 충분하다. 그리고 한 사람이 대칭 암호 시스템에 새롭게 참가하면, 다른 기존 참가자들은 모두 이 사람과 각자 한개씩 비밀키를 주고받은 다음 키 리스트에 업데이트하고 비밀로 관리해야 하는 불편함이 있다. 하지만 공개키 암호는 기존 참가자들은 이러한 절차(키 공유, 보관)를 거칠 필요가 전혀 없다. 단지 공개키 사용 그룹의 관리자가 새로운 참가자의 공개키를 업데이트하면 충분하다.

마지막으로 공개키와 비밀키가 사용자마다 서로 다르고, 특히 비밀키는 사용자 개인 이외에는 어느 누구도 알 수 없으므로 디지털 서명에 훌륭하게 응용할 수 있다. 디지털 서명에 대해서는 뒤에 다시 설명한다.

공개키 암호가 이렇게 좋은 장점만 가지고 있다면 DES와 같은 대칭키 암호를 쓸 이유가 없을 것이다. 하지만 공개키 암호에도 역시 몇 가지 단점이 있다. 그 가운데 가장 큰 단점은 ;

- 아직까지는 공개키 암호 알고리즘들이 대칭키 방식에 비해 수행속도가 매우 느리다
- 공개키 알고리즘은 키를 만드는 과정이 쉽지 않고, 키 사용자들을 관리하는 주관자(인증기관)가 필요하다

는 것이다. 대표적 공개키 암호인 RSA는 상당히 큰 소수(75자리 이상, prime number)를 이용한다. 이러한 수들은 일반인들이 쉽게 다룰 수있는 것이 아니다. 사용자들은 경우에 따라 직접 키를 생성해낼 수도 있으나, 대부분은 적절하게 능력이 있는 기관으로부터 도움을 받아야 한다.

그리고 악의를 가진 사람이 다른 사람의 이름으로 공개키를 만들어서 공개해 놓은 다음, 그 사람한테 가는 암호문을 도청하면 쉽게 복호화해서 열어 볼 수 있다는 어려움도 있다. 이러한 문제들은 공개키 관리 시스템(PKI, Public Key Infrastructure)을 통해 해결할 수 있다. PKI에 관한 내용은 이 책의 범위를 넘어서는 것이므로 따로 설명하지 않는다.

## 5.2 간단한 정수계산

현재 비대칭 공개키 암호 알고리즘의 선두주자는 다음 절에서 논의할 RSA 암호이다. 현대 암호학의 거장인 디피(Diffie)는 자신의 저서에서 RSA에 관해 자세히 설명해 놓았다. 그 중 한 부분만 소개한다.

> 1977년에 공개키 암호의 가장 큰 기초를 세운 세 사람 리베스트(Ronald Rivest), 샤미르(Adi Shamir)와 애들먼(Lenard Adleman)은 공개키 암호 시스템의 생산에 착수하였다. 리베스트가 제안하였고, 애들먼은 공격을 했고 샤미르는 각각의 문제점을 지적하는 방식으로 개발을 진행하였다. 몇 개월의 노력이 성과를 거두어, 드디어 1977년 5월에 RSA 시스템을 완성할 수 있었다.... 그들은 간단한 몇 개의 고전적인 정수론의 정리를 써서 여러 가지 문제들을 해결할 수 있었다.

그들이 작업을 하는 동안 다른 비대칭 암호들도 개발되었지만, 어느 것도 RSA 암호시스템만큼 강한 주목을 받지는 못하였다. 그만큼 RSA 암호가 실용적이면서 안전하다고 할 수 있다.

디피의 글 마지막 줄에서 언급한 것처럼 공개키 암호에는 어느 정도의 수학적 계산이 요구된다. 수학이라고 해서 미리 어려울 것이라고 걱정할 필요는 없다. 단지 정수의 최대공약수나 소인수분해 등의 개념적 바탕만 있으면 된다. 실제로 큰 정수들의 계산은 요즈음 웬만한 컴퓨터가 다 알아서 처리해주므로 이 책에서는 세자리 정도의 수들을 가지고 예를 들어 볼 것이다. 특히 스위스 수학자인 오일러(Leonhard Euler, 1701-1783)의 이름을 딴 오일러 정리라고 하는 정수론에 관한 정리가 공개키 암호에서 아주 중요한 역할을 한다.

### 5.2.1 Euler 의 정리

오일러 함수값 $\phi(n)$ 은 $n$ 보다 작은 정수 가운데 $n$ 과 서로 소인 수의 갯수를 말한다.

오일러 정리를 이해하려면 우선 $\phi(n)$ 이라는 기호에 익숙해져야 한다. $\phi(n)$ 은 자연수 $n$ 과 서로 소($n$ 과의 공약수가 1 인 정수) 인 양의 정수의 갯수를 나타낸다. 우선 작은 수부터 간단하게 $\phi(n)$ 값을 알아보면 다음과 같다.

$$\phi(1) = 1, \quad \phi(2) = 1, \ \phi(3) = 2, \ \phi(4) = 2,$$
$$\phi(6) = 2, \quad \phi(10) = 4, \ \phi(15) = 8.$$

마지막 항의 계산만 간단히 설명하자면, 15 보다 작은 양의 정수 중 15 와 서로 소인 수는 $\{1, 2, 4, 7, 8, 11, 13, 14\}$ 이기 때문에 $\phi(15) = 8$ 이다.

$n$ 이 커지면, $n$ 과 서로 소인 수의 개수를 일일이 세어 본다는 것은 매우 어려워진다. 하지만 몇 가지 규칙만 알면 큰 수 $n$ 의 오일러 함수값$\phi(n)$ 은 아주 간단하게 계산할 수 있다.

1. 만일 $p$ 가 소수이면 $\phi(p) = p - 1$ 이다;
   모든 $p-1$ 정수 1, 2, 3, $\cdots$ , $p-1$ 은 $p$ 와 서로 소이다.
2. $p$ 와 $q$ 가 서로 다른 소수이면 $\phi(pq) = (p-1)(q-1)$ 이다.

2 번 식이 성립하는 이유를 잠깐 설명하겠다;
$pq$ 보다 작은 양의 정수는 $pq-1$ 개 있다. 그들 중 $pq$ 와 서로 소인 정수가 몇 개인지 세어 보자. 먼저 $p$ 의 배수는 $q-1$ 개가 있다. 즉,

$$p, \ 2p, \ 3p, \ \cdots, \ (q-1)p$$

들이 $p$ 의 배수이고, $p-1$ 개인 $q$ 의 배수

$$q, \ 2q, \ 3q, \ \cdots, \ (p-1)q$$

가 있다. 1과 $pq-1$ 사이에 있는 수 가운데 이 수들만 $pq$와 서로 소가 아니므로,

$$\phi(pq) = pq - 1 - (q-1) - (p-1) = pq - q - p + 1 = (p-1)(q-1)$$

임을 알 수 있다.

오일러 함수값 $\phi(n)$은 $n = p^a q^b r^c$와 같이 $n$이 여러 개의 소인수 곱으로 분해될 때에도 계산할 수 있으며, $\phi(p^a q^b r^c) = (p^a - p^{a-1})(q^b - q^{b-1})(r^c - r^{c-1})$이다. 더 자세한 내용은 정수론을 따로 공부하여야 하지만, RSA 암호에서는 $n = pq$인 간단한 형태의 정수만 필요하므로 다음 예를 통해 간단한 경우만 계산만 할 수 있어도 관계없다.

**예 5.1** 여러 가지 형태의 오일러 함수값을 계산해 보자.

$$\begin{aligned}
\phi(11) &= 11 - 1 = 10, \quad \phi(10) \neq 10 - 1 = 9 \\
\phi(15) &= \phi(3 \cdot 5) = \phi(3) \cdot \phi(5) = 2 \cdot 4 = 8 \\
\phi(25) &= \phi(5^2) = 5^2 - 5^1 = 25 - 5 = 20 \\
\phi(2,700) &= \phi(5^2 3^3 2^2) = \phi(5^2)\phi(3^3)\phi(2^2) = 20 \cdot 18 \cdot 2 = 720
\end{aligned}$$

오일러 함수값 계산

1. $\phi(p) = p - 1$
2. $\phi(pq) = (p-1)(q-1)$
3. $\phi(p^a q^b r^c) = (p^a - p^{a-1})(q^b - q^{b-1})(r^c - r^{c-1})$

오일러 정리를 이해하기 위해 한 가지 더 설명하겠다. 앞으로 흔하게 $\bmod n$ 이라는 표현이 나올 것이다. 이 기호는 어떤 수를 $n$으로 나누었을 때 생기는 나머지 가운데 0과 $n$ 사이의 수를 말하며, 모듈러스(modulus) 연산이라고 한다. 나머지는 음수와 양수로 나타낼 수도 있지만 $\bmod n$에서는 반드시 양수값만 생각한다.

**예 5.2** 간단한 모듈러스 계산을 해보자.

$$\begin{aligned}
10 \bmod 8 &= 2 \\
21 + 3 \bmod 6 &= 0 \\
88 \times 21 \bmod 9 &= 1848 \bmod 9 = 3
\end{aligned}$$

큰 수를 다루는 모듈러스 연산 과정에서는 나머지를 구하는 계산과 더하기, 빼기, 곱하기 연산을 적당히 섞어서 계산하여도 결과는 같아진다. 따라서 계산하는 과정에서 수가 커지면 적당히 나머지 값으로 줄인 다음 다시 계산하면 간편하다.

**예 5.3** $88 \times 21 \bmod 9 \equiv 7 \times 3 \bmod 9 = 21 \bmod 9 \equiv 3$ 이고,
$(155 + 237)31 \bmod 21 \equiv (8 + 6)10 \bmod 21 \equiv 14$ 이다.

'10을 8로 나누면 나머지가 2이다'라는 의미를 $10 \bmod 8 \equiv 2$로 표기하기도 하지만, '10과 2는 8로 나눈 나머지가 같다'라는 말을 $10 \equiv 2 \bmod 8$로 나타내기도 한다. $x \equiv b \bmod n$ 형식의 표현은 실수 방정식 $x = b$와 같은 형식이어서 정수의 모듈러스 방정식 또는 합동방정식이라고 부른다. 합동식 표현은 가우스가 처음 생각한 것으로, $a$가 정수리고 $x \equiv y \bmod n$ 이면, $x + a \equiv y + a \bmod n$, $x - a \equiv y - a \bmod n$, $ax \equiv ay \bmod n$ 등의 식이 성립하여 편리하게 계산할 수 있다. 그러나 나누기는 잘 성립하지 않으므로 함부로 사용하지 않도록 주의하기 바란다.

**예 5.4** 정수 $x$를 *10*으로 나눈 나머지가 *3*이면, $x+4$를 *10*으로 나눈 나머지는 *7*이다. 즉, $x \equiv 3 \bmod 10$ 이면, $x + 4 \equiv 3 + 4 \bmod 10$ 이다. 그리고 $x - 1 \equiv 3 - 1 \bmod 10$, $5x \equiv 5 \cdot 3 \bmod 10$ 도 성립한다. 하지만 $15 \equiv 5 \bmod 10$ 의 양변을 *5*로 나누어서 $3 \equiv 1 \bmod 10$ 이라고 계산하면 안된다.

이제 오일러의 정리를 소개한다. 17세기 초 프랑스의 수학자인 페르마(Pierre de Fermat)는, 오늘날 페르마의 큰 정리와 작은 정리로 불리는, 정수에 관한 특이한 성질들을 발견하여 당시 사람들의 관심을 끌었다. 큰 정리는 '$x^n + y^n = z^n, n \geq 3$을 만족하는, 0과 1 이외의 정수 $x, y, z$는 존재하지 않는다'라는 명제이고, 작은 정리는 '$a^n \equiv a \bmod n, (a, p) = 1$'이다. 페르마는 큰 정리를 아주 간단한 명제로 소개하였지만 증명은 간단하지 않아서, 300년이 지난 1997년이 되어서야 영국의 와일스(Adrew Wiles)가 최종적으로 증명을 완성할 수 있었다.

암호에서 관심이 있는 것은 작은 정리이다. 어떤 수를 거듭제곱하면 아주 빠른 속도로 커지지만, $\bmod n$을 적용하면 $n$으로 나눈 나머지만 남으므로, 0과 $n-1$ 사이에만 거듭제곱의 나머지가 존재한다. 페르마의 작은 정리는 $n$과 서로 소인 수 $a$를 $n$번 거듭제곱한 나머지가 다시 $a$라는 의미이다.

RSA 암호의 기본적인 수학연산은 거듭제곱이다. 즉, 메시지 $m$을 거듭제곱하여 암호문 $m^e \bmod n \equiv C$를 만들고, 암호문 $C$를 거듭제곱하면

원래의 메시지 $C^d \bmod n \equiv m$ 으로 복호화한다. 페르마의 작은 정리에 의하면, $m$ 이 $n$ 과 서로소이면, $m$ 을 적당히 거듭제곱하여 암호문 $C$ 를 만들고, 암호문 $C$ 를 적당히 더 거듭제곱하다 보면 다시 원래의 $m$ 이 나타난다. 오일러 정리는 $m$ 을 $n$ 보다 작은 수만큼만 거듭제곱하여도 $m$ 이 다시 만들어진다는 점을 시사하고 있다.

> 정리 *5.1 (오일러정리)*
> $m$ 과 $n$ 이 서로 소인 양의 정수이면, $m^{\phi(n)} \bmod n \equiv 1$ 이다.

오일러 정리는, 서로 소인 두 수가 있을 때 한 수 $m$ 을 다른 수 $n$ 의 오일러 값만큼 거듭제곱하고 다시 $n$ 으로 나누면 나머지가 반드시 1 이라는 것이다.

오일러 정리는 *RSA* 암호 알고리즘을 이해하는 데 가장 중요하다. *mod* 연산은, 큰 수를 계속 거듭제곱하다 보면 *1* 로 돌아오는 성질을 가지고 있다. 따라서 적당히 거듭제곱하면 아무나 볼 수 없는 암호문이 되고 그 암호문을 계속 더 거듭제곱하면 원래의 평문이 나타난다.

**예 5.5** $2^{\phi(15)} = 2^8 = 256 \equiv 1 \bmod 15$ 이고, $3^{\phi(7)} = 3^6 = 729 \equiv 1 \bmod 7$ 이지만, $(2, 10) \neq 1$ 이므로 $2^{\phi(10)} = 2^4 \equiv 6 \neq 1 \bmod 10$ 이다.

RSA 암호에서는 서로 다른 두 개의 소수 $p, q$ 의 곱으로 되어 있는 $n = pq$ 를 사용한다. 오일러 정리를 이 경우로 고쳐서 쓰면 다음과 같다;

> 정리 *5.2*
> $m$ 이 두 소수 $p$, $q$ 와 서로 소이면, $m^{\phi(n)} = m^{(p-1)(q-1)} \bmod pq = 1$ 이다.

다시 말해서, $m$ 이 $p$ 나 $q$ 의 배수가 아니면, 큰 수 $m^{(p-1)(q-1)}$ 를 $pq$ 로 나누면 나머지가 1 이 된다.

**예 5.6** $31^{800}$ 을 *851* 로 나눈 나머지가 얼마인지 한 번 계산해 보자.

$31^{800}$ 은 약 *1,000*자리가 넘는 어마어마한 수이어서 그 값을 계산하려면 컴퓨터를 이용한다고 해도 쉽지 않다. 그러나 오일러 정리를 잘 활용하면 직접 $31^{800}$ 를 계산하지 않고도 *851* 로 나눈 나머지가 *556* 임을 알 수 있다.

$$\begin{aligned} 31^{\phi(851)} &= 31^{\phi(23\times 37)} = 31^{22\times 36} \\ &= 31^{792} \equiv 1 \bmod 851 \end{aligned}$$

이다. 그리고

$$
\begin{aligned}
31^2 &\equiv 110 \bmod 851 \\
31^4 &= (31^2)^2 = 110^2 \equiv 186 \bmod 851 \\
31^8 &= (31^4)^2 = 186^2 \equiv 556 \bmod 851
\end{aligned}
$$

이다. 따라서

$$
\begin{aligned}
31^{800} &= 31^{792} \times 31^8 \equiv 1 \times 31^8 \bmod 851 \\
&\equiv 556.
\end{aligned}
$$

그러므로 $31^{800}$ 을 *851*로 나눈 나머지는 *556*임을 알 수 있다.

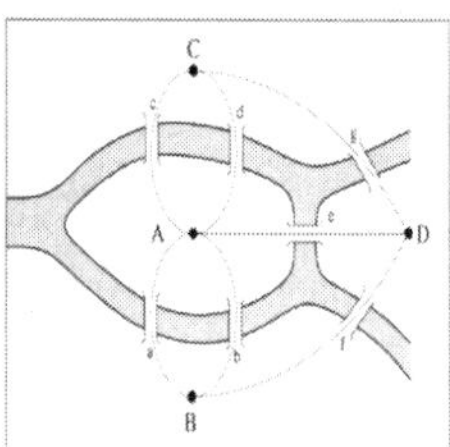

쾨니히스베르크 다리

오일러(Leonard Euler, 1707 1783)는, 고등학생들이 별로 달가워하지 않는, 함수기호 $f(x)$를 처음 사용한 수학자이며 물리학자이다. 다면체 정리, 미분방정식, 유체의 흐름을 설명하는 오일러 방정식, 삼각함수 표기(sin, cos, tan) 등의 업적을 남겼고, 특히 그래프 이론으로 해결한 '쾨니히스베르크(K'onigsberg, 현재 러시아의 칼리닌그라드) 다리 건너기' 문제로 우리에게 익숙하다. 쾨니히스베르크 다리 건너기 문제란 이 마을 한복판에 있는 두 섬을 연결하는 7개의 다리를 모두 지나가는데, 한번 지나간 곳은 다시 건너지 않고 모든 다리를 통과할 수 있는가'라는 문제이다. 독자 여러분들은 아마 초등학교에서 이 문제를 추상화한 개념인 한붓그리기 문제라는 것을 들어본 적이 있을 것이다. 오일러는 홀수점, 짝수점으로 구분하여 다리 건너기가 불가능하다는 것을 증명하였다.

그림 5.4: 스위스 *10*프랑에 그려져 있는 오일러

### 5.2.2 유클리드 알고리즘

유클리드 알고리즘은 두 자연수의 최대공약수를 절차적으로 구하는 방법이다. RSA 암호의 공개키와 비밀키를 만들려면, 두 자연수 $a$ 와 $b$ 의 최대공약수 $\gcd(a,b)$ 를 구하는 과정이 반드시 필요하다. 이미 독자들은 두 수의 최대공약수를 구할 때 소인수분해를 이용하는 것에 익숙해져 있으리라고 생각한다. 예를 들어 $24 = 2 \cdot 2 \cdot 2 \cdot 3$ 이고 $18 = 2 \cdot 3 \cdot 3$ 이므로, $\gcd(24, 18) = 2 \cdot 3 = 6$ 와 같은 방식으로 최대공약수를 구했을 것이다. 작은 수들을 다룰 때 이 방법은 아주 훌륭하다. 그러나 그럼에도 불구하고 유클리드 알고리즘을 설명하는 이유는 다음과 같다.

- 소인수분해에 의해 최대공약수를 구하는 방법은 큰 수를 다룰 때 매우 불편하다.
- 유클리드 알고리즘을 사용하면 아주 큰 수들도 쉽게 최대공약수를 구할 수 있다.
- 컴퓨터에서 유클리드 알고리즘을 사용하면, 더하기나 곱하기 계산과 비슷한 정도의 빠르기로 최대공약수를 구할 수 있다.

유클리드 알고리즘의 일반적인 형태를 설명하기 전에 먼저 다음과 같은 계산을 한번 따라가 보자.

**최대공약수 구하기** $a = 792$ 이고 $b = 75$ 이라고 하자. 두 수 가운데 큰 수인 792를 작은 수 75로 나누면 몫과 나머지를 구할 수 있다. 75를 나머지 42로 나누면 다시 몫과 나머지를 구할 수 있다. 이 과정을 계속해 나가면 언젠가는 나머지가 0이 된다.

$$\begin{aligned} 792 &= 10 \cdot 75 + 42 \\ 75 &= 1 \cdot 42 + 33 \\ 42 &= 1 \cdot 33 + 9 \\ 33 &= 3 \cdot 9 + 6 \\ 9 &= 1 \cdot 6 + \boxed{3} \\ 6 &= 2 \cdot 3 + 0 \end{aligned}$$

두 수 가운데 큰 수 792를 작은 수 75로 나누고 다시 작은 수 75를 나머지 42로 또 나눈다. 다시 42를 다음 나머지로 나누는 과정을 반복하면 결국에는 나머지가 0이 된다. 이때 바로 앞에서 만들어졌던 나머지가 두 수의 최대공약수이다. 즉, 3 이 792 와 75 의 최대공약수이다.

이렇게 계산해 나가면 왜 최대공약수를 구할 수 있는지 그 이유를 일반적인 경우에서 생각해 보자.

유클리드 *(300BC)*

**유클리드 알고리즘** 유클리드 알고리즘은 다음과 같이 반복계산을 통해 나머지를 구해 나감으로써 최대공약수를 구하는 알고리즘이다.

1. $a, b$의 최대공약수 $d$를 구하기 위해 $a = r_0, b = r_1$으로 놓는다.
2. 큰 수 $r_0$를 작은 수 $r_1$으로 나눈다.
3. 나머지 $r_2$로 다시 $r_1$을 나눈다.
4. 나머지가 0이 될 때까지, 나머지로 몫을 나누는 과정을 반복한다.

$$\begin{aligned}
r_0 &= q_1 \cdot r_1 + r_2 & 0 < r_2 < r_1 \\
r_1 &= q_2 \cdot r_2 + r_3 & 0 < r_3 < r_2 \\
&\vdots \quad \vdots \\
r_{i-1} &= q_i \cdot r_i + r_{i+1} & 0 < r_{i+1} < r_i \\
&\vdots \quad \vdots \\
r_{n-2} &= q_{n-1} \cdot r_{n-1} + \boxed{r_n} & 0 < r_n < r_{n-1} \\
r_{n-1} &= q_n \cdot r_n + 0
\end{aligned}$$

유클리드 알고리즘으로 두 수의 최대공약수를 빠르게 계산할 수 있으며, $m^y = 1 \bmod n$이 되는 수 $y$도 알아낼 수 있다. 이 수 $y$는 *RSA* 암호의 복호화 키를 만드는 중요한 수이다.

마지막 식의 $r_n$이 $a$와 $b$의 최대공약수 $\gcd(a, b)$이다. $r_n$이 최대공약수임을 보이려면 다음과 같이 두 가지 사실을 증명하면 된다.

첫째, $r_n$은 $a$와 $b$를 나눈다(즉, $r_n$은 공약수).
둘째, 어떤 수 $z$가 $a$와 $b$를 나누면 $r_n$도 나눈다(즉, $r_n$이 최대공약수).

첫 번째 사실을 설명하기 위해 앞에 나온 식들을 거꾸로 거슬러 올라가 보자.

1) $r_{n-1} = q_n \cdot r_n$이므로 $r_n$이 $r_{n-1}$을 나눈다.
2) 그리고 $r_n$은 $q_{n-1} \cdot r_{n-1} + r_n$을 나누고 다시 $r_n$은 $r_{n-2}$를 나눈다. 이 과정을 계속 반복해 나가면,
3) $r_n$은 $r_i$를 나누고 다시 $r_{i-1}$을 나눈다.
4) 결국 $r_n$은 $r_1(= b)$과 $r_0(= a)$를 나눈다.

두 번째를 증명하려면 이번에는 위의 식들을 위에서 아래로 추적해 가면 설명할 수 있다. 그러나 자칫 따분해질 수도 있으니 여기서는 생략하기로 하고 독자들에게 연습문제로 미룬다.

**정수의 역원 구하기** RSA 암호 알고리즘을 수행하려면 어떤 수 $a$의 mod $n$에 관한 역원을 계산해야 할 필요가 있다. $a$의 역원이란 $ab = 1 \bmod n$인 수 $b$를 말한다. 모든 수가 역원을 가지고 있는 것은 아니지만, $a$와 $n$이 서로 소일 때, 최대공약수가 1일 때는 언제나 역원을 구할 수 있다. 이 역원을 구할 때도 유클리드 알고리즘이 훌륭한 도구가 된다. 우선 다음과 같은 정리를 생각하자.

> 정리 ***5.3***
> 양의 정수 $a$와 $b$의 최대공약수가 $d = \gcd(a, b)$라면, $d = ax + by$가 성립하는 정수 $x$, $y$가 존재한다. 즉, $ax = d \bmod b$인 $x$가 존재한다.

이 정리에서 말하는 $x, y$를 구하려면 유클리드 알고리즘의 마지막 항에서부터 역으로 추정하면 된다. 즉,

$$\begin{aligned}
d &= r_n \\
&= r_{n-2} - q_{n-1}r_{n-1} \\
&= r_{n-2} + (-q_{n-1})r_{n-1} \\
&= r_{n-2} - q_{n-1}(r_{n-3} - q_{n-2}r_{n-2}) \\
&= (-q_{n-1})r_{n-3} + [1 + q_{n-2}q_{n-1}]r_{n-2} \\
&= [1 + q_{n-2}q_{n-1}](r_{n-4} - q_{n-3}r_{n-3}) - q_{n-1}r_{n-3} \\
&= [\cdots]r_{n-4} + [\cdots]r_{n-3} \\
&\vdots \\
&= xr_0 + yr_1 \\
&= xa + yb.
\end{aligned}$$

이 과정에서 $r_i$를 $r_{i-1}$과 $r_{i-2}$로 바꿀 때 조심하여, 거꾸로 되돌아가지 않도록 해야 한다. 처음에는 혼란스럽겠지만 몇 번 계산을 하다보면 곧 익숙해진다. 몇 가지 숫자들을 가지고 가볍게 연습해 보면 생각보다 복

잡하지 않다는 것을 알 수 있다. 물론 이 계산을 빠르게 수행해 주는 알고리즘을 적용한 S/W 프로그램도 있으므로, 실제로 큰 수를 계산할 때는 컴퓨터에 맡기고 신경을 크게 쓰지 않아도 된다.

**예 5.7** 앞에서 예를 다시 생각하자. *792*와 *75*의 최대공약수는 *3*이었고

$$
\begin{aligned}
792 &= 10 \cdot 75 + 42 \\
75 &= 1 \cdot 42 + 33 \\
42 &= 1 \cdot 33 + 9 \\
33 &= 3 \cdot 9 + 6 \\
9 &= 1 \cdot 6 + 3 \\
6 &= 2 \cdot 3 + 0
\end{aligned}
$$

과 같이 계산했었으므로 이 과정을 거꾸로 주의깊게 거슬러 올라가면

$$
\begin{aligned}
3 &= 9 + 6(-1) \\
&= 9 + (33 + (-3)9)(-1) \\
&= 9(4) + 33(-1) \\
&= (42 + (-1)33)(4) + 33(-1) \\
&= 42(4) + 33(-5) \\
&= 42(4) + (75 + (-1)42)(-5) \\
&= 75(-5) + 42(9) \\
&= 75(-5) + (792 + 75(-10))(9) \\
&= 792(9) + 75(-95)
\end{aligned}
$$

와 같이 계산할 수 있다.

이제 구체적으로 역원에 대하여 생각해 보자. 정리5.3을 $d = 1$ 이고 $b = n$ 경우로 바꾸면 다음과 같다.

> 정리 ***5.4***
> 양의 정수 $a$ 와 $n$ 의 최대공약수가 *1*이면, 즉, $1 = \gcd(a, n)$ 이면, $1 = ax+ny$ 가 성립하는 정수 $x$, $y$ 가 존재한다. 즉, $ax = 1 \bmod n$ 인 $x$ 가 존재한다.

위 정리에서 $ax + ny \bmod n = ax = 1$ 이며, $a$ 에 $x$ 를 곱하면 $\bmod n$ 에 대하여 1 이 됨을 알 수 있다. 즉, $x$ 가 $\bmod n$ 에 관한 $a$ 의 역원이고, $x$ 를 곱셈에 대한 역원이라는 의미에서 $a^{-1}$ 로 나타낸다.

어떤 정수 $a$ 의 역원은 항상 존재하는 것이 아니고 $\bmod n$ 의 $n$ 과 $a$ 가 서로 소여야 구할 수 있다.

> 따름 정리 ***5.5***
> 양의 정수 $a$ 와 $n$ 의 최대공약수가 1, 즉 서로 소라면, $aa^{-1} = 1 \bmod n$ 인 정수 $a^{-1}$ 가 존재한다.

**예 5.8**

$$3 \cdot 7 = 1 \bmod 20 \quad \text{이므로} \quad 3^{-1} = 7 \bmod 20 \quad \text{이고,}$$
$$13 \cdot 17 = 1 \bmod 20 \quad \text{이므로} \quad 13^{-1} = 17 \bmod 20 \quad \text{이다.}$$

그리고

$$13 \cdot 9 = 1 \bmod 29 \quad \text{이므로} \quad 13^{-1} = 9 \bmod 29 \quad \text{이다.}$$

**예 5.9** $15^{-1} \bmod 47$ 을 구해보자. 우선 *15*의 역원이 있는지에 대한 판단을 하기 위해 최대공약수를 구한다.

$$\begin{aligned} 47 &= 3 \cdot 15 + 2 \\ 15 &= 7 \cdot 2 + 1 \end{aligned}$$

이므로 최대공약수 $(15, 47) = 1$ 이다. 따라서 mod47 에 대한 *15*의 역원은 존재한다. 이제 위 식을 거꾸로 잘 정리하면 역원을 구할 수 있다.

$$\begin{aligned} 1 &= 15 + (-7)2 \\ &= 15 + (-7)(47 + (-3)15) \\ &= 47(-7) + 15(22) \end{aligned}$$

따라서 $1 + 47(7) = 15(22)$ 이고 $15(22) \bmod 47 = [1 + 47(7)] \bmod 47 = 1$ 이다. 즉, mod47 에 대한 *15*의 역원은 $15^{-1} \bmod 47 = 22$ 이다.

여기서 한 가지 주의할 점은 정수 $a^{-1}$ 를 분수인 $1/a$ 로 생각하면 안 된다. 우리가 생각하는 수의 범위는 정수뿐이므로 분수는 아예 대상에서 제외된다. $a^{-1}$ 는 분수가 아니라 $a$ 와 곱하여 1 이 되는 정수라는 것을 잊지말기 바란다.

지금까지 이야기가 길고 복잡하여 이해하기가 어려웠다면, 요약하여 다음 사실만이라도 기억하자.

- 유클리드 알고리즘은 컴퓨터에서 아주 쉽게 돌아간다.

- 두 정수의 최대공약수는 컴퓨터에서 아주 쉽게 구할 수 있다. 특히 서로 소인지 아닌지도 쉽게 판정된다.
- $a$ 와 $n$ 이 서로 소이면 $aa^{-1} \bmod n = 1$ 인 정수 $a^{-1}$ 을 쉽게 구할 수 있다.

## 5.3 RSA 암호

가장 대표적인 공개키 암호인 RSA 를 알아보자. RSA 라는 이름은 최초 개발자인 세 사람 리베스트(Rivest), 애들먼(Adleman), 샤마르(Shamir)의 첫 글자를 조합하여 지은 이름이다. 공개키 암호는 암호화(공개)하는 키와 복호화(비공개)하는 키가 서로 다르며, 암호문을 받을 사람이 이 키들을 준비해야 한다. RSA 암호도 공개키 암호이므로, 그림5.5 와 같이, 수신자 봅이 키를 준비하여 공개하는 과정, 암호문 발신자 앨리스가 공개된 키로 메시지를 암호화하는 과정, 봅이 암호문을 열어보는 과정이 필요하다. RSA 는 75 자리 이상인 큰 소수(prime number)들인 $p, q$ 를 이용하여 키를 만들고, 메시지를 공개키(암호화 키)로 거듭제곱과 모듈러스 연산을 하여 암호문을 작성한다.

A. 암호문을 받을 사람(봅)의 키 만들기;

1. 큰 소수 $p_B = p$, $q_B = q$ 를 선택하여 $pq = n$ 을 결정한다.
2. $e_B \cdot d_B = 1 \bmod \phi(n)$ 인 $e_B, d_B$ 를 고른다. 즉, $d_B = e_B^{-1} \bmod \phi(n)$
3. 공개키 $(n, e_B)$ 를 공개한다.
4. $p, q$ 와 $d_B$ 를 절대 비밀로 한다.

B. 암호문을 보낼 사람(앨리스)의 암호화;

1. 암호화할 메시지를 숫자 $m$ 으로 바꾼다.
2. 받는 사람 봅의 공개키 $(n, e_B = e)$ 를 공개키 목록에서 찾아 가져온다.
3. $C \equiv m^e \bmod n$ 을 계산하여 암호문 $C$ 를 만들어 봅에게 보낸다.

C. 암호문을 받은 사람(봅)의 복호화;

1. 자신만의 비밀키 $d = d_B$ 로 $C^d \equiv m \bmod n$ 을 계산하여 메시지 $m$ 을 얻는다.

자세한 설명을 하기 전에 먼저 RSA 암호화, 복호화 과정의 예를 먼저 살펴보자.

**예 5.10**

A. 암호문을 받을 사람(봅)의 키 만들기;
1. 큰 소수 $p_B = 3,\ q_B = 17$ 를 선택하여 $pq = 51$ 을 결정한다.
2. $e_B \cdot d_B = 1 \bmod \phi(51)$ 인 $e_B = 7, d_B = 23$ 을 선택한다. 이때 $23 = 7^{-1} \bmod \phi(51)$ 이다.
3. 공개키 $(n, e_B) = (51, 7)$ 을 공개한다.
4. $p = 3, q = 17$ 와 $d_B = 23$ 을 절대 비밀로 한다.

B. 암호문을 보낼 사람(앨리스)의 암호화;
1. 숫자로 바꾼 메시지를 $m = 19$ 라고 하자.
2. 받는 사람 봅의 공개키 $(51, e_B = e = 7)$ 을 공개키 목록에서 찾아 가져온다.
3. $C \equiv m^e \bmod n = 19^7 \bmod 51 = 43$ 를 계산하여, 암호문 $C = 43$ 을 봅에게 보낸다.

C. 암호문을 받은 사람(봅)의 복호화;

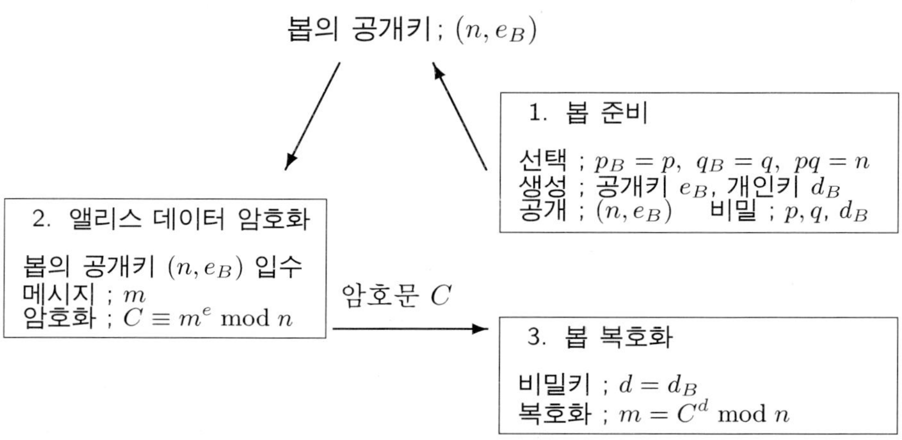


그림 5.5: $RSA$ 암호

*1.* 자신만의 비밀키 $d = d_B = 23$ 으로 $C^d \bmod n = 43^{23} \bmod 51$ 을 계산하여 메시지 19를 얻는다.

이제 RSA 암호의 각 과정에서 주의할 점과 이론적 배경을 설명한다.

*RSA* 암호에서 가장 어려운 과정은 큰 소수를 찾아내는 것이다. 안전한 소수는 적어도 *75*자리 정도 여야 하는데 일반인들이 쉽게 찾아내기는 매우 어렵다. 따라서 *PKI*라고 부르는 적절한 기관이 소수를 찾아서 제공해 주어야 한다.

**키 만들기** 안전한 키를 선택하기 위해 75자리가 넘는 소수를 선택하는 것은, 일반인들에게 매우 어려운 일이다. 이 정도의 소수를 찾아내는 문제는 사실 수학적으로 매우 어렵다. 독자들은 신문이나 잡지에서 가끔 큰 소수를 발견했다는 소식을 보았을 것이다. RSA 암호를 사용하려면 개인마다 두 개씩의 소수가 필요하므로 상당히 많은 소수를 찾아내야 한다. 이 점이 RSA 알고리즘을 사용하기 어렵게 한다. 따라서 소위 PKI라고 하는 믿을 만한 공개키 발급 기관에 의존하는 것이 바람직하다. 그러나 최근 웹사이트나 간단한 쉐어웨어 응용 프로그램이 많이 보급되어 있어서 관심을 가지고 조금 노력해서 직접 다운로드하는 것도 괜찮다.

사실은 전용 웹사이트나 응용 프로그램들도 진짜 소수 대신 의사소수(psuedo-prime)라는 것을 사용한다. 의사소수는 진짜 소수가 아니면서도 여러 가지 소수 판정법들을 통과하여 마치 소수처럼 보이는 수를 말한다. 의사 소수들은 간단한 규칙에 의해 자동적으로 만들어낼 수 있다. 이 부분에 관한 내용은 이 책의 범위를 넘으므로 더 이상 자세한 설명은 하지 않겠다. 다만 여러 가지 소수판정법을 동시에 적용하여 검사해 보아도 모두 통과한 의사소수가, 소수가 아닌데도 불구하고 진짜 소수로 오인될 확율은 극히 낮아 실용적인 측면에서 거의 문제가 없다.

$e$와 $n$은 암호화 키로 누구나 알 수 있는 공개키이다. 그러나 $d$는 비공개키로 반드시 비밀로 해야 한다.

문제는 공개키 $e$와 $d$를 결정하는 것이다. $e$가 $\phi(n)$과 서로 소(최대공약수가 1)여야 $\bmod \phi(n)$에 대한 역원 $d$가 존재한다. 따라서 아무 수나 $e$로 선택할 수 없을 것이다. 그러나 $p, q$를 선택할 때 약간 신경을 쓰면 그러한 $e$를 훨씬 더 쉽게 정할 수 있다.

가장 일반적인 $p$, $q$의 선택은 $2s+1$($s$는 소수) 형태의 소수에서 고르는 방법이다. $p, q$를 이러한 형태로 제한하고, $n$보다 작은 $e$를 선택하면, $(e, \phi(n)) = 1$일 가능성이 매우 높아진다.

$p = 2k+1$, $q = 2g+1$, $k, g$는 소수라고 하자. 그러면 $\phi(n) = (p-1)(q-1) = 4kg$이다. 따라서 무작위로 $e$를 선정했을 때 $(e, \phi(n)) \neq 1$이려면 $e$가 2의 배수이거나, $k$ 또는 $g$의 배수이어야 한다. 만약 $p, q$가 70자리 수라면 $n$은 140자리가 넘는 수이고, $k, g$도 거의 70자리 수이다. 1부터 $10^{140}$ 사이에 있는 정수 가운데 2, $k$, $g$의 배수가 아닌 수(즉, $\phi(n)$

과 서로 소인 수)의 개수는 대략

$$\begin{aligned} & n - (n/2 + n/k + n/g) \\ \cong\ & 10^{140} - (10^{140}/2 + 10^{140}/10^{70} + 10^{140}/10^{70}) \\ \geq\ & 10^{139} \end{aligned}$$

이다. 따라서 무작위로 $e$ 를 선택하여도 $(e, \phi(n)) \neq 1$ 일 확률은 $1/10^{139}$ 보다 작다. 그리고 선택한 $e$ 와 $\phi(n)$ 가 서로 소인지 아닌지에 대한 판단은 유클리드 알고리즘으로 아주 빠르게 판정할 수 있다.

공개키와 비밀키를 만드는 과정에서 이제 남은 문제는 $e^{-1} = d$ 를 결정하는 것인데 역시 유클리드 알고리즘으로 빠르게 계산할 수 있다.

일단 $e$, $d$ 를 결정하고 나면 $p$, $q$ 와 $\phi(n)$ 은 더 이상 쓸모가 없고 오히려 알려지면 안전성에 결정적 흠이 되므로 즉시 폐기하는 것이 바람직하다.

- 암호문을 보내는 사람 $P$ 는 공개키 $(e, n)$ 만 사용하고, 암호문을 받는 사람도 비밀키 $(d, n)$ 만 알고 있으면 된다.
- $p, q$ 나 $\phi(n)$ 은 키를 만드는 과정에서만 필요한 수이므로 키를 공개하고 나면 즉시 폐기해야 한다.
- 공개키 $(e, n)$ 으로부터 개인키 $d$ 를 알아내려면 $n$ 을 소인수분해하여 $p, q$ 를 계산하여야 한다. 큰 수의 소인수분해는 매우 어려운 작업이다. 나중에 따로 설명하겠지만, $\phi(n)$ 만 알아도 $n$ 을 소인수분해할 수 있다.
- 개인키 $e$ 와 $d$ 가운에 공개키 $e$ 는 $m^e \bmod n$ 을 계산하기 편리하도록 선택할 수 있다. 예를 들어 페르마 정수 $F_4 = 2^{2^4} + 1 = 65,537$ 을 $e$ 로 선택해 보자. 이 수는 이진법 수 1 0000 0000 0000 0001 로 비교적 간단하게 나타낼 수 있고, 지수제곱을 하기에도 편리하다. 물론 각 사용자들이 같은 $e$ 를 사용하더라도 서로 다른 $n$ 을 사용하므로 $d$ 도 각자 달라지고 안전성에 문제가 되지 않는다.

**RSA 알고리즘 실행** 앨리스가 봅에게 메시지를 보내려면 우선 봅의 공개키를 알아야 한다. 이 공개키는 $n$ 과 $e$ 로 구성되어 있고 공개키 리스트에서 찾는다.

다음으로 메시지를 $m \leq n$ 인 양의 정수 $m$ 들로 바꾼다. 여기에는 여러 가지 방법이 있는데 한 가지만 소개한다. 메시지는 문자, 숫자, 기호(마침표, 띄어쓰기 등)와 같은 부호들로 이루어져 있다. 컴퓨터에는 각

부호마다 8 비트씩 할당되어 있다. 대부분의 컴퓨터는 소위 ASCII (간단히 ass-key 로 읽는다) 라고 하는 정보교환을 위한 미국 표준코드(American Standard Code for Information Interchange) 를 따르고 있다(표1.9 참고). 예를 들어 메시지

NO WAY!

는 컴퓨터 내부에서 이진수열(비트열)

01001110 01001111 00100000 01010111 01000001 01011001 00100001

로 바뀌어 사용된다. 보통은 $n$ 을 512 비트(보통 사용하는 크기) 인 수로 선택하며, $64 \cdot 8 = 512$ 이므로 부호들은 64 개씩 묶어서 8 개의 64 비트열로 전환한다. RSA 암호는 이 각각의 비트열을 정수로 바꾸어서 암호화한다. 하지만 비트열을 숫자화하는 과정은 컴퓨터가 할 일이므로 신경쓸 필요가 없고, 이제부터 메시지를 아예 $m \leq n$ 인 양의 정수 $m$ 으로 생각하자.

**암호묶기** : 메시지를 암호화하기 위해, $m$ 을 $e$ 제곱하여 $n$ 으로 나눈 나머지를 구한다. 즉,

$$C \equiv m^e \; mod \; n$$

인 $C$ 가 $m$ 에 해당하는 암호문이다.

**암호풀기** : 그러면 $C$ 를 어떻게 본래의 메시지 $m$ 으로 복호화할 수 있을까? 복호화는 수신자인 봅만이 할 수 있는데 단순히 $C$ 를 자신의 개인 비밀키 $d$ 만큼 제곱하면 된다. 즉,

$$m' \equiv C^d \bmod n$$

가 봅에게 보내진 메시지이다. 그런데 $m'$ 가 정말 본래의 메시지일까? 즉 $m' = m$ 인가? 암호화와 복호화 계산만 정확히 수행하기만 한다면, 두 값이 같다는 것은 다음 정리에 의해 보장되므로 걱정할 필요가 없다.

> 정리 ***5.6***
> $ed \equiv 1 \bmod \phi(n)$ 일 때, $C \equiv m^e \bmod n$ 이면, $m \equiv C^d \bmod n$ 이다.

**증명** : 세 단계로 나누어 증명한다.

Step p ; $n = pq$ 일 때, $m^{ed} \equiv m \bmod p$ 이다:
$e \cdot d \equiv 1 \bmod \phi(n)$ 이고 $\phi(n) = \phi(p \cdot q)$ 이므로

$$e \cdot d = 1 + k \cdot \phi(n) = 1 + k \cdot (p-1)(q-1)$$

인 양의 정수 $k$ 가 존재한다.
우선 $m$ 과 $p$ 는 서로 소라고 하자. Euler 정리(또는 Fermat의 정리)에 의해 $m^{p-1} \equiv 1 \bmod p$ 이므로,

$$m^{ed} \equiv m^{1+k(p-1)(q-1)} \equiv m \cdot (m^{p-1})^{k(q-1)} \equiv m \cdot 1^{k(q-1)} \equiv m \bmod p$$

이다.
만약 $m$ 과 $p$ 이 서로 소가 아니라면 $p$ 는 $m$ 을 나누므로 $m \equiv 0 \bmod p$ 이고 $m^{ed} \equiv 0 \bmod p$ 이다. 그러므로 어느 경우에나

$$m^{ed} \equiv m \bmod p$$

가 성립한다.

Step q ; Step p와 유사하게, $m^{ed} \equiv m \bmod q$ 이다:

Step n ; 모든 양의 정수 $m$ 에 대하여 $m^{ed} \equiv m \bmod n$ 이다:
Step p, q 에서 $p$ 와 $q$ 가 $m^{e \cdot d} - m$ 의 약수임을 알 수 있다. 즉,

$$p \mid m^{e \cdot d} - m \text{이고 } q \mid m^{e \cdot d} - m$$

이고 $p, q$ 는 서로 소이므로 $n = pq \mid m^{e \cdot d} - m$ 이다. 그러므로

$$m^{e \cdot d} \equiv m \bmod pq.$$

즉, $m^{ed} \equiv m \bmod n$ 이다.

**거듭제곱 계산** RSA가 불편한 점은 큰 수를 다시 큰 수로 거듭제곱해야 한다는 것이다. 컴퓨터는 더하기, 빼기는 무척 빠르게 계산하지만, 곱하기와 나누기는 약간 느리고, 특히 나누기는 가끔 부정확하기조차 하다. 거듭게곱은 곱하기를 아주 많이 계산해야 하므로 매우 느리다.

거듭제곱을 효과적으로 계산하는 방법 가운데 하나가 제곱수를 미리 계산한 다음 필요한 거듭제곱값을 구하는 방법이 있다.

**예 5.11** $47^{100} \bmod 187$를 계산해 보자. 먼저 다음과 같은 제곱계산을 미리 실시한다.

$$\begin{array}{lllllllll}
47^{2^1} & = & 47^2 & & & & = & 2209 & \equiv 152 \bmod 187 \\
47^{2^2} & = & 47^4 & = & (47^2)^2 & \equiv 152^2 & = & 23104 & \equiv 103 \bmod 187 \\
47^{2^3} & = & 47^8 & = & (47^4)^2 & \equiv 103^2 & = & 10609 & \equiv 137 \bmod 187 \\
47^{2^4} & = & 47^{16} & = & (47^8)^2 & \equiv 137^2 & = & 18769 & \equiv 69 \bmod 187 \\
47^{2^5} & = & 47^{32} & = & (47^{16})^2 & \equiv 69^2 & = & 4761 & \equiv 86 \bmod 187 \\
47^{2^6} & = & 47^{64} & = & (47^{32})^2 & \equiv 86^2 & = & 7396 & \equiv 103 \bmod 187
\end{array}$$

여기에서 $100 = 64 + 32 + 4 = 2^6 + 2^5 + 2^2$ 이므로

$$\begin{aligned}
47^{100} &= 47^{2^6+2^5+2^2} \\
&= 47^{2^6} \cdot 47^{2^5} \cdot 47^{2^2} \\
&\equiv 103 \cdot 86 \cdot 103 \bmod 187 \\
&= 912,374 \bmod 187 \\
&\equiv 1.
\end{aligned}$$

이번에는 $47^{121} \bmod 187$을 계산해 보자.
$121 = 64 + 32 + 16 + 8 + 1 = 2^6 + 2^5 + 2^4 + 2^3 + 1$ 이므로

$$\begin{aligned}
47^{121} &= 47^{2^6+2^5+2^4+2^3+1} \\
&= 47^{2^6} \cdot 47^{2^5} \cdot 47^{2^4} \cdot 47^{2^3} \cdot 47 \\
&\equiv 103 \cdot 86 \cdot 69 \cdot 137 \cdot 47 \bmod 187 \\
&= 3,935,529,678 \bmod 187 \\
&\equiv 47.
\end{aligned}$$

## 5.4 RSA의 안전성

앞 절에서 비밀키를 가지고 있는 수신자는 암호문을 확실하게 복호화(암호풀기)할 수 있다는 것을 알아보았다. 그런데 어째서 수신자 한 사람만 메시지를 복호화할 수 있고 다른 사람은 안 될까? 대답은 간단하다. 복호화를 위해서는 개인 비밀키 $d$가 필요한데 이 키는 수신자만 가지고 있기 때문이다. 그렇다면 두 가지 궁금한 것이 생긴다. 우선 **공개키 $(e, n)$을 가지고 비밀키 $d$를 알아낼 수는 없을까?** 앞에서 설명한 복호화 알고리즘에는 반드시 개인키 $d$가 있어야 한다. 그러나 혹시 근본적으로 전혀

다른 복호화 알고리즘이 존재하지 않을까? 즉, 두 번째 궁금점으로, 이 비밀 키를 사용하지 않고도 복호화할 수 있지 않을까? 이 두 가지 의문에 대해 생각해 보자.

### 5.4.1 $\phi(n)$ 이 중요하다

공개키 $(e, n)$ 을 안다고 가정하자. 만약 $\phi(n)$ 을 알아 낼 수만 있다면 키 센터에서 한 것처럼 유클리드 알고리즘을 써서 $d$ 를 알 수 있다. 그러면 $\phi(n)$ 은 어떻게 해야 할 수 있을까?

$n$ 을 소인수분해해서 $n = pq$ 인 $p$ 와 $q$ 를 알면 당연히 $\phi(n) = (p-1)(q-1)$ 임을 알 수 있다. 반대로 $n$ 과 $\phi(n)$ 을 알면 $n = pq$ 인 $p$ 와 $q$ 를 알 수 있다. 이 경우는 약간 복잡한 계산이 필요하다.

$$\begin{aligned} \phi(n) &= (p-1)(q-1) \\ &= pq - (p+q) + 1 \\ &= n - (p+q) + 1 \end{aligned}$$

이므로 $(p+q) = n - \phi(n) + 1$ 이고,

$$(p-q) = \sqrt{(p+q)^2 - 4pq} = \sqrt{(p+q)^2 - 4n}$$

이므로 연립방정식

$$\begin{aligned} p+q &= n - \phi(n) + 1 \\ p-q &= \sqrt{(p+q)^2 - 4n} \end{aligned}$$

을 풀어서 $p$ 와 $q$ 를 구할 수 있다. 다시 정리해서 말하자면, $n$ 이 두 소수의 곱이라면 $\phi(n)$ 을 구하는 것은 $n$ 을 소인수분해하는 것과 수학적으로 동치이다. 즉, 공개키 $(e, n)$ 으로부터 비밀키 $d$ 를 알아내려면 $n$ 을 소인수분해하는 것만이 유일한 방법이다. 그러나 문제는 바로 이 소인수분해가 대단히 어렵다는 점이다.

### 5.4.2 소인수분해와 RSA 챌린지

언뜻 생각하면 인수분해가 그리 어렵지 않아 보인다. 예를 들어 72, 123, 221 등을 소인수분해하려면 2, 3, 5, 7, 11, 13, $\cdots$ 로 나누어 보면 된다.

| 데이터 크기 | 512 bits | 768 bits | 1,024 bits |
|---|---|---|---|
| 암호화 | 0.03 초 | 0.05 초 | 0.08 초 |
| 복호화 | 0.16 초 | 0.48 초 | 0.93 초 |
| 서명 | 0.16 초 | 0.52 초 | 0.97 초 |
| 확인 | 0.02 초 | 0.07 초 | 0.08 초 |

표 5.1: *SPARC II*에서 *8-bit* 키를 사용한 *RSA* 수행속도

'큰 수들도 이렇게 하면 되겠지' 라고 생각하기 쉽다. 그러나 조금 큰 수 (4 자리 수) 인 1763 나 8633 을 한번 소인수분해해 보라. 아마 암산만으로는 어려울 것이다. RSA 에서 사용하는 $n$ 은 약 140 자리 이상인 숫자이다. 이러한 수들은 그 크기를 상상하기도 어렵지만, 소인수분해는 더욱 더 어렵다는 것을 느낄 수 있을 것이다. 아이러니하게도, 이 문제를 제기한 오늘날의 현대수학도 소인수분해의 완전한 해결책을 내놓지 못하고 있다.

한 가지 확실한 방법이 있기는 하다. $n$ 보다 작은 정수들로 $n$ 을 꾸준히 나누어 보는 것이다. 물론 모든 수를 다 시도해 볼 필요는 없고 $\sqrt{n}$ 보다 작은 소수들로 나누어 보면 된다. 그 이유는 $n = p \cdot q$ 이면 $p \leq \sqrt{n}$, $q \leq \sqrt{n}$ 이기 때문이다. 확실하기는 한데 아주 아주 지겹고 시간이 많이 걸리는 방법이다. 예를 들어 140 자리 정수를 소인수분해하려면 최악의 경우 2 부터 $10^{70}$ 사이에 있는 모든 소수를 생각해야 한다. 현재까지 알려진 가장 빠른 소인수분해 알고리즘과 가장 빠른 컴퓨터를 사용해도, 140 자리 수를 인수분해하는데 백년 이상이 걸린다.

당연히 암호 공격자들은 다양한 소인수분해 해결책을 연구하고 있다. 현재까지 알려진 소인수분해 알고리즘 가운데 가장 효율적인 것은 NFS (Number Field Sieve) 이다. NFS 는 110 자리 정도의 수를 소인수분해하는 데에는 다른 어떤 알고리즘보다도 빠르다. 1989 년 렌스트라 (Lenstra) 가, 9 번째 페르마수인 $F_9 = 2^{512} + 1$(약 150 자리 수) 을 소인수분해하는데 이 NFS 를 사용했다. 이 밖에도

- mod $n$ 연산으로 제곱값이 같은 수 ($x^2 = y^2 \bmod n$) 를 이용하는 QS (Quadratic Sieve)
- 타원곡선위의 점들이 가지고 있는 정수와 유사한 특성을 이용하는 ECM (Elliptic Curve Method)
- 연분수 계산법 (Continued Fraction Algorithm)
- 소인수분해하고자 하는 수와 공통된 약수를 가지고 있을 가능성이

있는 수를 빠르게 생성하여 공약수를 계산해 보는 Pollard $p-1$ 알고리즘

등이 개발되어 있다. 그러나 각각의 알고리즘들은 특정한 크기와 형태를 가진 수들을 인수분해하는데 적합하며 모든 수에 적용되는 효율적 계산법은 아직 뚜렷한 것이 없다. 특히 $n$ 이 비슷한 크기의 소인수 $p$, $q$ 를 가지고 있는 경우에는 기존의 방법들로는 소인수분해가 매우 어려운 것으로 알려져 있다.

**소인수분해 문제 현상공모** RSA 암호의 특허권을 가지고 있는 RSA security 회사는, 1977 년부터 최근까지, RSA 암호에 대한 일반인들과 전문가들이 관심을 끌어 안전성을 테스트하고 RSA 의 우수성을 홍보하기 위해 큰 수를 제시하고 소인수분해에 성공한 사람들에게 적절한 현상금을 지급해 오고 있다.

최초의 소인수분해 문제는 129 자리 수를 소인수분해하는 것으로 ;

$$\begin{aligned} n \;=\; & 11438162575788886766923577997614661201021829672124236 \\ & 25625618429357069352457338978305971235639587050589890 75 \\ & 1475992900268795435 41 \end{aligned}$$

이고 $e = 9,007$ 일 때 암호문

$$\begin{aligned} C \;=\; & 96869613754622061477140922254355882905759991124574319 8 \\ & 74695120930816298225145708356931476622883989628013391 9 \\ & 905518299451578151 54 \end{aligned}$$

의 본래 메시지가 무엇인지 알아맞히는 것이었다. 당시에는 가장 빠르다고 알려진 소인수분해 방법을 사용하더라도 약 $4 \times 10^{16}$ 년이 걸릴 것으로 예측했었다. 그러나 불과 17 년만인 1994 년에 앳킨스, 그라프, 렌스트라, 레일랜드 (Atkins, Graff, Lenstra, Leyland) 로 구성된 연구팀이 최초의 RSA 챌린지에 성공하여 100 달러의 상금을 획득하였다. 이들은 600 명의 자원자와 1,600 여대의 컴퓨터를 동원하여 7 개월간의 노력을 들인 결과 $n$ 의 소인수분해에 성공할 수 있었다. 암호화된 메시지는

the magic words are squeamish ossifrage

이었다. 'squeamish ossifrage'는 예민한 독수리라는 뜻을 가진 말로 흔치 않은 단어인데, 확실하게 암호해독을 하지 않고 짐작으로 맞추는 경우를 방지하기 위해서 이처럼 어려운 단어를 썼다고 한다.

그 후 RSA 회사는 계속 도전문제를 상금과 함께 제시하였고 현재까지 최고의 기록은 174자리 수인

$$\begin{aligned} n \;=\; & 1881988129206079638386972394616504398071635633794 1\\ & 7382700763356422988859715234665485319060606504743 0\\ & 4531738801130339671619969232120573403187955065699 6\\ & 221305168759307650257059 \end{aligned}$$

을 소인수분해한 것이다. 독일의 프랑케 (J. Franke)와 클라인융 (T. Kleinjung), 몽고메리 (P. Montgomery)와 리엘 (H. te Riele), 두 그룹이 Lattice sieving 과 Line sieving 이라고 하는 알고리즘을 각각 수행하여 2003년 12월에 소인수를 찾아내었고 10,000달러의 상금을 받았다.
현재 RSA 챌린지에는, 2만달러의 상금이 걸려있는 193자리 수부터 20만달러짜리의 617자리 수까지 도전문제들이 아직 미해결인 채 남아있다. RSA-security 회사 홈페이지에 들어가면 지금까지 해결된 소인수분해 문제에 대한 자세한 설명과 함께 새로운 도전문제와 응모양식을 내려받을 수 있다.

### 5.4.3 RSA 암호의 공격

RSA 암호는 인수분해의 어려움에 기반을 둔 것이므로, 공개키 $n$을 인수분해만 할 수 있다면 간단하게 공격을 당한다. 따라서 안전성을 확보하기 위해서는 $n$을 1,024비트 이상, 즉 309자리 이상인 정수를 사용할 것을 전문가들은 권하고 있다. 하지만 인수분해에 의존하지 않고도 공격할 수 있는 경우도 가끔 있는데, 주로 비밀키 선택이나 공개키 $n$을 정하는 과정에서의 허점을 파고드는 공격법들이다.

**비밀키 $d$ 공격** 공개키 $e$와 비밀키 $d$를 선택할 때는 반드시 $d$를 먼저 정한 후 $e$를 결정해야 한다. Wiener라고 하는 암호학자는, $d$가 $\frac{1}{3}n^{1/4}$ 보다 작으면 $(n, e)$로부터 $d$를 계산해낼 수 있는 효율적인 알고리즘을 개발하였다. 수학적으로는 $e/n$의 연분수 계산이라는 방법을 사용하는데 자세한 방법을 소개하지는 않겠다. 다만 이러한 공격 가능성을 없애려면,

- $p$ 와 $q$ 의 크기가 상당한 차이($q < p < 2q$ 이면 위험)를 가지고 있어야 하고,
- $d$ 가 $e$ 보다 상대적으로 아주 커야 한다

는 점을 인식하고 있어야 한다. 따라서 $e$ 와 $d$ 를 정할 때는 반드시 충분히 큰 $d$ 를 먼저 정하고 난 다음 $e$ 를 결정하는 것이 좋다.

**계산시간 공격** 1995 년 미국 스탠포드 대학의 학부생이었던 Paul Kocher 가, 수신자가 메시지를 복호화하는 데에 걸리는 시간을 잘 관찰함으로써 $d$ 를 알아낼 수 있는 방법을 개발하였다. 자세한 공격과정을 이해하려면 역시 수학적 접근이 요구된다. 하지만 대략적인 아이디어는 그리 어렵지 않다.

RSA 를 수행할 때는 반드시 컴퓨터의 도움을 받아야 한다. 수신자 봅의 컴퓨터는 암호문 $C$ 가 도착하면 자동적으로 봅의 비밀키 $d$ 를 불러서 $C^d \bmod n$ 을 계산한다. 계산하는 프로그램은 종류가 한정되어 있으므로 봅의 컴퓨터가 어떤 것을 사용하는지는 쉽게 알 수 있다. 가장 흔히 쓰는 계산 알고리즘은 다음과 같다.

먼저 $d$ 를 이진법수로 $d = b_1, b_2, \cdots b_w$ 라고 하자. 예를 들어 $d = 1011$ 이면 $b_1 = 1, b_2 = 0, b_3 = 1, b_4 = 1$ 이다.

1. $k = 1,\quad s_1 = 1$ 부터 시작한다.
2. $b_k = 1$ 이면 $r_k = s_k C \bmod n$ 이고, $b_k = 0$ 이면 $r_k = s_k$ 이다.
3. $s_{k+1} = r_k^2 \bmod n$
4. $k = w$ 이면, stop
5. $k < w$ 이면, $k = k + 1$ 이고 go to step 2
6. 마지막 출력은 $r_w = C^d \bmod n$ 이다.

$d = 1011$ 인 경우 간단하게 이 과정을 수행해 보면;

1. $b_1 = 1$ 이므로, $r_1 = s_1 \cdot C = 1 \cdot C = C,\quad s_2 = r_1^2 = C^2$
2. $b_2 = 0$ 이므로, $r_2 = s_2 = C^2,\quad s_3 = (C^2)^2 = C^4$
3. $b_3 = 1$ 이므로, $r_3 = s_3 \cdot C = C^4 \cdot C,\quad s_4 = C^8 \cdot C^2$
4. $b_4 = 1$ 이므로, $r_4 = C^8 \cdot C^2 \cdot C, s_5 = (C^8 \cdot C^2 \cdot C)^2$
5. 마지막 출력은 $r_4 = C^8 \cdot C^2 \cdot C = C^d \bmod n$ 이다.

이처럼 지수제곱 $C^d$ 를 계산하는 과정에서 유심히 관찰하면 $d$ 의 각 비트가 1 이면 $r_i$ 와 $s_{i+1}$ 에서 곱하기 계산을 수행하고, 0 이면 $s_{i+1}$ 에서만 곱하기 계산이 이루어진다. 따라서 $d$ 의 비트에 1 이 몇개 있느냐에 따라, 봅의 컴퓨터가 복호화하는 시간이 미묘하게 달라진다. 암호 공격자 Mr.X

가 봅의 컴퓨터에 적당한 해킹프로그램을 설치해서 이 시간을 정확하게 측정할 수 있다면 $d$의 비트 구성에 대한 정보를 얻을 수 있다. 물론 단 한번의 과정을 몰래 엿본다고 해서 $d$를 알아낼 수는 없다. 하지만 봅이 여러 차례 암호문을 주고받고 이에 대한 정보를 종합하면 거의 정확하게 $d$를 짐작할 수 있게 된다.

시간에 대한 정보를 어떻게 처리해야 정확한 $d$를 알 수 있는지 그 수학적 과정을 자세히 알고 싶은 독자는 트래프(W. Trappe)와 워싱턴(L. Washington)이 쓴 'Cryptography with coding theory'(2002년)를 읽어보기 바란다.

**공유법 공격(Common Modules Attack)** $A$, $B$가 공개키로서의 $n$을 같이 사용하고 있고, $A$의 공개키를 $\{e_A, n\}$, $B$의 공개키를 $\{e_B, n\}$라 하자. 그리고 $e_A, e_B$가 서로 소라고 하자(서로 소일 가능성은 상당히 높은 편이다). 만약 $A$, $B$ 각각의 공개키로 동일한 평문 $m$을 암호화한 암호문 $C_A$, $C_B$를 얻게 된다면 공격자는 $A$와 $B$의 공개키를 이용하여 아주 쉽게 평문 $m$을 알아낼 수 있다.

그 이유는 다음과 같다; 우선

$$\begin{aligned} C_A \equiv & \quad m^{e_A} \mod n \\ C_B \equiv & \quad m^{e_B} \mod n \end{aligned}$$

이다. 그리고 $e_A$와 $e_B$가 서로 소이기 때문에

$$re_A + se_B = 1$$

인 정수 $r, s$가 존재한다. 이 때 두 수 가운데 하나는 반드시 음수이어야 하므로 $r < 0$이라고 하자. $se_B = 1 + (-r)e_A$ 이므로

$$C_A{}^s \equiv m^{se_B} \equiv m^{1+(-r)e_A} \equiv m(m^{e_A})^{-r} \equiv mC_A{}^{-r} \mod n$$

이다. 이제 $C_B^s$와 $C_A^r$를 서로 곱하면

$$C_B^s C_A^r \equiv m \mod n$$

이므로 원래의 메시지 $m$을 얻을 수 있다.

**선택한 평문 공격** 마지막으로, RSA는 공격자가 평문메시지를 자기가 원하는 대로 선택하여 그에 해당하는 암호문을 얻어낼 수 있는 상황이 되면 공격당할 수있다. 이러한 공격상황을 선택평문 공격(Choosen-plaintext Attack)이라고 한다. 전통적인 스파이들처럼 몰래 문서를 빼내거나 관련자를 뇌물로 포섭하지 않더라도, 공격자가 이런 상황에 접근할 가능성은 의외로 높은 편이다. 어떤 특정한 경우에 사용하는 문장은 일정한 패턴을 가지고 있다. 예를 들어 군대의 명령문은 문장이 끝날 때 '～할 것', '～임', '～함'과 같은 형태(띄어쓰기도 포함)가 자주 반복된다. 또는 외교문서와 같은 경우 급박한 국제적 현안이 발생하면, 협상, 결렬, 회의제목 등 특정한 단어가 자주 반복될 것이다. 따라서 암호문을 주의깊게 관찰하면 이러한 부분에 해당하는 암호텍스트를 찾아낼 수 있을 것이다. 특히 RSA와 같이 디지털 서명에도 응용이 되는 암호 알고리즘은, 개인의 비밀키로 서명하므로, 정교하게 설계된 문서에 그럴듯한 명분으로 서명하게 하여 서명문서(암호문)를 받아낼 수 있다면 선택평문공격 상황은 아주 쉽게 발생한다. 이러한 공격 가능성에 대한 자세한 설명은 디지털 서명 부분으로 미룬다.

## 5.5 라빈 암호

*Michael Rabin, 1931～*
튜링상, 이스라엘상, 텔아비브대학 댄데이빗상 등을 수상하였고, 하버드 대학과 히브리 대학 컴퓨터학과 교수이다.

RSA 암호는 일단 소인수분해의 어려움에 기반을 두고 있다. 즉, RSA 암호를 공격하기 위한 가장 정확한 방법은 $n$을 소인수분해하는 것이다. 다행히도 아직은 이것이 어렵기 때문에 RSA의 안전성이 상대적으로 높은 편이다. 그러나 RSA 암호를 공격하는 방법이 오직 소인수분해 이외에는 없다고 단정할 수 있는가? 앞 절에서 설명한 다양한 RSA 공격들을 보면 대답이 쉽지 않다. 특히 선택평문 공격 가능성이 발견되면서 소인수분해 어려움에만 의존하기에는 RSA가 다소 불안하다는 생각이 든다.

이스라엘 암호학자인 라빈이 1979년 발표한 이 암호는, RSA와 마찬가지로 소인수분해의 어려움에 바탕을 두면서, mod 연산에서 제곱근을 구하기가 어렵다는 점을 적용한 암호이며, 안전성이 소인수분해의 어려움과 일치한다는 점이 증명된 최초의 시스템이다. 따라서 라빈 암호는 선택한 평문 공격을 계산적으로 차단하면서, 효율적 공격을 오로지 소인수분해로 좁힌다는 장점이 있다. 계산적으로 차단한다는 것은, 이론적으로는 가능하지만 계산량이 상당히 늘어나서 현실적으로 불가능해진다는 의미이다.

라빈 암호는 키를 만들거나 데이터를 암호화하는 과정이 매우 간단하다. 특히 암호화 과정에서 라빈 암호는 단지 제곱만하여 $C = m^2$ 을 만들기 때문에 계산양이 훨씬 적다. 그러나 수신자의 복호화 과정은 다소 복잡하다.

**키 만들기** 라빈암호를 쓰고 싶은 사람은 각자 무작위로 $p \equiv q \equiv 3 \bmod 4$(즉, $4k+3$ 형태) 인 두 개의 큰 소수 $p, q$ 를 선택한다. 다른 형태의 소수는 복호화 과정을 기계적으로 처리하기가 어렵다. 봅은 $n = pq$ 를 계산한 다음, $n$ 은 공개키로 하고 $(p, q)$ 를 개인 비밀키로 한다.

**암호화** 숫자로 변환한 데이터를 $m(0 < m \leq n-1)$ 이라고 하자. 앨리스는 밥의 공개키 $n$ 을 사용하여 암호문 $C = m^2 \bmod n$ 을 계산한다.

RSA 의 암호화 과정 $C = m^e \bmod n$ 이 큰 수 $e$ 로 거듭제곱하는 것과 비교하면 라빈암호는 단지 제곱만 계산하므로 암호화 속도가 그만큼 빠르다는 장점을 가지고 있다.

**복호화** 암호문을 복호화하는 것은 $C = m^2 \bmod n$ 에서 $C$ 의 모듈러스 제곱근을 구하는 것과 같다. 보통 $n$ 이 여러 소수들의 곱인 복합수이면 제곱근 구하기가 쉽지 않지만, $n = pq$ 인 경우는 다음과 같은 과정으로 제곱근을 계산할 수 있다. 이론적인 배경은 정수론에 관한 지식이 필요하므로 여기서는 결과만 활용하기로 한다.

모듈러스 연산이 아닌 일반적인 경우 제곱근이 + 와 − 두 종류인 것처럼, $\bmod p$ 모듈러스 제곱근도 두 개이다. 하지만 라빈 암호에서 사용하는 $\bmod pq$ 모듈러스 제곱근은 모두 네 개의 해를 가진다. 이 네 개의 해 가운데 앨리스가 암호화한 메시지 데이터가 하나 있고 나머지는 의미없는 수이다.

모듈러스 제곱근을 구하기 위해 봅은 먼저;

$$\begin{aligned} m_1 &= C^{(p+1)/4} \bmod p, \qquad & m_2 &= p - C^{(p+1)/4} \bmod p \\ m_3 &= C^{(q+1)/4} \bmod q, \qquad & m_4 &= q - C^{(q+1)/4} \bmod q \end{aligned}$$

을 계산한다. 그런 다음 '중국인의 나머지 정리'를 이용하여 다음 4 개의 연립방정식

$$\begin{cases} m = m_1 \bmod p \\ m = m_3 \bmod q \end{cases} \qquad \begin{cases} m = m_1 \bmod p \\ m = m_4 \bmod q \end{cases}$$

$$\begin{cases} m = m_2 \bmod p \\ m = m_3 \bmod q \end{cases} \qquad \begin{cases} m = m_2 \bmod p \\ m = m_4 \bmod q \end{cases}$$

을 각각 계산한다. 물론 계산한 결과는 4개의 해,

$$\begin{aligned} &M_1 \bmod n, \quad &M_2 \bmod n \\ &M_3 \bmod n, \quad &M_4 \bmod n \end{aligned}$$

이 나올 것이다. 봅은 이 가운데 의미있는 데이터를 하나만 골라서 그 값을 평문 $m$ 으로 결정한다.

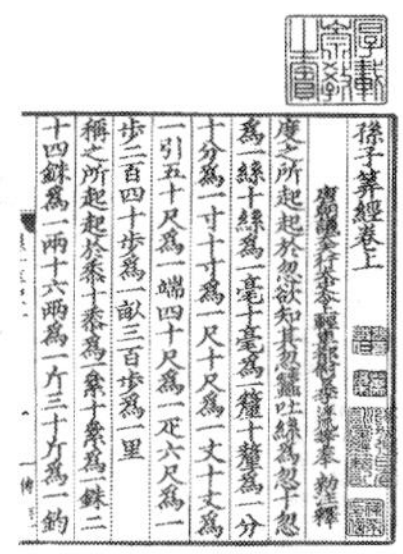

孫子算經卷上

度之所起起於忽欲知其忽蠶吐絲爲忽十忽
爲一絲十絲爲一毫十毫爲一氂十氂爲一分
十分爲一寸十寸爲一尺十尺爲一丈十丈爲
一引五十尺爲一端四十尺爲一疋六尺爲一
步二百四十步爲一畝三百步爲一里
稱之所起起於黍十黍爲一絫十絫爲一銖二
十四銖爲一兩十六兩爲一斤三十斤爲一鈞

손자 산경

**중국인의 나머지 정리** $m$ 값을 결정하기 위한 연립방정식을 계산할 때 중국인의 나머지 정리를 사용한다고 하였다. 이 정리는 3세기 경 중국의 쑨쯔(Sun Tzu)가 손자 산경이라는 책에 처음 소개한 것으로 후에 독일의 가우스가 현대식 수학 표기법을 사용하여 체계적으로 정리하였다. 간단히 말하면 연립합동식의 해를 구하는 공식이라고 할 수 있다.

> 정리 ***5.7***
> $p$, $q$가 서로 소일 때 연립방정식
>
> $$\begin{cases} m = a \bmod p \\ m = b \bmod q \end{cases}$$
>
> 의 해를 구할 수 있다. 해를 구하는 과정은 다음과 같다.
> 1. 우선 $px + qy = 1$ 인 정수 $x$, $y$를 유클리드 알고리즘으로 구한다.
> 2. $px = 1 \bmod q$ 이고, $qy = 1 \bmod p$ 이다.
> 3. 연립방정식의 해는 $m = bpx + aqy \bmod n$ 이다.

**예 5.12** 봅의 공캐기를 $n = 253$, 비밀키는 소수 $p = 11$, $q = 23$ 이라고 하자. 앨리스가 봅에게 보내려는 메시지가 $m = 158$ 이라면, 앨리스는 봅의 공개키로 메시지를 암호화한다.

$$158^2 = 170 \bmod 253$$

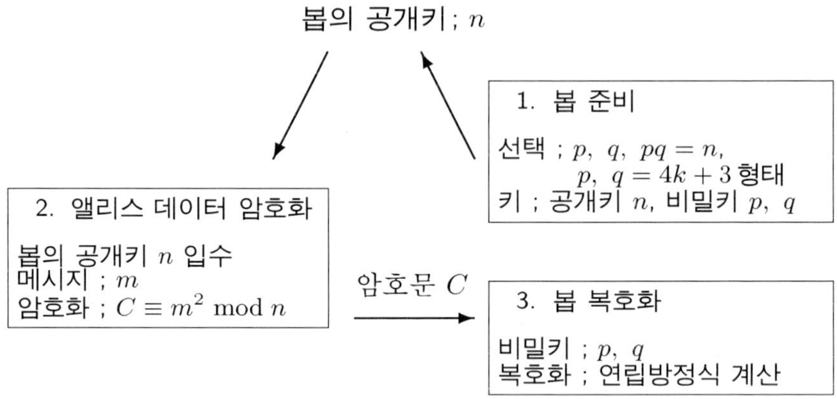


그림 5.6: *Rabin* 암호

암호문 $C = 170$ 을 받은 밥은;

$$
\begin{aligned}
m_1 &= 4 = 170^{(11+1)/4} \bmod 11 \\
m_2 &= 7 = 11 - 170^{(11+1)/4} \bmod 11 \\
m_3 &= 3 = 170^{(23+1)/4} \bmod 23 \\
m_4 &= 20 = 23 - 170^{23+1)/4} \bmod 23
\end{aligned}
$$

을 계산한 다음, 다시 4개의 연립합동식 ;

$$
\begin{cases} m = 4 \bmod 11 \\ m = 3 \bmod 23 \end{cases} \qquad \begin{cases} m = 4 \bmod 11 \\ m = 20 \bmod 23 \end{cases}
$$

$$
\begin{cases} m = 7 \bmod 11 \\ m = 3 \bmod 23 \end{cases} \qquad \begin{cases} m = 7 \bmod 11 \\ m = 20 \bmod 23 \end{cases}
$$

으로부터, 중국인의 나머지 정리를 이용하여, 4개의 $m$ 값을 구한다.
첫 번째 연립식을 계산해 보자.
우선 $(-2)11 + (1)23 = 1$ 이므로 $x = -2,\ y = 1$ 이다. 이 값을 $m = apx + bqy \bmod n$ 에 대입하면

$$m = 3 \cdot 11 \cdot (-2) + 4 \cdot 23 \cdot 1 = 26 \bmod 253$$

이다.
나머지 연립식도 같은 방법으로 계산하면 *4*개의 해 $26, 95, 158, 227$ 를 구할 수 있다. 이 값들 가운데 하나인 *158*이 진짜 메시지이고 나머지는 의미없는 값들이다.

$C$ 의 $\bmod n$ 제곱근으로부터 진짜 평문을 고르는 방법은 다양하다. 보통의 문장을 암호화했다면 봅은 가장 의미있게 보이는 메시지를 선택하면 된다. 그러나 다른 대칭키 암호를 쓰기 위한 비밀키를 라빈 암호로 암호화하여 보내는 경우처럼 단순한 비트열을 보낼 때는, 의미를 살펴보는 것으로는 진짜 메시지를 알 수는 없다. 이럴 경우는 메시지를 특별한 형태로 만들어 암호화하면 된다. 예를 들면, 메시지의 처음과 끝에 미리 약속한 1111111100000000 같은 형태의 비트열을 추가하여 암호화하면, 봅은 네 개의 제곱근 가운데 이 특별한 평문을 쉽게 구별하여 선택할 수 있다.

라빈 암호는 큰 수의 소인수분해와 *mod* 제곱근을 구하기가 어려운 점을 이용한 암호이다.
그러나 복호화 과정에서 중국인의 나머지 정리를 써야 하고, 원문 메시지가 *4*종류로 나타나는 불편함이 있다.

**효율성** 라빈 시스템의 암호화는 단지 한 번의 제곱연산이 필요하다. 복호화에서는 제곱근 구하기 과정에서 지수제곱이 필요하지만 상대적으로 $\bmod p, \bmod q$ 에 대한 연산이므로 $\bmod n$ 에 대한 것보다는 단순하다.
중국인의 나머지 정리를 계산하려면 유클리드 알고리즘 연산과 곱하기, 더하기가 필요하지만 모두 다항식 시간내에 계산이 가능하다. 따라서 RSA 보다 계산을 더 필요로 하지는 않는다. 다만 복호화 후에 평문을 골라내는 번거로움이 있을 뿐이다.

**안전성** 앞에서 라빈 암호가 RSA 보다 선택한 평문 공격에 조금 더 강하다고 하였다. 선택한 평문 공격은 기본적으로 평문 $m$ 과 대응하는 암호문 $C$ 를 알아내는 것으로부터 공격을 시작한다. RSA 의 경우 평문과 암호문의 쌍이 $(m, C)$ 로 유일하다. 그러나 라빈 암호의 경우는 이 쌍이 $(M_1, C)$, $(M_2, C)$, $(M_3, C)$, $(M_4, C)$ 로 4 배 늘어난다. 공격자 입장에서는 어느 쌍이 올바른 것인지 알 수없으므로 그만큼 공격이 어려워진다.

RSA 와 마찬가지로 라빈 암호를 깨는 공격은 소인수분해 공격과 동등하다. 다시 말해서 라빈 암호를 완전하게 깰 수 있는 알고리즘을 가지고 있다면 어떤 $n$ 도 인수분해할 수 있고, 반대로 인수분해가 가능하면 당연히 라빈 암호도 깰 수 있다.

$n$ 을 공개키, $p$, $q$ 를 소인수라고 하자. 그리고 $R$ 은 라빈 시스템을 깨는 어떤 알고리즘이라고 하자. 라빈 암호를 깨는 알고리즘 $R$ 이란, 암호

문 $C$ 에 이 알고리즘을 적용하면 $R(C) = m$ 으로 원래 메시지 $m$ 을 계산할 수 있다는 뜻이다. 다시 말하면, 라빈 암호가 메시지$m^2 \equiv C \bmod n$ 으로 암호화하므로, 알고리즘 $R$ 은 $n$ 을 소인수분해하지 않고도 $C$ 의 $\bmod n$ 제곱근을 계산할 수 있다. 그러면 어떻게 $R$ 을 써서 $n$ 을 소인수분해할 수 있을까?

Mr.X 는 $\{1, \ldots, n-1\}$ 안에서 정수 $t$ 를 무작위로 선택한다. 유클리드 알고리즘으로 최대공약수 $\gcd(t, n)$ 를 구해본다. 컴퓨터는 더하기 정도로 매우 빠르게 최대공약수를 계산할 수 있다. 만약 $\gcd(t, n) = d \neq 1$ 이면, $d$ 는 $t$ 와 $n$ 을 동시에 나누는 수, 즉 $n$ 의 약수이고 $p$ 나 $q$ 가운데 하나이다. 따라서, $n$ 의 소인수분해가 가능하다.

만약 $\gcd(t, n) = 1$ 이면, Mr.X 는 $t^2 = C$ 라고 가정하고 $C$ 의 $\bmod n$ 제곱근 $R(t^2) = m$ 을 계산한다. 아직 $p$ 와 $q$ 는 모르지만 $n = pq$ 라고 하고, 정상적인 라빈 암호 복호화 과정을 모방하면, $m$ 은 다음 합동식 가운데 하나는 만족해야 한다.

$$m \equiv t \bmod p, \qquad m \equiv t \bmod q, \tag{5.1}$$

$$m \equiv t \bmod p, \qquad m \equiv q - t \bmod q, \tag{5.2}$$

$$m \equiv p - t \bmod p, \qquad m \equiv t \bmod q, \tag{5.3}$$

$$m \equiv p - t \bmod p, \qquad m \equiv q - t \bmod q \tag{5.4}$$

1. (5.1) 경우에 $m = t \bmod n$ 이어서, 새로운 정보가 없으므로 인수분해는 실패한다.
2. (5.2) 경우에는, 중국인의 나머지 정리를 적용하면 $m = (q-t)px + tqx = -tpx + tqy \bmod n$ 이고, 이를 정리하면 $m + t = -tpx + tqy + tpx + tqy = 2tqy \bmod n$ 이므로 $\gcd(m+t, n) = q$ 이다. 이 경우는 $n$ 의 소인수 $q$ 를 알아낼 수 있다. 즉 인수분해에 성공한다.
3. (5.3) 경우에는 $\gcd(m+t, n) = p$ 이므로 역시 인수분해가 가능하다.
4. (5.4) 경우는 $m = n - t \bmod n$ 인데, $\gcd(n-t, n) = 1$ 이므로 인수분해는 실패한다.

$t$ 를 무작위로 선택했을 때 $n$ 을 인수분해에 실패할 확률은, 위의 네 가지 경우 중 두 가지이므로, $\frac{1}{2}$ 이다. 따라서 인수분해에 성공할 때까지 $t$ 를 $k$ 번 선택한다면 인수분해에 성공할 확률은 $1 - (\frac{1}{2})^k$ 이상으로, 빠른 속도로 1 에 가까워진다. 예를 들어 이 과정을 10 번 시행할 경우 인수분해에 성공할 확률은 $1 - (1/2)^{10} = 1023/1024 \cong 0.9991$, 즉 99.9% 가 넘는다.

**예 5.13** 예 *5.12*처럼 $n = 253$이라 하자. *Mr.X*가 mod 253 으로 제곱근을 계산할 수 있는 알고리즘 $R$을 가지고 있다고 하자. 먼저 $t = 17$을 선택하면 $gcd(17, 253) = 1$이다. 그러면 $C = 17^2 \bmod 253 = 36$을 계산하고, 다시 알고리즘 $R$로 mod253에 대한 *36*의 제곱근을 구하여 *6, 7, 236, 247*을 얻었다고 하자. 이 경우 $\gcd(6-17, n) = 11$ 이고 $\gcd(247-17, 253) = 23$ 이므로 $253 = 11 \cdot 23$로 인수분해에 성공하였다.

## 5.6 엘가말 암호

엘가말(ElGamal) 암호는 이집트 출신 암호학자인 엘가말이 1985 년 디지털 서명과 암호를 동시에 구현하려는 목적으로 개발되었다. 특이한 것은, RSA 나 라빈 암호가 소인수분해를 알지 못하면 지수계산(소인수분해의 어려움과 동치)이 어렵다는 사실에 바탕을 두고 있는 반면, 엘가말 암호는 이산대수 문제의 어려움에 안전성을 의존하고 있다는 점이다. 다시 말해서 RSA 나 라빈 암호는 $C = m^e \bmod n$ 에서 $C$ 와 $e$ 를 알고 있어도 $m$ 을 계산해내는 것이 어렵다는 것에 안전성을 의존한다. 그러나 엘가말 암호는 $Y = g^x \bmod p$ 에서 $Y$ 와 $g$ 를 알아도 $x$ 를 구하는 것이 계산적으로 어렵다는 사실에 기반을 두고 있다. 엘가말 암호의 경우 이산대수 문제(Discrete Logarithm Problem, DLP)의 어려움에 의존한다고 말한다.

*RSA*나 라빈 암호는 소인수분해를 알지 못하면 지수계산이 어렵다는 것을 이용하고, 엘가말 암호는 이산대수 문제의 어려움에 안전성을 의존하고 있다.

엘가말 암호는 다음과 같은 순서로 진행한다.

1. 데이터를 받을 봅은, 적당한 소수 $p$와 랜덤한 정수 $g$와 $x$를 선택한 후 $Y = g^x \bmod p$를 계산한다. $(Y,\ g,\ p)$는 공개키이고, $x$가 봅의 비밀키이다.
2. 데이터 $m$을 봅에게 보내려고 하는 앨리스는 $(k, p-1) = 1$ 인 랜덤한 수 $k$를 선택한다.
3. 앨리스는 봅의 공개키 $(Y,\ g,\ p)$와 $k$를 이용하여,

$$\begin{aligned} a &= g^k \bmod p \\ b &= Y^k \cdot m \bmod p \end{aligned}$$

   를 계산하여 암호문 $C = (a,\ b)$를 봅에게 보낸다.
4. 봅은 $b/a^x = Y^k m/a^x = g^{xk} m/g^{xk} = m$을 계산하여 데이터 $m$을 얻는다.

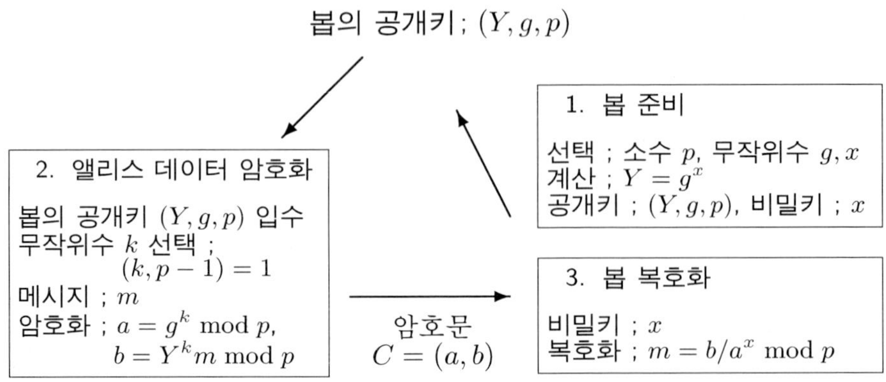


그림 5.7: 엘가말 암호

**예 5.14** 봅이 키를 만들기 위해 $p = 2579$, $g = 2$, $x = 765$를 선택하였다고 하자.

$$Y = 2^{765} = 949 \bmod 2579$$

이므로 봅의 공개키는 $(949, 2, 2579)$이고 개인 비밀키는 765이다.

앨리스가 봅에게 보낼 메시지가 $m = 1299$이고 암호화하기 위해 선택한 무작위 수가 $k = 853$라고 하자. 앨리스는

$$\begin{aligned} a &= 2^{853} = 435 \bmod 2579 \\ b &= 1299 \times 949^{853} = 2396 \bmod 2579 \end{aligned}$$

를 계산하여 암호문 $C = (435, 2396)$를 보낸다.

봅은

$$m = 2396 \times (435^{765})^{-1} = 1299 \bmod 2579$$

를 계산하여, 메시지 $m = 1299$를 얻는다.

**엘가말 암호의 안전성** 엘가말 암호는 데이터의 암호보다는 나중에 설명할 디지털 서명을 염두에 두고 개발한 암호시스템이다. 따라서 데이터 암호에는 그다지 자주 사용하지는 않는다. 그러나 엘가말 암호를 타원곡선 암호에 적용하면 훌륭한 암호시스템이 된다. 타원곡선 암호는 $y^2 = x^3 + ax + b$를 만족하는 타원곡선 위의 점들에 더하기를 따로 정의해서

마치 숫자인 것처럼 다루고, RSA 나 엘가말 암호와 같은 기존의 암호를 적용하는 시스템이다. 타원곡선 암호는 위싱턴 대학의 코블리츠가 제안한 것으로 이 책에서는 자세히 다루지 않는다.

엘가말 *(T.ElGamal, 1955~)* 넷스케이프 회사에서 인터넷 보안 프로토콜 *SSL*을 개발하였고, *RSAsecurity* 회사를 경영하고 있다.

정수를 사용하는 엘가말 암호의 공격법은 많이 알려져 있지 않다. 다만 한가지 앨리스가 데이터를 암호화할 때 사용하는 무작위 수 $k$ 는 매번 다르게 선택해야 한다는 점은 주의해야 한다. 만약 서로 다른 메시지 $m_1, m_2$ 에 같은 무작위수 $k$ 를 사용하면 $a = g^k$ 가 같아진다. 따라서 각각의 메시지에 대한 암호문은 $(a, b_1)$ 과 $(a, b_2)$ 이 된다. 이 경우 공격자 Mr.X 가 어떤 경로를 통해 메시지 $m_1$ 를 알게 되면 다른 메시지 $m_2$ 도 쉽게 알 수 있다. 그 이유는 ;

$$b_1/m_1 = Y^k = b_2/m_2 \bmod p$$

이므로, $m_2$ 는

$$m_2 = b_2 m_1/b_1 \bmod p$$

로 계산할 수 있기 때문이다.

한편 엘가말 암호가 기반으로 하는 이산대수 문제는, $p$ 가 150 자리 이하이거나 $p-1$ 이 큰 소인수를 가지고 있을 때 어렵지 않게 공격할 수 있는 것으로 알려져 있다. 따라서 소수 $p$ 를 정할 때는 $p = 2q + 1$($q$ 도 소수) 형태를 선택하는 것이 바람직하다.
이산대수 문제를 해결하기 위한 알고리즘으로는 Shank 알고리즘, Pohlig-Hellman 알고리즘, Index Calculus 등이 개발되어 있다. 이 알고리즘들은 다소 수학적 계산이 필요하고 이 책의 정도를 넘으므로 생략한다.

## 5.7 Knapsack 암호

배낭 암호라고도 하는 Knapsack 암호는, 머클(Ralph Merkle)과 헬만(Martin Hellman)이 1978 년 개발한 암호로 사실상 최초의 공개키 암호이다. 처음에는 단지 데이터의 암호화를 위한 것이었으나 나중에 샤미르가 디지털 서명에 응용하기도 하였다. 이 암호는 80 년대 초 샤미르와 지펠(Zippel)이, 렌스트라(Lestra)의 정수프로그래밍 알고리즘을 이용하여, 완벽한 공격에 성공하였다. 그럼에도 불구하고 이 암호는 기본적 발상이 아주 매력적이어서 오늘날에도 암호학자들이 아직도 애착을 가지고 있으며 좀 더 안전한 버전으로 바꾸려고 노력하고 있다.

배낭 암호는 초증가 수열에 메시지를 실어서 보내는 암호기법이다.
초증가 수열은 어느 한 항이 그 항 앞에서 나타난 항들의 합보다 큰 수열을 말한다.
배낭 암호는 안전성이 매우 떨어진다.

| | RSA | 라빈 | 엘가말 |
|---|---|---|---|
| 암호화 계산 | $m^e$ | $m^2$ | $a = g^k$, $b = Y^k m$ |
| 복호화 계산 | $C^d \bmod n$ | 중국인의 나머지 정리 | $m = b(a^x)^{-1} \bmod p$ |
| 공개키 형태 | $(e, n)$ | $n$ | $(Y, g, p)$ |
| 특징 | 지수계산의 어려움 이용 | 제곱근계산 어려움 이용 | 송신자가 세션키 $k$ 선택 |

표 5.2: 공개키 암호 비교

배낭 암호는 초증가 수열(super increasing sequence)이라고 하는 정수수열을 이용한다. 초증가 수열은 어느 한 항이 그 항 앞에서 나타난 항들의 합보다 큰 수열을 말한다. 즉, 수열

$$a_1, a_2, \cdots, a_n, \cdots$$

에서 항상 $\sum_{i=1}^{n-1} a_i < a_n$ 이면 초증가 수열이라고 한다.

예를 들어 $\{1, 3, 6, 13, 27, 52\}$ 는 초증가 수열이지만 $\{1, 3, 4, 9, 13, 26, 45\}$ 는 초증가 수열이 아니다. 이러한 수열은, 수열에 있는 항들을 몇 개 꺼내서 모두 더하여 놓으면 그 합만 보고 어떤 항들을 사용했는지 정확하게 결정할 수 있다는 특징을 가지고 있다. 초증가 수열 $\{1, 3, 6, 13, 27, 52\}$ 에서 $\{1, 6, 27\}$ 를 선택하여 모두 더하면 $1 + 6 + 27 = 34$ 이다. 그런데 만약 어떤 사람에게 $\{1, 3, 6, 13, 27, 52\}$ 를 알려주고 34 가 어떤 항들의 합인지 맞추어 보라고 하면 가능할까? 다음과 같은 순서로 추론해 보자.

1) 우선 수열에서 가장 큰 수 52는 $52 > 34$ 이므로 제외한다.
2) 다음으로 큰 수는 27 인데 $27 < 34$ 이므로 일단 27은 합을 이루는 항에 포함한다.
3) 이제 $34 = 27 + S_1$ 인데 $S_1$ 은 다른 항들의 합일 것이다.
4) 다시 $S_1 = 7$ 이고, $13 > 7$ 이므로 수열에서 다음으로 큰 수 13은 $S_1$ 을 만드는데 포함되지 않는다. 그러나 $6 < 7$ 이므로 $7 = 6 + S_2$ 이다.
5) 그런데 $S_2 = 1$ 이고 1은 수열에 속하는 항이다.

6) 따라서 $34 = 1 + 6 + 27$ 임을 알 수 있다. 다르게 표현하자면

$$34 = 1 \cdot 1 + 0 \cdot 3 + 1 \cdot 6 + 0 \cdot 13 + 1 \cdot 27 + 0 \cdot 52$$

이다.

마지막 수식을 잘 살펴보자. 상대방과 서로 초증가 수열 {1, 3, 6, 13, 27, 52}를 미리 정해서 함께 알고 있다면 34라고 말하는 것은 바로 비트열 (1, 0, 1, 0, 1, 0)이라고 말하는 것과 같다. 따라서 어떤 비트열 데이터를 초증가 수열이라는 배낭에 담아서 한꺼번에 보내면, 배낭을 받은 사람은 그리 어렵지 않게 데이터 비트열을 꺼내 볼 수 있을 것이다. 물론 미리 약속한 초증가 수열을 모르는 사람은 배낭을 열어 보기가 쉽지 않다. 이 개념이 바로 배낭 암호의 기본적 아이디어이다.

**예 5.15** 미리 약속해 놓은 초증가 수열을 $\{2, 3, 6, 13, 27, 52\}$ 라고 하자. 우선 비트열 $(1, 1, 0, 1, 1, 1)$ 을 배낭에 담으면

$$1 \cdot 2 + 1 \cdot 3 + 0 \cdot 6 + 1 \cdot 13 + 1 \cdot 27 + 1 \cdot 52 = 97$$

이다. 반대로 배낭에 담겨진 *43*을 풀어보면 ;
*43*보다 작으면서 수열에서 가장 큰 수는 *27*이고, $43 - 27 = 16$ 보다 작으면서 가장 큰 수는 *13*이다. 다시 $16 - 13 = 3$ 보다 작으면서 가장 큰 수는 *3*이다. 따라서

$$43 = 0 \cdot 2 + 1 \cdot 3 + 0 \cdot 6 + 1 \cdot 13 + 1 \cdot 27 + 0 \cdot 52$$

이고 *43*에 해당하는 비트열은

$$(0, 1, 0, 1, 1, 0)$$

이다.

그러면 이 아이디어를 어떻게 공개키 암호방식으로 전환할 수 있을까? 초증가 수열만 알면 누구나 배낭을 열어 볼 수 있으므로 공개키에 적용하려면 수열을 있는 그대로 공개할 수는 없다. 그러나 적당한 수를 기준으로 모듈러스 변환을 해 주면 초증가 수열을 일반적인 보통의 수열로 전환된다. 모듈러스 변환이란 어떤 수 $x$ 를 $x \cdot a \bmod n$ 으로 변환하는 것을 말한다. 예를 들어 초증가 수열 $\{2, 3, 6, 13, 27, 52\}$ 을 $a = 31,\ n = 105$

로 모듈러스 변환해 보자.

$$
\begin{aligned}
2 \cdot 31 \bmod 105 &= 62 \\
3 \cdot 31 \bmod 105 &= 93 \\
6 \cdot 31 \bmod 105 &= 81 \\
13 \cdot 31 \bmod 105 &= 88 \\
27 \cdot 31 \bmod 105 &= 102 \\
52 \cdot 31 \bmod 105 &= 37
\end{aligned}
$$

이므로 초증가 수열 $\{2, 3, 6, 13, 27, 52\}$ 은 보통의 수열 $\{62, 93, 81, 88, 102, 37\}$ 로 변환되었다. 이렇게 만든 보통 수열이 공개키가 되고, 원래의 초증가 수열과 모듈러스 변환에 관계되는 두 수 $a = 31$, $n = 105$ 가 개인 비밀키가 된다.

**Knapsack 암호화** 배낭 암호는 암호화 과정은 간단하다. 먼저 비트열로 이루어진 데이터를 공개키인 수열의 길이만큼 블록으로 나눈다. 그런 다음 비트열과 공개키 수열의 일차결합(마주 곱하여 더하기)을 계산한다. 예를 들어 비트열이 011010 이라면 일차결합은

$$0 \cdot 62 + 1 \cdot 93 + 1 \cdot 81 + 0 \cdot 88 + 1 \cdot 102 + 0 \cdot 37 = 276$$

이다. 만약 데이터가 011010110101101110 이라면, 공개키 수열이 6 개로 이루어져 있으므로 6 비트 블록 011010, 110101, 101110 으로 나눈다. 각 블록을 공개키 수열과 일차결합을 계산하면

$$
\begin{aligned}
0 \cdot 62 + 1 \cdot 93 + 1 \cdot 81 + 0 \cdot 88 + 1 \cdot 102 + 0 \cdot 37 &= 276 \\
1 \cdot 62 + 1 \cdot 93 + 0 \cdot 81 + 1 \cdot 88 + 0 \cdot 102 + 1 \cdot 37 &= 280 \\
1 \cdot 62 + 0 \cdot 93 + 1 \cdot 81 + 1 \cdot 88 + 1 \cdot 102 + 0 \cdot 37 &= 333
\end{aligned}
$$

이다. 따라서 데이터

$$011010110101101110$$

에 해당하는 암호문은

$$276, 280, 333$$

이다.

**Knapsack 복호화** 복호화는 약간 계산이 더 필요하다. 위의 암호문 '276, 280, 333'을 다시 복호화해 보자. 개인 비밀키는 곱하는 수 $a = 31$, 모듈러스 $n = 105$ 이다. $31 \cdot 61 = 1891 = 1 \bmod 105$ 이니까 $a^{-1} = 61 \bmod 105$ 이다. 우선 암호문의 각 숫자를 곱하기 이전의 상태로 되돌리기 위해;

$$
\begin{aligned}
276 \cdot 61 = 4,026 = 36 \bmod 105 \\
280 \cdot 61 = 17,080 = 70 \bmod 105 \\
333 \cdot 61 = 20,313 = 48 \bmod 105
\end{aligned}
$$

을 계산한다. 그 다음 개인 비밀키인 초증가 수열$\{2, 3, 6, 13, 27, 52\}$로 배낭을 연다.

$$
\begin{aligned}
36 = 3 + 6 + 27 &= 0 \cdot 2 + 1 \cdot 3 + 1 \cdot 6 + 0 \cdot 13 + 1 \cdot 27 + 0 \cdot 52 \\
70 = 2 + 3 + 13 + 52 &= 1 \cdot 2 + 1 \cdot 3 + 0 \cdot 6 + 1 \cdot 13 + 0 \cdot 27 + 1 \cdot 52 \\
48 = 2 + 6 = 13 + 27 &= 1 \cdot 2 + 0 \cdot 3 + 1 \cdot 6 + 1 \cdot 13 + 1 \cdot 27 + 0 \cdot 52
\end{aligned}
$$

이므로 비트열

$$011010, 110101, 101110$$

을 얻을 수 있다.

위의 예는 초증가 수열의 길이가 불과 6 이지만 실제로 배낭 암호를 사용할 때는 길이가 적어도 250 이상이어야 한다. 그리고 수열에 나타나는 수들은 보통 이진법수로 200 비트에서 400 비트 사이이고, 모듈러스 변환에 해당하는 $n$은 100 비트부터 200 비트 정도가 적당하다고 한다. 배낭 암호를 공격하는 방법이 전수공격뿐이라면, 이 정도 크기의 수들을 사용할 경우 초당 100 만번 비밀키를 테스트할 수 있는 컴퓨터로는 약 $10^{46}$ 년 정도의 시간이 필요할 것으로 추정되며, 수백만 대의 컴퓨터를 사용해도 우주의 나이보다 더 많은 시간이 필요하다.

그러나 앞에서 말한 것처럼 초증가 수열을 이용한 배낭 암호는 샤미르와 지펠에 의해 효율적인 공격이 가능해졌다. 조금 과장해서 비교하자면 배낭 암호의 경우는 이 두 사람의 암호학자가 수백만 대의 컴퓨터보다 더 나은 성능을 보였다고 할 수 있다. 초증가 수열을 대신하면서 안전도가 높은 배낭을 찾기 위한 노력은 지금도 계속되고 있다.

지금까지 가장 대표적인 공개키 암호 알고리즘으로 RSA, 라빈, 엘가말, Knapsack 등을 소개하였다. 각각의 알고리즘은 나름대로 소인수분해, 이산대수 문제, 초증가 수열, 모듈러스 역변환 등의 어려움을 기반으로 설계된 것들이다. 공개키 암호는 이밖에도 에러정정 코드를 이용한 맥앨리스(McEliece) 암호, 다항식 계산에 기반을 둔 LUC, 타원곡선을 적용한 엘가말 등 다양한 알고리즘들이 있다. 특히 중국의 타오 렌지(Tao Renji) 가 개발한 유한 오토마타에 의한 FAPKC 시리즈도 매우 흥미있는 공개키 암호알고리즘이다. 그러나 이 알고리즘들은 조금 더 깊이 있는 수학적 이론이 필요하므로 더 이상 자세한 설명은 생략하겠다.

# 연습문제

## 오일러 함수값과 거듭제곱 계산

1. Euler 함수값 $\phi(629)$ 를 계산해 보자.

   1) 629 를 소인수분해하면 $629 = 37 \times (\quad)$

   2) $\phi(629) = \phi(37)\phi(\quad) =$

   3) $\phi(500) =$

   4) $\phi(436) =$

2. $2^{2007}$ 를 629 로 나눈 나머지를 계산해 보자.

   1) $\phi(629) =$ 이므로

   2) $2^{(\quad)} \equiv 1 \bmod 629$

   3) $2^{2007} \equiv 2^{(\quad)\times 3+279} \equiv 2^{279} \bmod 629$ 이다.

   4) 다시 $2^{10} \equiv 1024 \equiv (\quad) \bmod 629$ 이므로

5) $2^{279} \equiv (2^{10})^7 \cdot 2^{(\quad)} \equiv (\quad)^7 \cdot 2^{(\quad)} \equiv 472 \times 512 \bmod 629$ 이다.

6) 따라서 $2^{2007} \bmod 629 = (\quad)$

3. $3^{3000} \bmod 500 =$

### 최대공약수와 역원 계산

4. 629 와 72 의 최대공약수 gcd(629, 72) 를 유크리드 알고리즘으로 구한다. 다음 수식을 완성하라.

$$
\begin{aligned}
629 &= 72 \times (\quad) + 53 \\
72 &= 53 \times (\quad) + (\quad) \\
&\vdots \\
(\quad) &= (\quad) + (\quad) + 1
\end{aligned}
$$

5. 72 의 역원 $72^{-1}$ 을 구하기 위해, $1 = 629 \times s + 72 \times t$ 인 $s$ 와 $t$ 를 계산한다. 이 과정은 최대공약수 구하기 과정의 거꾸로이다.

$$
\begin{aligned}
1 &= 4 + 3 \times (-1) \\
&= 4 + (15 + 4 \times (-3))(-1) \\
&= 4 \times (\quad) + 15 \times (\quad) \\
&= 19 \times (\quad) + 15 \times (\quad) \\
&\vdots \\
&= 629 \times (\quad) + 72 \times (\quad)
\end{aligned}
$$

6. $72^{-1} \bmod 629 =$

7. $(2^{279})^{-1} \bmod 629 =$

8. 439 와 230 의 최대공약수를 구하라.

9. 문제 8 에서 구한 최대공약수를 $429x + 230y$ 의 형태로 나타내라.

10. $230^{-1} \bmod 429$ 를 구할 수 있는가?

## RSA 암호 연습

11. 암호문을 받으려는 Bob 의 준비
    1) 큰 소수 $p = 37, \quad q = 17$ 을 준비한다.
    2) $pq = n = (\quad\quad)$
    3) $\phi(n) = (\quad\quad)$ (*5.1 의 오일러 함수값 계산 참고)
    4) $\phi(n)$ 과 서로 소 (즉,$\phi(n), e) = 1$) 인 수 $e = 355$ 를 선택하고 Bob 의 비밀키 $d$ 를 계산한다.
    5) 유크리드 알고리즘을 이용하여 $576 \times e + 355 \times d = 1$ 인 수 $d$ 를 계산하면 Bob 의 비밀키는 $d = (\quad\quad)$ 이다.
    6) Bob 의 공개키는 $(n.e) = (\quad\quad, 355)$ 이다.
    7) Bob 이 절대 비밀로 지켜야 하는 수는 $(\quad,\quad,\quad)$ 이다.

12. 암호문을 보내려는 Alice
    1) 암호화하려는 메시지 $m$ 은 "I LOVE YOU" 이다. (이 문자들을 ASCII 코드로 변환하고, 10 진법 수로 바꾼 다음, 계산의 편의를 위해 32 를 각각 빼고 난 수를 RSA 로 암호화한다. 32 를 빼는 이유는, 수가 커지면 web 에서 javascript 로 계산하기 어렵기 때문이다. 하지만 RSA 과정을 이해하는 데는 아무 문제가 없을 것이다.)

| | I | | L | O | V | E | | Y | O | U |
|---|---|---|---|---|---|---|---|---|---|---|
| ASCII 코드 | 0100 1001 | 0010 0000 | 0100 1100 | 0100 1111 | 0101 0110 | 0100 0101 | 0010 0000 | 0101 1001 | 0100 1111 | 0101 0101 |
| 10진수 | 73 | 32 | 108 | 111 | 118 | 101 | 32 | 121 | 111 | 117 |
| 32를 뺀수 | 41 | 00 | 76 | 79 | 86 | 69 | 00 | 89 | 79 | 85 |

2) 앨리스는 Bob의 공개키 (      ,355)를 가져온다.

3) 각각의 문자에 해당하는 수를 $c \equiv m^e$ 으로 암호화한다. 즉,

$$\begin{aligned} 41^{355} &\equiv (\quad\ ) \bmod n, & 00^{355} &\equiv (000) \bmod n \\ 76^{355} &\equiv (614) \bmod n, & 79^{355} &\equiv (209) \bmod n \\ 86^{355} &\equiv (460) \bmod n, & 69^{355} &\equiv (\quad\ ) \bmod n \\ 00^{355} &\equiv (000) \bmod n, & 89^{355} &\equiv (387) \bmod n \\ 79^{355} &\equiv (\quad\ ) \bmod n, & 85^{355} &\equiv (085) \bmod n \end{aligned}$$

4) 따라서 숫자로 표현된 암호문은

$$C = \_\_\_\ 000\ 614\ 209\ 460\ \_\_\_\ 000\ 387\ \_\_\_\ 085$$

이다.

13. 암호문을 받은 Bob의 복호화 과정
1) 암호문 $C$의 각 숫자를 $m^d = C$ 로 계산하여 복호화한다.

$$\begin{aligned} 003^{331} &\equiv (\quad) \bmod n, & 000^{331} &\equiv (00) \bmod n \\ 614^{331} &\equiv (76) \bmod n, & 079^{331} &\equiv (79) \bmod n \\ 460^{331} &\equiv (86) \bmod n, & 069^{331} &\equiv (\quad) \bmod n \\ 000^{331} &\equiv (\quad) \bmod n, & 089^{331} &\equiv (89) \bmod n \\ 209^{331} &\equiv (\quad) \bmod n, & 085^{331} &\equiv (85) \bmod n \end{aligned}$$

2) 계산을 모두 마친 Bob은 메시지

41 00 76 79 86 69 00 89 79 85

을 얻는다. 이 수들에 각각 32를 더하고 bit 열로 바꾼 다음 ASCII 코드로 환산하면 메시지

I LOVE YOU

를 얻는다.

### RSA 암호 공격

14. RSA 암호의 안전성은 $n$ 의 소인수 분해에 달려있다. Alice의 공개키는 $(e, n) = (881, 3599)$ 이고, 암호문은

0810 0234 2282 1015 1366 2524 0191 0090 0000 2811 2385
1372 0000 3004 2385 2083 0234 0090 2282 2811 2524 3004
0234 2385 0000 2604 0191 0810 1366 0090 3004 2524 0760

이다. 평문을 찾아내어라. 단 문자와 숫자의 대응표는 다음과 같으며, 띄어쓰기 (space bar) 는 32 이다.

| A | B | C | D | E | F | G | H | I | J | K | L | M | N | O | P | Q | R | S | T | U | V | W | X | Y | Z |
|---|---|---|---|---|---|---|---|---|---|---|---|---|---|---|---|---|---|---|---|---|---|---|---|---|---|
| 65 | 66 | 67 | 68 | 69 | 70 | 71 | 72 | 73 | 74 | 75 | 76 | 77 | 78 | 79 | 80 | 81 | 82 | 83 | 84 | 85 | 86 | 87 | 88 | 89 | 90 |

평문은 ________________________________

15. RSA 암호의 공개키 $(e,\ n)$ 에서 $n$ 을 소인수분해하면 공격이 가능하다. $(e,\ n)$=(13, 13843) 이고 $\phi(n) = 13,608$ 일 때, $n$ 을 소인수분해하라.

### 라빈 암호 연습

16. 봅의 공개키가 $n = 899$ 이다. 메시지 $m = 48$ 을 암호화하면 암호문 $C$ 는 (  )이다.
17. 봅의 비밀키는 $p = 29,\ q = 31$ 이다. 봅이 받은 암호문 $C = 411$ 을 복호화하자.
    1) mod $p$ 와 mod $q$ 에 관한 411의 제곱근을 구하면;

$$m_1 = 411^{(29+1)/4} \bmod 29 \equiv (\qquad),$$
$$m_2 = 29 - 411^{(29+1)/4} \bmod 29 \equiv (\qquad),$$
$$m_3 = 411^{(31+1)/4} \bmod 31 \equiv(\qquad),$$
$$m_4 = 31 - C^{(31+1)/4} \bmod 31 \equiv (\qquad)$$

2) 이들 해에 관한 4 개의 연립합동식을, 중국인의 나머지 정리를 사용하여 계산한다.

$$\begin{cases} m = m_1 \bmod 29 \\ m = m_3 \bmod 31 \end{cases} \qquad \begin{cases} m = m_1 \bmod 29 \\ m = m_4 \bmod 31 \end{cases}$$

$$\begin{cases} m = m_2 \bmod 29 \\ m = m_3 \bmod 31 \end{cases} \qquad \begin{cases} m = m_2 \bmod 29 \\ m = m_4 \bmod 31 \end{cases}$$

을 각각 계산한다.

3) 복호화한 메시지 $m$ 은 (    ,    ,    ,    ) 가운데 하나이다.

### 엘가말 암호 연습

18. 봅이 키를 만들기 위해 $p = 47, g = 2, x = 10$ 를 선택하였다. $Y = 2^{10} = (\quad) \bmod 47$ 이므로 봅의 공개키는 (    , 2, 47) 이고 개인 비밀키는 (    )이다.

19. 앨리스가 봅에게 보낼 메시지가 $m = 29$ 이고 암호화하기 위해 선택한 무작위 수가 $k = 13$ 라고 하자. 앨리스는

$$\begin{aligned} a &= g^k = 2^{(\quad)} = (\quad) \bmod 47 \\ b &= Y^k m = (\quad)^{(\quad)} \times 29 = (\quad) \bmod 47 \end{aligned}$$

를 계산하여 암호문 $C = (a, b) = (\quad , \quad)$ 를 보낸다.

20. 봅은 $m = b(a^x)^{-1} = (\quad)\left((\quad)^{(\quad)}\right)^{-1} \bmod 47$ 을 계산하여 메시지 $m = (\quad)$ 를 얻는다.

### 배낭 암호 연습

21. 수열 {1, 2, 4, 8, 16, ... , $2^{k-1}$, ... } 이 초증가 수열인가?

22. 문제21 이 초증가 수열이라면, 비트열 (1, 0, 1, 1, 1, 1) 을 배낭에 담아보라.

23. 초증가 수열 {2, 5, 8, 17, 33, 67, 128} 을 비밀키로 하고, $a = 17$, $n = 210$ 을 공개키로 정하였다. 메시지 '1110 0101 1001' 을 암호화하라.

# 암호는 어떻게 응용되는가?

PART II

6. 디지털 서명

7. 해시함수

8. 사용자 인증

9. 키의 분배와 교환

10. 암호기법의 다양한 응용

# 6
# 디지털 서명

현대인은 인터넷, 휴대폰 등과 같은 유,무선 네트워크를 통해 정보를 주고받음으로써 시간과 공간의 제약으로부터 훨씬 자유로워졌다. 하지만 네트워크의 특성상 함께 사용하는 많은 사람들에게 손쉽게 개인정보가 노출될 가능성도 커질 수밖에 없다. 지금까지 설명해 온 암호알고리즘으로 데이터를 암호화하면 정보의 노출문제를 상당부분 해결할 수 있다.

그러나 오늘날의 네트워크 디지털 정보통신은 단순하게 문서 정보를 주고받는 정도에서 그치지 않는다. 디지털 문서를 서류에 출력하지 않은 채 직접 직장상사의 결재를 받거나, 멀리 떨어진 로봇이나 인공위성을 원격으로 컨트롤하고, 개인의 신원을 디지털매체를 통해 확인하며, 인터넷을 통해 상품을 주문한 다음 신용카드, 휴대폰 청구, 계좌이체 등의 수단으로 지불하는 등 응용범위가 아주 넓고 빠르게 확산되고 있다. 이러한 과정에서 결재의 유효성과 보존성, 원격 컨트롤의 안전성, 신원확인의 확실성, 전자 상거래의 안전성이 절대적으로 요구된다. 암호이론을 적절하게 적용하면 이러한 요구에 대해서도 신기할 정도로 다양한 해결책을 제시할 수 있다. 네트워크 통신에서 발생할 수 있는 대표적인 보안 문제를 다음과 같은 경우를 통해 살펴보자.

재구와 정효가 한참 열애 중에 있다. 그런데 정효는 매력이 있는 여학생이라서 호선이도 정효와 사귀고 싶어하지만 안타깝게도 일방적인 짝사랑이다. 호선이는 재구와 정효가 서로 사귀는 것을 알게 된 후 두 사람 사이를 갈라 놓으려고 애를 쓴다. 어느날 오후 정효는 재구와 즐겁게 채팅을 하다가, 느닷없이 헤어지자는 메시지를 받았다. 정효는 당황스럽고 창피하여 화가 났지만 한편으로는 이상하다는 생각도 들었다.

(i) 이 메시지의 내용을 혹시 다른 사람이 지금 엿보고 있지는 않을까?(메시지 누출)

(ii) 이 메시지를 재구가 정말 보낸 것일까? 누가 우리 사이를 갈라 놓으려고 중간에 몰래 끼어들어 거짓으로 재구가

그림 6.1: 메시지 누출과 메시지 송신위장

그림 6.2: 메시지 변조와 접속자 위장

보낸 것처럼 한 것은 아닐까?(메시지 송신위장)

(iii) 이 메시지의 내용이 사실일까? 재구는 내일 만나자고 메시지를 보냈는데 중간에 누가 가로채서 내용을 슬쩍 바꾸어 놓은 것은 아닐까?(메시지 변조)

(iv) 지금 접속하고 있는 사람이 정말 재구일까? 답장을 보내기는 해야겠는데 접속하고 있는 이 사람이 재구가 아니면 어쩌지?(접속자 위장)

이러한 고민은 이제부터 설명할 다양한 암호 응용 기법으로 해결할 수 있다.

일반적으로 인터넷 통신은 브로드캐스팅 방식을 사용하므로, 채팅의 대화 내용은 같은 네트워크를 사용하고 있는 모든 사람들에게 기본적으로 누출된다고 보아야 한다. 그러나 대화 당사자 두 사람만이 알 수 있는 암호문을 사용한다면 걱정할 필요가 없었을 것이다.

다음으로 누군가 재구를 가장하여 메시지를 보내는 메시지 송신 위장은, 메시지에 재구만 할 수 있는 **디지털 서명**을 함으로써 해결할 수 있다.

세 번째 고민은, 실제로는 채팅중에 메시지를 가로채서 변조하는 것이, 시간상으로 쉽지는 않지만, 불가능하지는 않다는 점이다. 이 문제는 주로 해시함수(Hash)나 **메시지 인증 코드**(MAC)로 해결할 수 있다. 메시지의 내용이 변조되지 않고 전달될 수 있도록 하는 것을 메시지 무결성(integrity)이라고 한다.

네 번째는, **사용자 인증** 또는 신원확인이라고 하는 기법을 사용하면 처리할 수 있다. 사용자 인증으로 가장 흔히 쓰는 방법이 패스워드와 ID이다. 패스워드는 길면 길수록 안전하지만 사람이 기억을 하는 데는 한계가 있다. 가능하면 영문과 숫자를 조합하여 15자리 이상을 권장하고 있지만, 보통 사람들이 의미없는 문자열을 8자리 이상 기억하는 것은 쉽지 않다. 따라서 이러한 문제를 보완하기 위해 인증서를 발급받거나 OTP라고 하는 일회용 패스워드를 사용한다.

이 책의 앞부분인 1부에서는 주로 메시지 누출을 방지하기 위한 암호 알고리즘을 소개하였다. 그러나 암호기법은 데이터의 암호화뿐만 아니라 서명, 인증, 키 교환, 비밀분산 등 다양한 분야에 응용 가능성을 가지고 있다. 2부에서는 이러한 응용 분야와 함께 해시함수와 전자상거래에 관한 지식들을 소개한다.

서명이나 인증은 암호 알고리즘을 응용하기도 하지만, 따로 고안한 별도의 알고리즘을 사용한다. 그러나 지금까지 이 책의 내용을 잘 이해하고 있는 독자들은, 앞으로 설명할 서명과 인증기법이 암호 알고리즘들과 거의 비슷한 형태라는 것을 알 수 있을 것이다.

이 장에서는 디지털 서명(digital signature)이라고 하는 서명기법에 관하여 설명한다. 지금까지는 은행거래나 계약서 작성을 할 때 미리 행정기관에 등록해 놓은 인감도장을 찍었으나, 요즈음은 서류에 작성자 또는 관련자가 직접 손으로 싸인(signature, 서명)하는 경우도 점차 늘어나고 있다. 문서데이터가 종이서류가 아닌 디지털 파일일 경우에도 서명은 필요하며, 펜을 이용하지 않고 키보드 입력을 통해 필기서명과 같은 효력을 갖는 디지털 서명기법(digital signature scheme)이 있어야 한다. 필기서명과 디지털 서명은 다음과 같은 몇 가지 차이가 있다.

첫째, 필기서명은 개인마다 독특한 필체를 가지고 있어서 다른 사람이 복사나 위조하기가 힘들다. 그러나 이진비트코드를 사용하는 디지털 서명은 언제나 간단하게 원본과 똑같이 복사할 수 있다. 따라서 적절한

| | 필기서명 | 디지털 서명 |
|---|---|---|
| 개인특성 | 독특한 필체 | 고유한 개인 코드 |
| 서명확인 | 원본대조 | 서명확인 알고리즘 |
| 서명위치 | 본문과 같은 종이 | 데이터 끝 부분 + 데이터 인증코드 |
| 서명문서 전달 | 직접 대면 | 통신망 |

표 6.1: 필기서명과 디지털 서명

위조방지 기법이나 재사용방지 기술이 요구된다.

둘째, 필기서명은 미리 기록되어 있던 실제의 서명과 비교함으로써 서명을 간단하게 확인하지만 정교하게 위조한 필기서명일 경우 가끔 오류가 있을 수 있다. 디지털 서명은 적절한 검증 알고리즘을 이용하여, 복잡하지만 정확하게 판단한다. 이 차이는 소위 객관화의 문제로서, 필기서명은 보는 사람에 따라 주관적이므로 위조 여부의 식별에 차이가 있지만 디지털 서명은 컴퓨터가 확인 인증 알고리즘을 수행하여 결과를 보여주므로 위조 여부의 식별이 아주 객관적이다.

셋째, 필기서명은 본문이 있는 서류의 아래 부분에 씌여져 있어 서류를 찢지 않는 한 본문과 서명을 분리할 수는 없다. 하지만 서명과 본문은 서로 독립적이어서 본문에 서명을 덮어 쓰는 경우는 별로 없다. 따라서 필기서명을 위조한다는 것은 서명 부분만 잘 건드리면 되며 본문까지 건드릴 필요는 없다. 만약 본문도 고치고 서명도 고치게 되면 들통이 날 확률이 더 커진다. 반면에 디지털 서명은 서명되는 서류에 통합되어 하나의 디지털 문서(코드 파일)가 된다. 디지털 서명 방법들은 문서 전체의 정보를 잘 처리한 다음, 서명하는 사람만의 독특한 코드와 섞어서 비트를 만들어낸다. 따라서 디지털 서명을 위조하려면 파일 전체를 건드려야 한다. 그러나 아이러니하게도 메시지의 내용과 서명을 동시에 변조하면 발각될 가능성이 오히려 줄어든다.

마지막으로, 디지털 서명은 직접 만나서 거래를 해야 하는 불편함 해소한다는 점에서 편리하지만, 네트워크를 통한 전송과정에서의 에러 발생, 서명의 부정한 복사, 위조, 재사용, 서명부인(발뺌) 등의 문제점이 발생한다.

## 6.1 RSA 서명

RSA 암호는 메시지의 암호화를 위해 개발되었지만 서명에도 이용할 수 있다. 5장에서 설명한 RSA 암호는

- $n = p \times q$ ($p$와 $q$는 서로 다른 소수)(공개키),
- $e_A$ : $\gcd(e_A, \phi(n)) = 1$ 인 임의의 정수(공개키),
- $d_A$ : $e_A d_A \equiv 1 \bmod \phi(n)$ (비밀키),
- 암호화 함수 : $y = E_A(x) \equiv x^{e_A} \bmod n$,
- 복호화 함수 : $x = D_A(y) \equiv y^{d_A} \bmod n$

으로 구성되어 있었다.

RSA 서명은 개인 비밀키 $d_A$를 가지고 있는 사람이 문서를 $d_A$로 암호화하여 서명을 대신한다. 정당한 서명인지 아닌지는 서명을 공개키로 복호화하여 원래의 문서와 비교하면 확인할 수 있다.

1. 서명을 해야 하는 앨리스는, 자신만이 아는 비밀열쇠 $d_A$를 이용하여, 문서 $M$의 $M^{d_A} \equiv S \bmod n$을 계산한다.
2. 문서와 서명 $(M, S)$를 상대방에게 전달한다.
3. 서명 확인자는 앨리스의 공개열쇠 $e_A$를 이용하여 $S^{e_A} \equiv M \bmod n$ 인지를 비교해 보고 앨리스의 서명을 검증한다.
4. $d_A$는 앨리스 이외에는 어느 누구도 알 수 없으므로 정말로 앨리스가 보낸 것으로 인정할 수 있고 앨리스도 나중에 자신의 서명이 아니라고 부정하기도 어렵다.

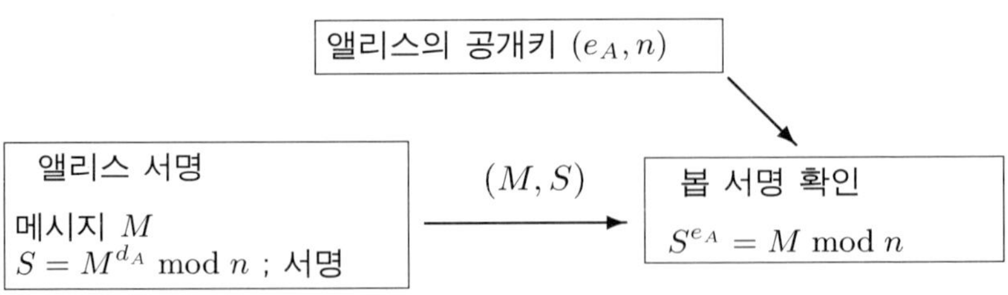


그림 6.3: *RSA* 서명

당연한 말이지만, 메시지 $M$에 사용한 서명 $S$는 다른 메시지 $M'$에 다시 사용할 수는 없다. $(M', S)$가 정당한 서명이려면 $M'^{d_A} = S =$

$M^{d_A} \bmod n$ 이어야 한다. 물론 지수값 계산이 $\bmod n$ 연산이므로, $M'$ 와 $M$ 이 서로 다른 수이더라도 이론상으로 $M'^{d_A} = S = M^{d_A} \bmod n$ 일 수는 있지만, $n = pq$ 인 $q$ 가 아주 큰 수라면 그러할 확률은 $1/q$ 로 매우 희박하다.

RSA 서명은 공증서명으로 사용할 수도 있다. 공증서명이란, 서명하는 사람이 문서의 내용을 들여다보지 않은 채 서명을 해서 내용과 시간을 봉인해 놓은 다음, 나중에 의뢰인이 필요할 때 공개적으로 열어 보일 수 있게 하는 것을 말한다.

공증서명이란, 서명하는 사람이 문서의 내용을 들여다보지 않은 채 서명을 해서 내용과 시간을 봉인해 놓은 다음, 나중에 의뢰인이 필요할 때 공개적으로 열어 보일 수 있게 하는 것을 말한다.

예를 들어 봅이 어떤 중요한 기술을 발명했다고 하자. 봅은 이 기술로 특허를 받아 놓으면 큰 돈을 벌수 있다. 그러나 특허를 받는 과정은 까다롭고 시간이 많이 걸린다. 또 이 과정에서 기술의 내용이 공개되면 다른 사람이 재빨리 모방을 해서 먼저 특허를 얻을지도 모른다. 따라서 봅은 법무사 사무소에 가서 발명의 내용과 시간을 미리 등록(공증)해 놓아, 특허 출원 과정에서 혹시 내용이 공개되더라도 자기가 가장 먼저 발명한 사람이라는 것을 입증할 수 있게 하고 싶다. 물론 법무사 사무실에 있는 누구에게도 내용은 알려주고 싶지 않다. 어떤 방법이 있을까?

1. 먼저 법무사인 앨리스가 $n = pq$ 인 $n$ 과 암호화 키 $e = e_A$ 를 공개하여 봅에게 알려주고, $d = d_A$ 와 $p, q$ 는 비밀로 한다. 실제로는 $p, q$ 를 더 이상 사용할 일이 없으므로 아예 삭제해 버리는 것이 좋다.
2. 봅은 랜덤한 수 $k$(단, $\gcd(n, k) = 1$) 를 선택하고, 공증할 문서 $M$ 으로 $T \equiv k^e M \bmod n$ 을 계산한 다음 $T$ 를 법무사 사무실로 보낸다.
3. 법무사인 앨리스는 봅의 $T$ 라는 데이터를 공증해 주었다는 기록을 남기고, $S \equiv T^{d_A} \bmod n$ 를 계산하여 $S$ 를 봅에게 보낸다. 봅은 $S$ 와 문서$M$ 의 제목 또는 요약에 대한 정보 $m$ 와 함께 공증 서명값 $(S, m)$ 를 공표한다.
4. 훗날 문서 $M$ 의 공증을 입증해야 할 경우, 공증신청자 봅은 공증서명값 $S$ 와 자신만 알고 있던 $k$ 로 부터 $Sk^{-1} \bmod n$ 을 계산하여 제시하고, 공증인 앨리스의 공개키 $e_A$ 로 $(Sk^{-1})^{e_A} \equiv (M^{d_A})^{e_A} \equiv M \bmod n$ 을 계산하여 문서 $M$ 과 비교함으로써 이미 공증되어 있었음을 입증할 수 있다.

4 단계에서 $k^{-1} \bmod n$ 는 $k$ 를 알고있는 봅만 계산할 수 있다. 그리고 $Sk^{-1} \equiv T^d k^{-1} \equiv (k^e M)^d k^{-1} \equiv k^{ed} M^d k^{-1} \equiv M^d \bmod n$ 이므로,

$(Sk^{-1})^e \equiv (M^d)^e \equiv M \bmod n$ 이다.

서명을 한 공증인 앨리스는 문서 $M$ 의 내용을 전혀 알 수가 없다. 왜냐하면 $k$ 가 랜덤한 수이므로 $k^{e_A}$ 도 랜덤한 수이고, 따라서 봅으로부터 받은 $T \equiv k^{e_A} M \bmod n$ 에서 문서 $M$ 에 관한 정보를 알아내는 것은 $(k^{e_A})^{-1}$ 를 알아내는 것과 같으므로 거의 불가능하다. 또한 공증서명을 검증할 때는 공증인 앨리스의 공개키 $e_A$ 만 사용하므로 앨리스는 전혀 개입하지 않아도 된다.

공증서명은 문서의 내용 자체의 법률적 효력을 확인 또는 입증하는 용도로 사용할 수는 없다. 예를 들어 봅이 나쁜 마음을 먹고, "공증인 앨리스가 봅에게 10억원을 빌렸고 이 돈은 2015년 5월 30일에 갚기로 한다" 라는 문서를 작성하여 앨리스에게 공증서명을 해달라고 요청하면 앨리스는 내용을 모르는 채 그대로 공증서명을 할 것이다. 이 경우 공증서명이 문서의 내용, 즉 채무관계 자체를 공증해 주는 것은 아니다. 다만 공증인은 봅이 요청한 데이터 $T$ 에 공증서명을 했다는 사실만 확인할 뿐이고 문서내용의 법적효력에는 책임을 지지 않는다.

공증서명은 문서의 내용을 모르는 채 서명한다는 의미에서 블라인드 서명이라고도 한다.

공증서명은 문서의 내용을 모르는 채 서명한다는 의미에서 블라인드 (Blind) 서명이라고도 한다. RSA 서명 이외에도 블라인드 서명에 관한 다양한 기법들 있으며, 주로 데이빗 샤움 (David Chaum) 이 개발하였고 특허권도 몇 개 가지고 있다.

**RSA 서명에 대한 선택평문 공격** 아주 힘들기는 하지만 RSA 서명에 대한 선택평문 공격이 가능하다. 이 가능성은 5장에서도 미리 언급하였는데 이제 자세히 소개한다.

시나리오 1 : 암호 공격자 Mr.X 가 앨리스의 암호문 $C$ 를 공격하기로 작정하였다고 하자. Mr.X 는 먼저 $n$ 보다 작은 랜덤한 수 $r$ 을 선택한 다음, 이미 공개되어 있는 앨리스의 공개키$(n, e)$ 를 이용하여;

$$\begin{aligned} x &= r^e \bmod n \\ y &= xC \bmod n \\ t &= r^{-1} \bmod n \end{aligned}$$

를 계산한다. 이때 아무 의미 없는 $C$ 와 $x$ 로 만들어내는 $y$ 가 그럴듯하게 의미있는 것처럼 보이게 하려면 상당히 많은 종류의 $r$ 과 $x$ 로 시행착오를 겪어야 할 것이다.

이제 Mr.X 는 앨리스에게 적당한 사회공학적 기법을 써서 $y$ 에 서명하도록 유도한다. 만약 이 사기가 성공하여 앨리스가 서명값 $u = y^d \bmod n$ 를 보내준다면 $tu \equiv M \bmod n$ 이므로 $C$ 의 원문 $M$ 을 쉽게 얻을 수 있다.

$$\begin{aligned} tu &= r^{-1}y^d \bmod n \\ &= r^{-1}x^dC^d \bmod n \\ &= C^d \bmod n \\ &= M \end{aligned}$$

시나리오 2 : 위조된 문서에 RSA 서명을 하도록 유도할 가능성도 있다. 불순한 의도를 가진 Mr.X 가 어떤 문서 $M'$ 에 봅이 서명하게 하는 과정을 살펴보자.

Mr.X 는 적당한 수 $x$ 를 선택하여 $y = x^e \bmod n$ 을 계산한 다음, 문서 $M = yM' \bmod n$ 을 만들어본다.

이러한 방법은 여러 가지가 있는데, 첫 번째는 일단 $M$ 과 $M'$ 를 먼저 만들어놓고 $M = yM' \bmod n$ 인 $y$ 가 나타날 때까지 $x$ 를 계속 바꾸어 대입해 보는 것이다. 다음 방법은 전자문서가 비트열이라는 점을 이용한다. 문서를 컴퓨터로 타이핑하는 과정에서 엔터 (enter) 키, 삭제 (delete) 키, 되돌아가기 (back space) 키는 여러 번 반복해서 사용한다. 적절하게 이러한 키들을 섞어서 타이핑하면서 기록을 비트열로 삽입하면, 문서 전체의 비트열은 증가하지만 문서의 내용과 형태는 그대로 남아있게 할 수 있다. 그럴듯한 문서 $M$ 과 부정한 문서 $M'$ 를 미리 작성해 놓고, $M'$ 와 같은 내용이면서도 비트열이 서로 다른 문서들 $M''$ 를 수없이 만들어 보면서, $M = yM'' \bmod n$ 인 것을 고를 수도 있다.

일단 그럴듯한 문서와 부정한 문서 쌍 $(M, M')$ 를 발견하면 봅에게 $M$ 을 보내 서명하도록 유도한다.

봅이 자신의 서명키 $d$ 로 서명하여 서명값 $M^d \bmod n$ 을 보내 온다면 Mr.X 는 자기가 원하던 문서 $M'$ 에 대한 공증서명 $M'^d$ 을 만들어낼 수

있다. 즉,

$$\begin{aligned} M^d &= (yM')^d \\ &= (x^e M')^d \\ &= x^{ed} M'^d \\ &= xM'^d \end{aligned}$$

이므로 위조한 문서 $M'$ 의 서명값 $M'^d = x^{-1}M^d$ 을 계산할 수 있다.

RSA 서명이 이러한 약점을 가지는 것은 RSA 서명 알고리즘에서 사용하는 지수제곱의 특성 ($(xm)^d \bmod n = x^d m^d \bmod n$) 때문이다. 따라서 RSA 서명을 사용하려면 각각의 문서 서명에 사용할 공개키 $(n, e)$ 를 서로 다르게 선택해야 한다. 다음 시나리오를 살펴보자.

시나리오 3 : 앨리스가 약간 부주의하여 두 개의 메시지 $m_1$ 와 $m_2$ 에 같은 공개키 $(n, e)$ 로 서명을 했다고 하자. 어렵기는 하지만 적당한 문서 $m_1, m_2$ 로 가짜문서 $m_3 = m_1 \cdot m_2 \bmod n$ 을 만들 수만 있다면 서명위조는 아주 간단하다. Mr.X 는 $m_3$ 에 대한 서명값

$$m_3^d = (m_1^d \bmod n)(m_2^d \bmod n)$$

을 쉽게 계산할 수 있다.

## 6.2 엘가말 서명

엘가말은 이산대수 문제의 어려움을 이용한 서명방법을 개발하였다. RSA 서명은 RSA 암호 알고리즘으로부터 만들어진 반면, 엘가말 서명은 오로지 디지털 서명만을 위하여 설계되었다.

RSA 서명은 시나리오 3 에서처럼 공개키 $(n, e)$ 를 한 문서에 한 번만 사용하지 않으면 공격당할 가능성이 있는데, 엘가말 서명은 중간수 (세션키) 를 도입하여 이러한 위험성을 개선하였다. 또한 RSA 서명이 두 개의 소수 $p, q$ 를 요구하는 반면 엘가말 서명은 한 개의 소수 $p$ 와 원시근 $g$ 를 사용한다. 나중에 소개할 NIST 의 디지털 서명 표준 (DSS) 은 엘가말 서명을 다시 수정하여 계산이 편리하도록 더 개량한 것이다.

**준비 과정** 서명자는 이산대수 (로그) 값을 구하기 어려운 큰 소수 $p$ 를 정하고, $p$ 의 원시근 $g$ 를 선택한다. 원시근이란, 계속 거듭제곱하여 $\mathbf{Z}_p^*$

의 모든 원소들을 만들어낼 수 있는 특정한 원소를 말한다. 예를 들어, $\mathbf{Z}_7^* = \{1,2,3,4,5,6\}$ 에서 $\{2,2^2,2^3,2^4,2^5,2^6\} = \{2,4,1,2,4,1\} \neq \mathbf{Z}_7^*$ 이지만 $\{3,3^2,3^3,3^4,3^5,3^6\} = \{3,2,6,4,5,1\} = \mathbf{Z}_7^*$ 이다. 이때 3 을 $\mathbf{Z}_7^*$ 의 원시근이라고 한다. $p$ 가 소수일 때 $\mathbf{Z}_p^*$ 의 원시근은 반드시 존재하기는 하지만, 하나만 있지 않고 여러 개가 있을 수 있다.

아주 큰 소수 $p$ 에 대한 $\mathbf{Z}_p^*$ 에 대한 원시근 $g$ 를 찾는 것은 일반 사용자들에게 쉽지 않은 일이다. 따라서 안전한 엘가말 암호를 실제로 사용하려면 원시근을 찾아주는 공인기관(PKI)의 도움을 받아야 한다.

1. 서명하려는 사람은 $\mathbf{Z}_p$ 에서 비밀 서명키로 정수 $Q$ 를 하나 정하고,
2. 서명 인증을 위한 공개키로 $y \equiv g^Q \bmod p$ 를 계산한 다음,
3. $(p,g,y)$ 를 공개한다. 이때 $Q$ 는 비밀로 하여 서명자만 알고 있어야 한다.

### 서명 과정

1. 서명자는 적절한 중간수 $k$ 를 선택하여 임시로 사용할 값 $T \equiv g^k \bmod p$ 를 계산한다.
2. 서명할 문서 $M$ 에 $S \equiv (M - QT)k^{-1} \bmod (p-1)$ 를 계산하여 $(M,S,T)$ 를 송신한다. 여기서 $\bmod (p-1)$ 인 것에 주의해야 한다. $S$ 값은 아래 3 단계에서 지수제곱으로 쓰이며, 오일러 정리를 적용하려면 지수에 $\phi(p) = p-1$ 의 배수를 생각해야 하므로 $\bmod (p-1)$ 로 계산한다.
3. 수신자는 문서 $M$ 과 함께 수신된 $S, T$ 가 적절한 서명인지를 검증하기 위해, 서명자의 공개키 $y$ 를 써서 $y^T T^S \equiv g^M \bmod p$ 가 성립하는지 판단한다.

서명확인을 위한 수학적 계산은 $y^T T^S \equiv (g^Q)^T (g^k)^S \equiv g^{QT+kS} \equiv g^{QT+k(M-QT)k^{-1}} \equiv g^M \bmod p$ 이다. 그리고 중간수 $k$ 를 선택하는 이유는 서명의 안전도를 위해서이다. 비밀수 $Q$ 에 의해 안전성이 보장되기는 하지만 문서마다 서로 다른 중간수 $k$ 를 설정하면 안전도가 더 높아진다.

**예 6.1** $p = 467,\quad g = 2$ 이고 $Q = 127$ 이라고 하면, $y \equiv 2^{127} \equiv 132 \bmod 467$ 이다. 서명자의 공개키는 $(p,g,y) = (467,2,132)$ 이다.

$A$ 는 문서 $M = 100$ 에 서명을 하기 위해 먼저 중간수 $k = 213$ 을 선택한다. 이때 $k^{-1} \equiv 431 \bmod 466$ 이다.

$$\begin{aligned} T &\equiv 2^{213} \equiv 29 \bmod 467, \\ S &\equiv (100 - 127 \times 29)431 \equiv 51 \bmod 466 \end{aligned}$$

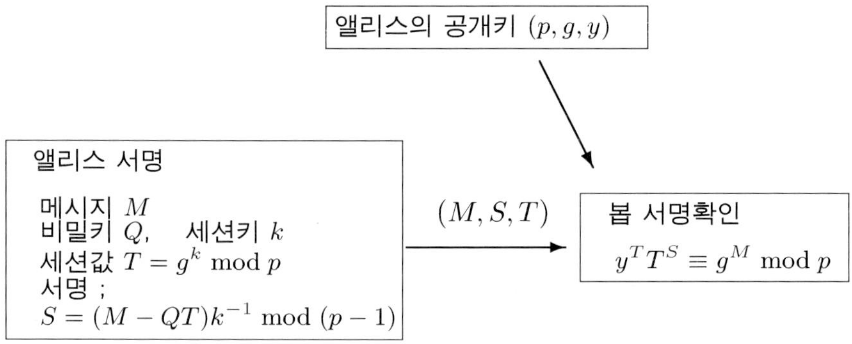


그림 6.4: 엘가말 서명

이므로 문서 $M = 100$에 대한 엘가말 서명은 $(M, S, T) = (100, 29, 51)$ 이다. 서명의 검증은 $y^T T^S \bmod p = 132^{29} 29^{51} \bmod 467$ 과 $g^M = 2^{100} \bmod 467$ 이 서로 일치하는지로 확인한다.

## 6.3 DSS

*DSS는 엘가말 서명을 개량한 방식으로, 1991년 8월에 처음 제안되어 미국의 디지털 서명 표준으로 1994년 1월에 채택되었다. 엘가말 디지털 서명 방식과 유사하지만 서명과 검증에 소요되는 계산량을 획기적으로 줄인 방식이다.*

많은 경우에 문서는 한번 암호화한 후 복호화하면 그것으로 일단락된다. 그러나 서명된 문서는 계약과 같은 법적 문서역할을 하기 때문에 문서가 서명된 이후 여러 해 동안 서명을 증명해야 할 필요가 있다. 따라서 암호의 안전성과 비교하여 서명기법에서 안전성은 더 높아야 하며 중요하다.

디지털 서명 표준(DSS : Digital Signature Standard)은 엘가말 서명을 개량한 방식으로, 1991년 8월에 처음 제안되어 미국의 디지털 서명 표준으로 1994년 1월에 채택되었다. DSS는 엘가말 디지털 서명 방식과 유사하지만 서명과 검증에 소요되는 계산량을 획기적으로 줄인 방식이다.

DSS는, 엘가말 서명에서 사용하였던 $Z_p^*$의 원시근 대신, $q \mid p-1$ 인 소수 $q$를 위수로 갖는, 즉 $g^q \equiv 1 \bmod p$를 만족하는 원소 $g$를 사용한다. $g$는 $Z_p^*$의 원시근 $h$라고 할 때 $g = h^{(p-1)/q} \bmod q$를 계산하면 얻을 수 있다. 예를 들어 $Z_7^*$의 원시근을 3으로 택하고 $q = 3$이라고 하면, $g = 3^{6/2} = 2$이고 $2^3 \equiv 1$이다. 이때 $q$의 크기가 160 비트 정도이면 디

지털 서명의 안전성이 보장된다고 설명하고 있다. $p$ 의 크기는 512 또는 1024 를 사용한다.

디지털 서명 표준도 이산대수 문제를 기반으로 구성된다. 디지털 서명 표준의 구성은 그림6.5 와 같다.

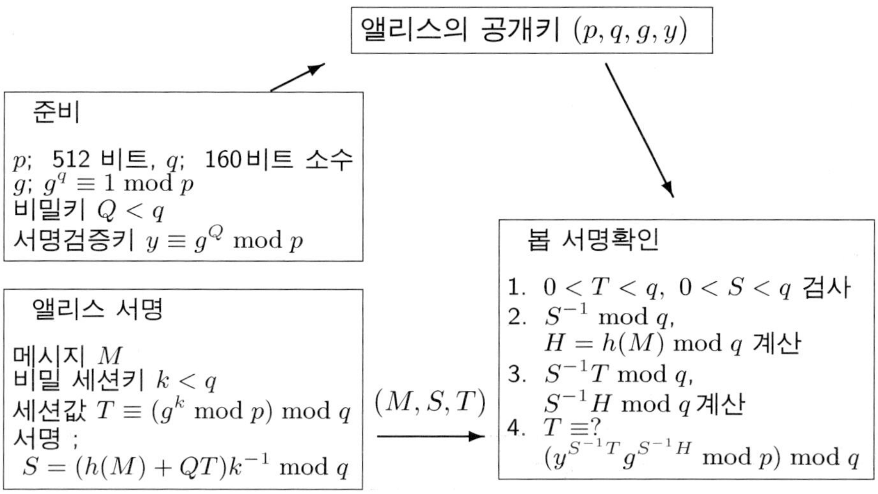


그림 6.5: 디지털 서명 표준 (DSS)

서명 과정에서 중간값 $T \equiv g^k \bmod p \bmod q$ 는 $T$ 값이 검증 과정에서 지수에 적용되므로 $q$ 를 법으로 연산을 한다. 서명 $S \equiv (H+QT)k^{-1} \bmod q$ 도 검증 과정의 지수에 적용되므로 $q$ 를 법으로 연산을 하게 된다. 따라서 $T$ 와 $S$ 의 크기는 160 비트 정도의 크기가 되므로 엘가말 디지털 서명 방식보다 서명과 검증에 소요되는 연산양이 현저하게 줄어든다.

여기에서 $H$ 는 메시지 데이터 $M$ 의 적당한 해쉬값$H = h(M)$ 을 의미하며, DSS 표준에는 해시함수 (특히 SHA-1) 를 사용하도록 되어 있다. 해시함수에 관하여는 다은 절에서 설명한다. 지금은 일단 $M$ 을 적절하게 축약한 비트열 정도로 이해하고 넘어가자.

준비 과정

순서 1. 서명자는 $q \mid p-1$ 인 소수 $p, q$ 를 정한 다음, $Z_p$ 의 원시근 $h$ 으로 $g = h^{(p-1)/q}$ 를 계산한다. 그리고 비밀 서명키 $Q$ 를 임의로 정하여 공개 검증키 $y \equiv g^Q \bmod p$ 를 계산한 후 공개 목록에 $(p, q, g, y)$ 를 공개

한다.

서명 과정

순서 2. 서명자는 적당한 수 $k$ $(0 < k < q)$를 선택하여 중간값 $T \equiv (g^k \bmod p) \bmod q$ 를 계산한다.
순서 3. 서명자는 서명문 $M$의 해쉬값 $H = h(M)$을 계산하고, 다시 서명 $S \equiv (H + QT)k^{-1} \bmod q$를 계산하여 $(M, S, T)$를 검증자에게 전송한다. $k^{-1}$는 $k$의 mod$q$에 대한 역원을 의미한다.

검증 과정

순서 4. 검증자는 $(M, S, T)$를 받아서, 우선 $0 < T < q$, $0 < S < q$가 성립하는지를 검사하여 아니면 서명으로 인정하지 않는다.
순서 5. 위 식이 성립하면 $S^{-1} \bmod q$와 $H = h(M)$을 계산한 다음, $S^{-1}H \bmod q$와 $S^{-1}T \bmod q$를 계산하여 놓는다.
순서 6. 공개키 목록에서 서명자의 공개 검증키 $y$로 $T = (y^{S^{-1}T} g^{S^{-1}H}$ mod$p) \bmod q$가 성립하는지 검사하여 서명을 검증한다.

서명확인에 쓰이는 수학적 계산은 다음과 같다:
$S \equiv (H + QT)k^{-1} \bmod q$에서 $k \equiv S^{-1}(H + QT) = S^{-1}H + S^{-1}QT$ mod$q$이다. 따라서

$$g^k \equiv g^{S^{-1}H} g^{S^{-1}QT} \equiv g^{S^{-1}H} (g^Q)^{S^{-1}T} \equiv g^{S^{-1}H} y^{S^{-1}T} \bmod q$$

이고 $T \equiv g^k \equiv (g^{S^{-1}H} y^{S^{-1}T} \bmod p) \bmod q$ 이다.

**예 6.2** $p = 47$, $Q = 8$, $g = 14$, $q = 23$으로 디지털 서명 표준을 구성해 보자. 문서데이터는 $M = 17$이며 해시함수는 사용하지 않는다. 즉 $H = h(17) = 17$이라고 한다.

순서 *1.* 서명자는 공개 검증키 $y \equiv g^Q \bmod p$를 계산하여 공개 목록에 공개한다.

$$\begin{aligned} y &\equiv g^Q \bmod p \\ &\equiv 14^8 \bmod 47 \\ &= 7 \end{aligned}$$

순서 *2.* 서명자는 $k = 13$을 임의로 선정하여 중간값 $T \equiv g^k\ mod\ p\ mod\ q$

를 계산한다.

$$\begin{aligned} T &\equiv (g^k \bmod p) \bmod q \\ &\equiv (14^{13} \bmod 47) \bmod 23 \\ &= 21 \end{aligned}$$

순서 *3.* 서명자는 $k = 13$ 의 역수인 $k^{-1} = 16 \bmod q$ 를 계산하여, 서명값

$$\begin{aligned} S &\equiv (H + QT)k^{-1} \bmod p \\ &\equiv (17 + 8 \times 21)16 \bmod 23 \\ &= 16 \end{aligned}$$

을 만들어 문서와 함께 서명$(M, S, T) = (17, 16, 21)$ 을 검증자에게 전송한다.

순서 *4.* 수신자는 서명 $S = 16$, 서명문 $M = 17$, 중간값 $T = 21$ 을 수신하여 $T \equiv y^{S^{-1}T} g^{S^{-1}H} \bmod p \bmod q$ 의 성립 여부를 확인함으로써 서명을 검증한다.

$$\begin{aligned} (y^{S^{-1}T} g^{S^{-1}H} \bmod p) \bmod q &\equiv (7^{13\times 21} 14^{13\times 17} \bmod 47) \bmod 23 \\ &\equiv (21 \bmod 47) \bmod 23 \\ &= 21 = T \end{aligned}$$

**지수계산과 이산대수 문제** 이 책의 앞부분에서도 설명했지만 지수계산의 어려움을 이용한 RSA 서명 (또는 암호) 과 이산대수 계산의 어려움을 이용한 DSS 서명 (또는 엘가말 암호) 의 차이를 한 번 더 알아본다. $n$ 과 $a, b$ 를 알고 있을 때 $a^X \equiv b \bmod n$ 인 수 $X$ 나, $Y^a \equiv b \bmod n$ 인 수 $Y$ 를 알아내는 문제를 생각해 보자. 앞의 경우 $X$ 를 알아내는 것을 이산대수 문제 (DLP, Discrete Logarithm Problem) 라고 한다. 실수 $\mathbb{R}$ 에서라면 $X = \log_a b$ 으로 계산하면 근사값이든 참값이든 계산해낼 수 있다. 그러나 정수의 mod$p$ 연산에서 $p$ 가 150 자리 이상이고 $p = 2q + 1$($q$ 도 소수) 이면, 이론적으로 섕크-토넬리(Shank-Tonelli) 알고리즘으로 계산할 수는 있지만 실제로는 해결하기가 매우 어려운 것으로 알려져 있다. 엘가말 서명이나 DSS 를 공격하려면 알려져 있는 세션값 $T$ 와 서명 $S$ 로부터 세션키 $k$ 와 비밀키 $Q$ 를 알아내야 한다. 이는 $T \equiv g^k \bmod p$ 에서 $T$ 와 $g$ 를 알고 있을 때 $k$ 를 계산하는 이산대수 문제로 귀결된다.

다음 경우는 지수계산 문제라고 하며, RSA 암호에서 $M^e \equiv C \bmod n$ 에서 $e$ 와 $C$ 를 알더라도 $M$ 을 계산하는 것과 같다. 이산대수 문제와 마찬가지로 $n$ 이 150 자 이상인 큰 수이면 계산하기가 매우 어려우며, $n$ 을 소인수분해하는 것과 같은 정도의 계산량이 필요하다.

지수계산이나 이산대수 계산은 어려운 정도가 서로 같은 것으로 알려져 있다. 따라서 RSA 서명과 DSS의 안전성을 거의 비슷한 수준이다. 다만 서명과 검증과정의 계산 용이성, 추후 검증 가능성 등에서는 서로 다른 장단점을 가지고 있다.

## 6.4 Ong-Schnorr-Shamir

*1984*년 발표된 *OSS*는 '*87*년 폴라드, 슈노르에 의해 안전하지 않다는 것이 밝혀졌다. 메시지 은닉 기법에 유용하다.

OSS서명은 안전하지 않은 것으로 알려져 있어서 서명 알고리즘으로의 실용성은 떨어지지만, 나중에 메시지 은닉기법에서 유용하게 사용하므로 간단하게 소개한다. 서명자는 아주 큰 수 $n$을 선택한다. $n$의 소인수를 반드시 알 필요는 없고 홀수이면 충분하다. 그 다음으로 $n$과 서로 소인 $k$를 선택한다. $n$을 적당한 홀수로만 선택하였으므로, $(n, k) = 1$라는 보장이 없다. 따라서 서로 소인지 아닌지는 미리 첵크해 보는 것이 좋은데, 유크리드 알고리즘으로 간단하게 판정할 수 있다. 다시

$$h = -k^{-2} = -(k^{-1})^2 \bmod n$$

인 $h$를 계산하여, $(h, n)$을 공개키로 하고, $k$는 비밀키로 보관한다. 공개키 $(h, n)$으로부터 $k$를 알아내려면 $h$의 $\mathrm{mod}n$ 제곱근을 계산해야 한다. 이는 라빈암호에서 설명한 것처럼 어려운 것으로 알려져 있다.
문서 $M$에 서명을 하기 위해 $n$과 서로 소인 수 $r$을 다시 선택한 다음;

$$\begin{aligned} S_1 &= 2^{-1}(Mr^{-1} + r) \bmod n \\ S_2 &= k2^{-1}(Mr^{-1} - r) \bmod n \end{aligned}$$

을 계산한다. $(S_1, S_2)$가 문서 $M$에 대한 서명이다.

올바른 서명인지 아닌지 알려면 $S_1^2 + hS_2^2 \equiv M \bmod n$이 성립하는지 확인하면 된다.

1984년 처음 OSS를 발표할 때, 이들은 이 서명을 성공적으로 공격하는 사람에게 $100의 상금을 주겠다고 할 정도로 자신 있어 했었다. 그러나 1987년에 폴라드와 슈노르에 의해 안전하지 않다는 것이 밝혀졌고, 다시 3차 다항식과 4차 다항식을 이용한 알고리즘이 제시되었으나 역시 안전하지 않은 것으로 알려졌다.

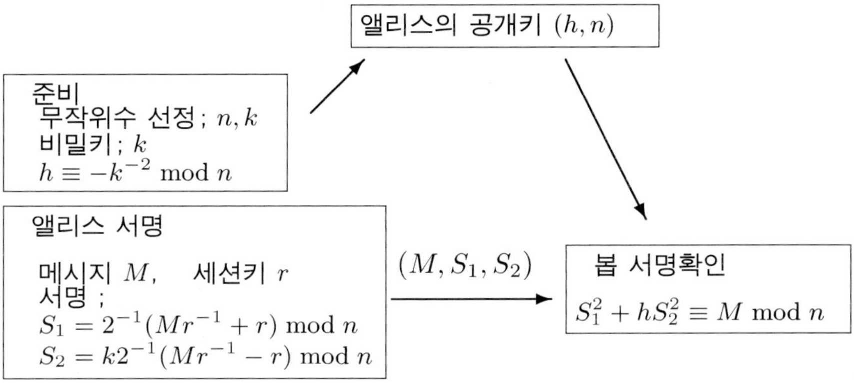


그림 6.6: *Ong-Schnorr*서명

## 6.5 ESIGN

ESIGN은, 적어도 RSA나 DSS보다는 더 안전하고 빠른 것을 목표로 하여 일본 NTT의 오카모토가 1990년에 제안하였다.

비밀키는 아주 큰 소수 $p$와 $q$이고, 공개키는 $n = p^2q$이다. 앞에서 소개한 서명과 비슷하게 ESIGN의 서명자는 보안성을 높이기 위해 세션키 $x$와 보안파라미터 $k$를 사용한다. 문서는 $M$이라고 하자.

1. 서명자는 먼저 $pq$보다 작은 수 $x$를 무작위로 선택한다.
2. 보안 파라미터 $k$를 임의로 선택한 다음, $(M - x^k \bmod n)(pq)^{-1} \leq w$인 최소정수 $w$를 구한다.
3. 서명값 $S = x + (w(kx^{k-1})^{-1} \bmod p) \times pq$를 계산하여, $S$를 문서 $M$과 함께 보낸다.
4. 서명 확인자는 $B = S^k \bmod n$를 계산하고, $n$의 비트 수의 2/3보다 큰 최소정수 $a$를 찾는다.
5. $M \leq B \leq M + 2^a$이면 정당한 서명으로 인정한다.

서명과정 2에서 다음과 같이 $u, v$를 미리 계산해 놓은 다음,

$$\begin{aligned} u &= x^k \bmod n \\ v &= (kx^{k-1})^{-1} \bmod p \end{aligned}$$

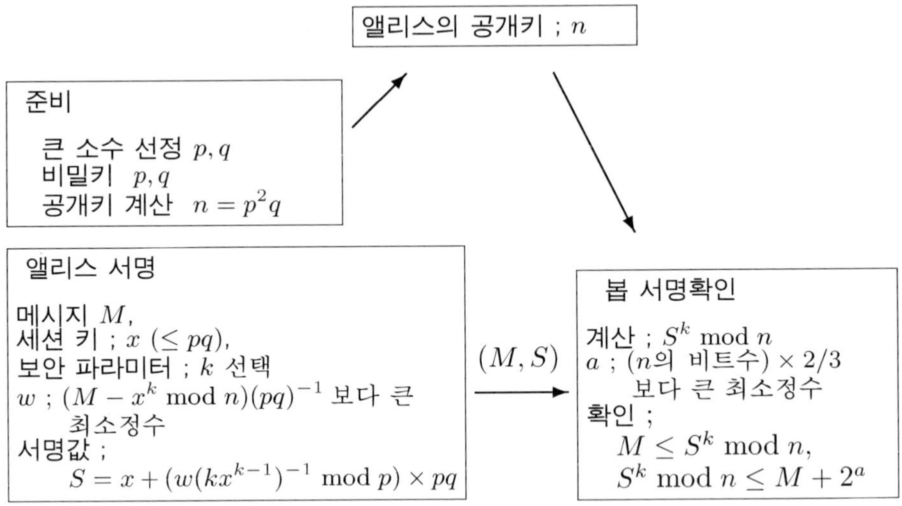


그림 6.7: *ESIGN*

서명할 필요가 있을 때마다 $u, v$ 를 불러내어,

$$\begin{aligned} w &= (M-u)/pq \text{ 보다 큰 최소정수} \\ S &= x + (wv \bmod p)pq \end{aligned}$$

만 계산하면 서명을 조금 더 빠르게 진행할 수 있다.

ESIGN의 최초 버전에서는 $k = 2$ 로 고정되어 있었는데, 곧바로 공격 가능성이 밝혀졌다. $k = 3$ 인 경우도 샤미르에 의해 공격이 가능해졌다. 그러나 $k$ 를 임의로 선택하여 서명하는 경우는 아직까지 공격방법이 알려져 있지 않다. 오카모토는 $k$ 를 8, 16, ... , 1024 가운데 하나로 정하고, $p$ 와 $q$ 는 적어도 192 비트 이상인 소수로 하여 $n$ 이 576 비트 이상이 되도록 할 것을 추천했다. 서명과정 5의 타당성 검증에 대한 수학적 계산은 생략한다. 다만 서명 프로토콜에 대학 각 나라의 개발 노력과 다양성이 존재한다는 것을 강조하기 위해 ESIGN을 소개하였다는 정도로 이해하기 바란다.

## 6.6 부인방지 서명

부인방지 서명은 1989 년 샤움(David Chaum) 과 안트베르펜(H. van Antwerpen) 이 두 가지 목적을 가지고 설계하였다. 하나는 최초의 문서 수신자 이외의 사람에게는 서명을 전파할 수 없도록 하는 것이고, 또 하나는 정당하게 서명을 소유하고 있는 사람이 서명의 유효성을 언제나 입증할 수 있도록 하는 것이다.

A 회사에서 자신있게 판매하는 소프트웨어 정품을 B 가 구입했다고 하자. 이 소프트웨어는 제품의 성능과 안전성을 보증하는 A 회사의 서명 보증서가 함께 붙어 있으며, 적절한 가격을 지불하고 구입한 구매자가 요구하면 소프트웨어를 사용할 수 있도록 인증을 해주기로 하였다. 그러나 정품을 구매하지 않고 B 의 소프트웨어를 복사하여 사용하려는 C 에게는 보증서에 책임을 지고 싶지 않을 것이다. 즉 제품과 함께 서명 보증서를 그대로 복사한다고 해도 서명이 유효하지 않게 할 수 있는 방법이 필요하다. 한편 정품을 구입하였음에도 불구하고 제품에 문제가 발생하거나 업데이트가 필요할 때 A 의 서명이 있는 보증서를 제시하면, A 가 이 제품이 정품이 아니라고 부인하면서 서비스를 거절할 수 없는 장치도 있어야 할 것이다.

부인방지 서명은 최초의 문서 수신자 이외의 사람에게는 서명을 전파할 수 없게 하고, 정당하게 서명을 소유한 사람이 서명의 유효성을 언제나 입증할 수 있게 한다.

아직은 디지털 서명을 사용하는 경우가 드물지만, 개인간의 채무 계약에도 부인방지 서명을 사용할 수 있다. A 가 B 로부터 돈을 빌리기로 하고 계약서에 서명을 하여 B 에게 전송하였다. B 는 돈을 송금하기 전에 계약서에 있는 A 의 서명을 확인하고 유효화하는 절차가 필요하다. 물론 A 는 실제로 돈을 송금해주는 B 가 가지고 있는 계약서의 서명만 유효한 것으로 하고 싶다. 또한 계약기간이 만료되었음에도 불구하고 A 가 자신의 서명을 부인하며 채무상환을 거절할 경우, B 는 법률적으로 보호받기를 원한다. 이 같은 상황에서 양 쪽의 요구를 모두 충족시킬 수 있는 서명 시스템이 부인방지 서명이다. 아이디어는 비교적 간단하다;

1. A 가 B 에게 일단 서명값을 보낸다. 이 서명은 아직 유효한 것이 아니다.
2. B 는 무작위수를 하나 선택하여 A 에게 보낸다. 이 무작위수는 나중에 A 가 부인할 경우를 대비하여 보관해 둔다.
3. A 는 이 무작위수와 A 의 비밀키를 이용하여 어떤 값을 계산하여 B 에게 보낸다.
4. B 는 이 값을 사용하여 서명의 유효화한다.

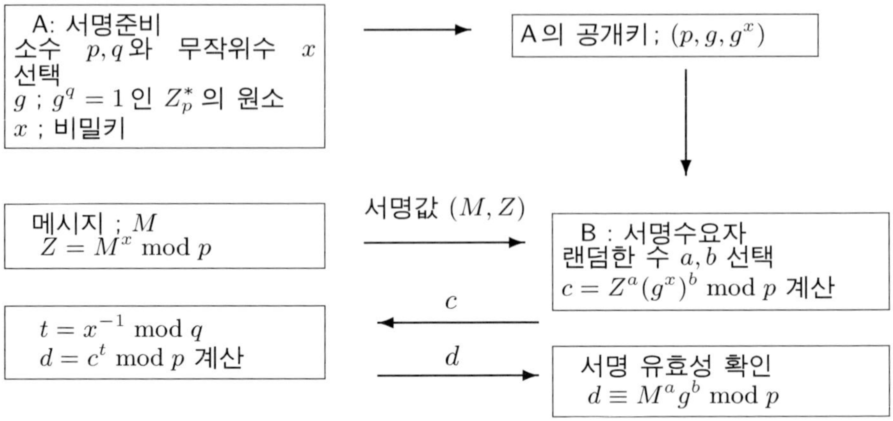


그림 6.8: 부인방지 서명

부인방지 서명은 서명자 A 가 동의하여 도와주어야만 서명을 유효화할 수 있는 알고리즘이다. 소프트웨어 판매와 같은 경우, 정품구입 영수증이나 라벨에 있는 일련번호 등을 제시할 경우에만 서명을 확인하고 서비스를 제공하는 방식을 쓴다. 채무계약의 경우는 우선 계약서의 서명을 검증한 후에 금전을 거래한다. A 가 서명확인을 거절하면 거래가 이루어지지 않는다. 만약 분쟁이 발생하면 공신력있는 기관(위원회나 법원)에 의뢰하여 서명확인 과정을 재현한다. A 가 서명을 부인하면서도 확인과정의 재현을 거절하면 A 가 정직하지 않은 것이다. 구체적인 서명 알고리즘은 다음과 같다.

- 준비 : $p = 2q + 1$ 인 큰 소수 $p, q$ 와 $Z_p^*$ 에서 위수가 $q$ 인 수 $g$ 를 선택한다. 그리고 임의의 수 $x$ 를 택하여 $(p, g, g^x)$ 는 공개키로, $x$ 는 비밀키로 한다.
- 서명 :
  1. 메시지 $M$ 에 $M^x \equiv Z \bmod p$ 를 계산하여 B 에게 보낸다.
  2. B 는 무작위로 $a, b$ 를 선택한 후 $c = Z^a (g^x)^b \bmod p$ 를 계산하여 $c$ 를 A 에게 보낸다.
  3. A 는 $t = x^{-1} \bmod q$ 를 계산한 다음 $d = c^t \bmod p$ 를 다시 B 에게 보낸다.
- 검증 : B 는 $d \equiv M^a g^b \bmod p$ 인지 확인하여 서명의 유효성을 검증한다.

**예 6.3** $p = 467, q = 233, g = 4$ 이다. $A$가 서명 비밀키를 $x = 101$ 로 정했다면, 서명 공개키는 $(p, g, g^x) = (467, 4, 449)$ 이다. 그리고 메시지 $M = 119$ 에 서명한 값은 $Z = 119^{101} \equiv 129 \bmod 467$ 이다. 이제 $B$가 $A$로부터 메시지와 서명값 $(M, Z) = (119, 129)$ 를 받고 서명을 확인하려고 한다.

1. $B$는 우선 두개의 숫자 $(a, b) = (38, 397)$ 을 선택한 다음, $13 = Z^{38}(g^x)^{397}$ mod467 를 계산하여 $c = 13$ 를 $A$에게 보낸다.
2. $A$는 $9 = 13^{aa} \bmod 467$ 을 계산하여, $d = 9$ 를 $B$에게 보낸다.
3. $B$는 $119^{38}4^{397} \equiv 9 \bmod 467$ 인지 확인한다.

가끔 B가 잘못된 서명 $(M, Z')$ 을 가지고 있음에도 불구하고, 위와 같은 서명확인 프로토콜이 성공적으로 수행될 가능성도 있다. 그러나 그 확률은, 여기서 증명하지는 않지만, $1/q$ 이하인 것으로 알려져 있다. $q$가 아주 큰 소수라면 이 확률은 거의 0 이라고 해도 괜찮다.

부인방지 서명 프로토콜은 가짜서명 입증 프로토콜로도 사용할 수 있다.

C가 서명 $(M, Z)$ 를 가지고 A에게 서명확인을 요구하여 정상적으로 프로토콜을 수행하였음에도 불구하고 이상한 결과( $d \neq M^a g^b \bmod p$) 가 나왔다고 가정해 보자. 둘 중에 하나는 부정한 사람일 것이다. 서명확인자 C가 가짜 서명을 가지고 있거나, 서명배포자 A가 서명확인을 해주고 싶지 않아서 $d = c^t \bmod p$ 를 가짜로 계산해 주었을 것이다.
이때는 다음과 같이 서명확인 절차를 두 번 반복해서 수행하면 책임이 누구에게 있는지 확인할 수 있다.

1. C가 일단 무작위로 $a, b$ 를 선택한 후 $c = Z^a(g^x)^b \bmod p$ 를 계산하여 $c$를 A에게 보낸다.
2. A는 $t = x^{-1} \bmod q$ 를 계산한 다음 $d = c^t \bmod p$ 를 다시 C에게 보낸다.
3. C는 $d \neq M^a g^b \bmod p$ 임을 보이면서 A가 서명확인을 불성실하게 또는 $d$를 고의적으로 틀리게 제공했다고 주장한다.

A는 C에게 한번 더 서명확인을 하자고 요구한다.

4. C가 다시 무작위로 $e, f$ 를 선택한 후 $c' = Z^e(g^x)^f \bmod p$ 를 계산하여 $c'$ 를 A에게 보낸다.
5. A는 $t = x^{-1} \bmod q$ 로 $d' = c'^t \bmod p$ 를 계산하여 다시 C에게 보낸다.

6. 이번에도 C는 $d' \neq M^e g^f \bmod p$ 라고 하며 다시 A에게 책임이 있다고 주장한다.

자, 과연 누가 옳은 것인가? 이제는 객관적인 판단이 필요하다. A, B 두 사람은 법원 또는 위원회에 자신의 계산 결과를 제출한다.

7. $(dg^{-b})^e \equiv (d'g^{-f})^a \bmod p$ 이면 A가 옳다. 즉, C가 가짜 서명 $Z$로 부당한 요구를 하고 있는 것이다. 그러나,
8. $(dg^{-b})^e \neq (d'g^{-f})^a \bmod p$ 이면 C가 옳다. 즉, A가 부도덕하여 $d, d'$를 엉터리로 보낸 것이다.

판정을 내리는 근거는 다음과 같은 두 개의 수학적 정리에 의한 것이다. 이 책에서는 증명을 생략한다. 수학적 증명이 필요한 독자는 D. R. Stinson이 쓴 'Cryptography'를 참고하기 바란다.

> 정리 ***6.1 (A)***
> $Z \neq M^x \bmod p$ 인 상태에서, $A$와 $C$가 정확하게 프로토콜을 수행했다면, 항상 $(dg^{-b})^e \equiv (d'g^{-f})^a \bmod p$ 이다.

> 정리 ***6.2 (B)***
> $Z \equiv M^x \bmod p$ 인 상태에서, $A$와 $C$가 정확하게 프로토콜을 수행했고, $d \neq M^a g^b \bmod p$ 이고 $d' \neq M^e g^f \bmod p$ 이라면, 거의 항상 $(dg^{-b})^e \neq (d'g^{-f})^a \bmod p$ 이다.

거의 항상 $(dg^{-b})^e \neq (d'g^{-f})^a \bmod p$ 이라는 것은, $(dg^{-b})^e \equiv (d'g^{-f})^a \bmod p$ 일 확률이 $1/q$ 이하라는 의미이다. $1/q$은 $q$가 매우 큰 수(예를 들어 $10^{60}$ 이상)라면 0과 마찬가지이다. 엄밀하지는 않지만 이해를 쉽게 하기 위해 정리 6.2를 다음과 같이 다시 쓰자.

> 정리 ***6.3 (B')***
> $Z \equiv M^x \bmod p$ 이고 $A$와 $C$가 정확하게 프로토콜을 수행했음에도 불구하고, $d \neq M^a g^b \bmod p$ 이고 $d' \neq M^e g^f \bmod p$ 라면, $(dg^{-b})^e \neq (d'g^{-f})^a \bmod p$ 이다.

그러면 이 두 정리로 누가 거짓 주장을 하는지 어떻게 판단할 수 있는가?

먼저 감독관은 A와 C 모두가 프로토콜을 성실히 수행하였는지 검토한다. 즉 프로토콜 과정에서 A가 정확하게 $d$와 $d'$를 계산해 주었는지, 그리고 C도 서명확인을 성실하게 하였는지 확인한다. 이 과정에서 양측 모두 정확하게 계산한 것으로 밝혀졌다고 가정하자. 그러면 이번에는 $(dg^{-b})^e \equiv (d'g^{-f})^a \bmod p$ 가 성립하는지 살펴본다.

만약 $(dg^{-b})^e \neq (d'g^{-f})^a \bmod p$ 이면, 정리6.1(A)에 의해 $Z \equiv M^x \bmod p$ 이거나 A나 C가 프로토콜 계산을 잘못한 것이어야 한다. 계산은 이미 확인하였으므로 이 경우는 A가 올바른 서명을 제공하였고 서명 유효화 과정도 성실하게 수행하였다고 판단할 수 있다. 반대로 $(dg^{-b})^e \equiv (d'g^{-f})^a \bmod p$ 이면, 정리 6.3(B')에 의해, $Z \neq M^x \bmod p$ 이어야 한다. 즉, 이 경우는 C가 유효화 과정을 거치지 않은 잘못된 서명을 가지고 억지를 부리고 있는 것이다.

## 6.7 실패-중단 서명

실패중단 서명은, 매우 강력한 컴퓨터 장비를 가진 공격자가 서명을 위조할 가능성을 없애기 위해 고안되었다. 지금까지 소개한 서명 프로토콜들은 서명을 받은 사람이 서명의 정당성을 검사하거나(RSA, DSS), 잘못된 서명일 경우 서명한 사람이 이것을 입증하는 방법(부인방지 서명)이었다. 그러나 Mr.X와 같이 강력한 계산 능력을 가진 사람이 악의적으로 메시지를 작성하고 서명자로 위장하여 서명까지 할 가능성은 언제든지 있다. 헤이스트(van Heyst)와 페더슨(Pederson)이 생각해낸 실패중단 서명방법을 이용하면, 이 경우도 서명이 훼손되었음을 입증할 수 있다. 프로토콜은 다음과 같다.

1. 준비(인증기관) : 실패-중단 서명을 하려는 서명자 A의 요청을 받은 인증기관은, 큰 소수 $p, q (p = 2q + 1)$와 위수가 $q$인 $Z_p^*$의 원소 $\alpha$를 선택하고, $1 \leq a_0 \leq q - 1$ 인 $a_0$를 선택하여 $\beta = \alpha^{a_0} \bmod p$를 계산한 다음, $(p, q, \alpha, \beta)$을 A에게 제공한다.

   이때 $a_0$는 서명훼손이 의심되는 경우 확인에 필요한 값으로 인증기관만 알고 있을 뿐 서명자 A에게도 알려주지 않는다.
2. 준비(서명자 A) : $q$보다 작은 정수 $a_1, a_2, b_1, b_2$를 선택하여 A의 서

명 비밀키로 하고,

$$\begin{aligned}\gamma_1 &\equiv \alpha^{a_1}\beta^{a_2} \bmod p\\ \gamma_2 &\equiv \alpha^{b_1}\beta^{b_2} \bmod p\end{aligned}$$

를 계산하여 $\gamma_1, \gamma_2$ 를 서명확인키로 공개한다.

3. **A의 서명** : 메시지를 $M$ 이라고 하자. 서명 $(y_1, y_2)$ 는 다음과 같이 계산한다.

$$\begin{aligned}y_1 &\equiv a_1 + Mb_1 \bmod q\\ y_2 &\equiv a_2 + Mb_2 \bmod q \qquad (6.1)\end{aligned}$$

4. **서명 확인** : 문서와 서명을 받은 B는 A의 서명 공개키 $(\gamma_1, \gamma_2)$ 를 가져와, $\gamma_1(\gamma_2^M) \equiv \alpha^{y_1}\beta^{y_2} \bmod p$ 가 성립하는지를 계산하여, 서명을 확인한다.

$(y_1, y_2)$ 가 정당한 서명이라면, 위의 합동식 (6.1) 과 $\alpha$ 의 위수가 $q$ $(\alpha^q \equiv 1 \bmod p)$ 이고 $\beta = \alpha^{a_0}$ 인 것으로부터

$$\begin{aligned}\gamma_1(\gamma_2^M) &\equiv \alpha^{a_1}\beta^{a_2}(\alpha^{b_1}\beta^{b_2})^M \bmod p = \alpha^{a_1+Mb_1}\beta^{a_2+Mb_2}\\ &= \alpha^{qk+y_1}\beta^{ql+y_2} = (\alpha^q)^k\alpha^{y_1}(\beta^q)^l\beta^{y_2}\\ &\equiv \alpha^{y_1}\beta^{y_2} \bmod p\end{aligned}$$

이 성립함을 알 수 있다.

지금부터 이 프로토콜이 왜 안전하며 서명훼손을 방지할 수 있는지 살펴보자.

염탐꾼 Mr.X는 서명에 필요한 키 $K = (\gamma_1, \gamma_2, a_1, a_2, b_1, b_2)$ 에서, 이미 공개되어 있는 $(\gamma_1, \gamma_2)$ 는 어쩔 수 없이 건드리지 못하고, B의 비밀키인 $(a_1, a_2, b_1, b_2)$ 를 위조하고 싶을 것이다. $\gamma_1 \equiv \alpha^{a_1'}\beta^{a_2'} \bmod p$ 이고, $\gamma_2 \equiv \alpha^{b_1'}\beta^{b_2'} \bmod p$ 인 가짜 비밀키 $(a_1', a_2', b_1', b_2')$ 는 얼마나 있을까?

**보조정리 *6.4***
서명자 $B$가 서명키 $K = (\gamma_1, \gamma_2, a_1, a_2, b_1, b_2)$ 를 선택하여 서명값 $y = sig_K(M)$ 를 계산한 후 서명으로 사용했다면, 같은 서명값 $y$ 을 만들어내는 키 $K' = (\gamma_1, \gamma_2, a_1', a_2', b_1', b_2')$ 는, $K$ 를 포함해서, 정확히 $q$ 개가 존재한다.

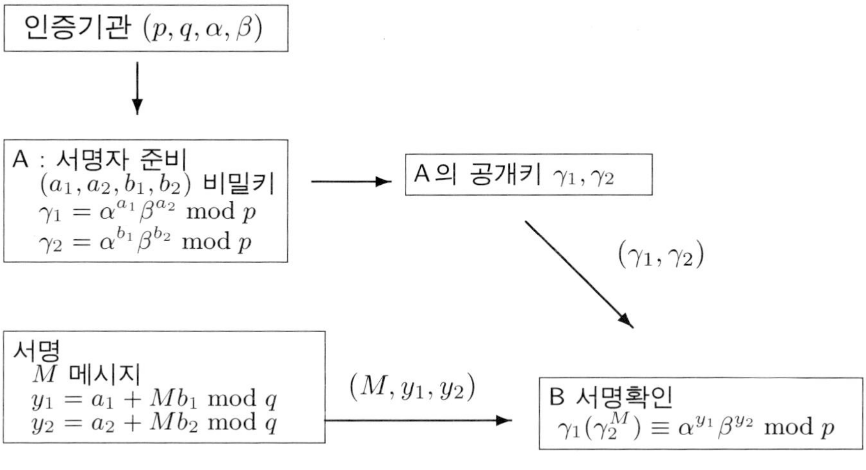


그림 6.9: 실패-중단 서명

우선 모두 $q$ 보다 작은 양수이므로 숫자 4 개를 선택할 수 있는 방법은 $q^4$ 종류이지만, $a_1', b_1'$ 이 정해지면 $\gamma_1, \gamma_2$ 를 만들어낼 수 있는 $a_2', b_2'$ 는 자동적으로 결정된다. 따라서 서명 공개키를 만드는 $(a_1, a_2, b_1, b_2)$ 는 $q^2$ 종류만 있다. 그 가운데, 문서 $M$ 에 대하여 같은 서명값 $(y_1, y_2)$ 를 만들어내야 하니까, 합동식 (6.1) 에 의해 가짜 비밀키는 많아야 $q$ 종류가 존재한다. 정확히 $q$ 개가 존재하려면, 적어도 $q$ 개 이상이라는 것도 증명해야 하는데 이는 선형대수학적 지식을 사용해야 하므로 더 이상은 설명하지 않겠다.

아뭏든 보조정리에 의하면, 서명문서 $(M, y)$ 로부터 A의 서명키 $K$ 를 알아낼 수 있는 가능성은 $1/q$ 이다. 물론 이 값은, $q$ 가 아주 큰 수라면 0 에 가까운 수이기는 하지만 0 은 아니다. Mr.X 가 막강한 계산능력을 가진 컴퓨터를 활용하여 $(y_1, y_2) = sig_{K'}(M)$ 인 가짜 서명키 $K'$ 를 찾아내었다고 하자. 불순한 의도를 가진 Mr.X는 자신이 원하는 이상한 문서 $M'$ 에 $K'$ 을 써서 서명값 $y'$ 를 계산한 다음, 앞으로 이 문서 $M'$ 는 A 가 서명한 것이니 책임지라고 할 수 있는 능력이 생겼다. 그러나 A 도 자신의 서명키 $K$ 를 제시하고 $y = sig_K(M)$ 임을 보이면서, $M'$ 에 A 자신이 서명했다면 $sig_K(M') = y'' \neq y'$ 이어야 한다고 주장할 것이다. Mr.X는 $y = sig_{K'}(M)$ 임을 보이면서 원래부터 A 가 $K'$ 로 서명을 했으니까 $M'$ 에 대한 정당한 서명은 $sig_{K'}(M') = y'$ 이어야 한다고 계속 주장한다.

| | 문서 $M$, $M'$ 에 대한 서명 | 주 장 |
|---|---|---|
| $A$ | $(M, K, y)$, $(M', K, y')$ | $y' \neq y''$ 이므로 $K$ 가 정당한 서명키 |
| $Mr.X$ | $(M, K', y)$, $(M', K', y'')$ | $K \neq K'$ 이지만 같은 서명 $y$ 를 만들어 내니까 $K'$ 도 정당한 서명키 |

하지만 다음 보조정리와 정리에 의하면, Mr.X 가 이러한 주장을 하려면 A 의 $K$ 를 정확하게 알아내는 것 이외에는 방법이 없다. 그 가능성은 앞에서 말한 것처럼 $1/q$ 로 매우 작은 값이며, Mr.X 의 계산능력과는 무관하게 확률적으로 맞추어야 한다.

> 보조정리 ***6.5***
> 정당한 서명자 $A$가 서로 다른 문서 $M, M'$ 에 같은 키 $K$ 로 서명하여 서명값 $y, y'$ 를 얻었다고 하자. $Mr.X$가 서로 다른 문서 $M, M'$ 에 키 $K'$ 로 서명하여 $A$와 같은 서명값 $y, y'$ 를 얻으려면 $K = K'$ 이어야 한다.

> 정리 ***6.6***
> $y = sig_K(M)$ 이고 $M' \neq M$ 일때 유효한 가짜 서명 $sig_K(M')$ 를 계산하려면, $K$ 를 정확하게 알아맞추어야 하고, 그 가능성은 $1/q \approx 0$ 이다.

Mr.X 가 정당한 $K$ 를 알아낼 가능성은 거의 없지만, 서명 유효성 검증을 통과할 수 있는 가짜 서명 $y'' = (y''_1, y''_2)$ 를 만들어 낼 가능성은 작지만 여전히 있다. 즉, Mr.X 가 성능 좋은 컴퓨터로 $\gamma_1(\gamma_2)^{M'} \equiv \alpha^{y''_1}\beta^{y''_2} \bmod p$ 인 $y'' = (y''_1, y''_2)$ 를 찾아낼 수도 있다.

이 경우 서명훼손을 입증할 수 있는 중요한 단서는 인증기관에서 보관하고 있던 $a_0$ 이다. A 는 우선 자신의 서명키 $K$ 로 $y' = sig_K(M')$ 를 계산한다. A 는 다음 정리에 의해 $a_0$ 를 계산할 수 있다.

> 정리 ***6.7***
> $\gamma_1(\gamma_2)^{M'} \equiv \alpha^{y''_1}\beta^{y''_2} \bmod p$ 이고, $\gamma_1(\gamma_2)^{M'} \equiv \alpha^{y'_1}\beta^{y'_2} \bmod p$ 이면, $a_0 = log_\alpha\beta = (y''_1 - y'_1)(y'_2 - y''_2)^{-1} \bmod p$ 이다.

$a_0 = log_\alpha \beta$ 는 이산대수문제로 누구라도 쉽게 계산할 수 없다. 그러나 서명검증을 통과한 서명이 $y', y''$ 로 두 개 있으면, 정리6.7 에 의해 간단하게 계산할 수 있다. Mr.X 덕분에 A 도 $a_0$ 값을 알게 되었다.

실패-중단 서명 프로토콜은 문서 하나에 서명키를 한번만 사용해야 한다. 다른 문서에 같은 키를 중복하여 사용하면 공격자가 키를 쉽게 계산할 수 있다. 우선 공격자 Mr.X 는 $(M, y)$ 에서 $y = sig_K(M)$ 인 키를 $q$ 개 찾아낸다. 다시 위의 보조정리에 따라 $(M', y')$ 에서 $y' = sig_K(M')$ 인 키도 $q$ 개 찾아낸다. $K$ 는 하나뿐이므로, 계산능력만 있다면 두 집합의 공통부분에서 $K$ 를 알아낼 수 있다.

**예 6.4 (서명훼손 입증)** $p = 2 \times 1733 + 1 = 3467$, $\alpha = 4(\alpha^{1733} \equiv 1 \bmod 3467)$, $a_0 = 1567$ 라고 하면, $\beta = 4^{1567} \bmod 3467 = 514$ 이다. $B$는 서명 비밀키로 $(a_1, a_2, b_1, b_2) = (888, 1024, 786, 999)$ 를 선택한 다음

$$\begin{aligned} \gamma_1 &= 4^{888} 514^{1024} \bmod 3467 = 3405 \\ \gamma_2 &= 4^{786} 514^{999} \bmod 3467 = 2281 \end{aligned}$$

을 계산하여 서명키로 사용한다.

그런데 $Mr.X$가 이상한 서명문서 $(M, y_1, y_2) = (3383, 822, 55)$ 를 주장하였다. 이 서명은 유효성검증 계산을 통과할 수 있는 것이다;

$$\begin{aligned} 3405 \times 2281^{3383} &\equiv 2282 \bmod 3467 \\ 4^{822} 514^{55} &\equiv 2282 \bmod 3467 \end{aligned}$$

$A$는 자신의 서명키 $K = (3405, 2281, 888, 1024, 786, 999)$ 로 문서 *3383*의 서명값 $(1504, 1291)$ 를 계산한 다음,

$$a_0 = (822 - 1504)(1291 - 55)^{-1} \bmod 1733 = 1567$$

을 제시하여 $(3383, 822, 55)$ 가 가짜임을 입증할 수 있다.

## 6.8 확인자지정 서명

프로그램을 판매한 서명자 A 가 부인방지 서명방법을 사용했을 경우, 일일이 서명을 확인해주다가 자칫 다른 업무는 보지도 못하고 시간을 다 보낼수도 있다. 이럴 때 A 가 서명을 하였지만, A 의 서명을 확인해주는 대리인 C 가 있으면 편리할 것이다. 또는 서명자 A 가 출장, 퇴직, 사망

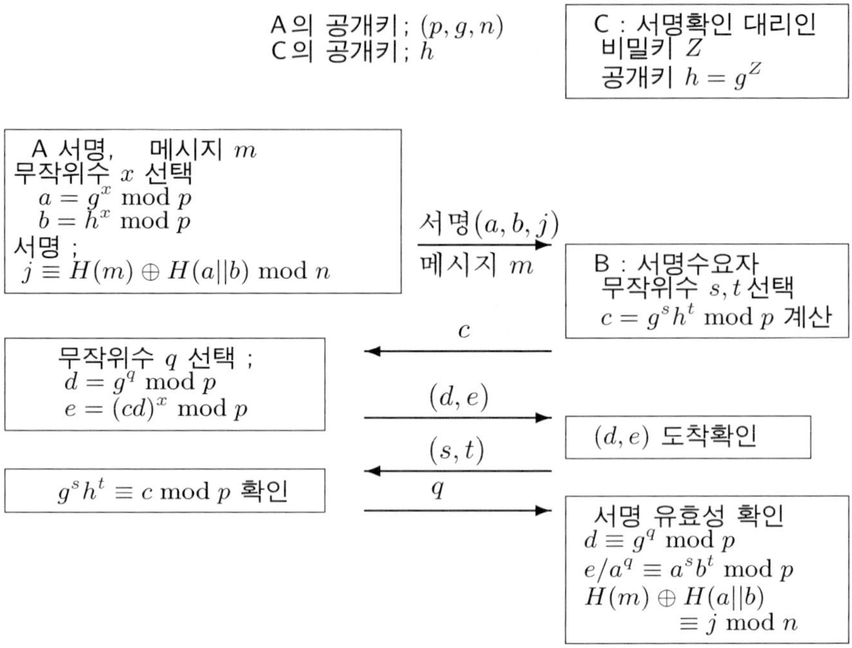


그림 6.10: 확인자지정 서명 프로토콜(A 확인)

등과 같은 뜻하지 않은 상황으로 서명확인을 하기 어려운 경우도 있다. 그리고 A가 부도덕하여 서명확인을 거부하는 상황을 방지하기 위해 공증 대리인으로서 C가 서명을 대신 확인하는 시스템으로도 활용할 수도 있다.

확인자지정 서명의 또 다른 특징은 대리인 C가 사전에 동의를 하여 공개한 C의 공개키만으로도 프로토콜을 진행할 수가 있다는 점이다. 즉, A가 서명확인 대리인을 지정하는 시점에서 C가 프로토콜의 진행에 개입할 필요가 없다. A는 서명자이고 B는 서명수요자, C는 A의 서명확인 대리인이다. 우선 A와 B사이의 서명과 확인절차를 소개한다.

1. A의 서명준비 : 큰 $g$는 소수 $p$의 원시근, $n$은 큰 소수의 곱
2. C의 준비 : 비밀키 $Z$, 공개키 $h \equiv g^z \bmod p$
3. B가 확인할 수 있는 A의 서명과정
   a) A는 무작위수 $x$를 선택하고, C의 공개키 $h$를 가져와서 $a = g^x \bmod p$와 $b \equiv h^x \bmod p$를 계산한다.

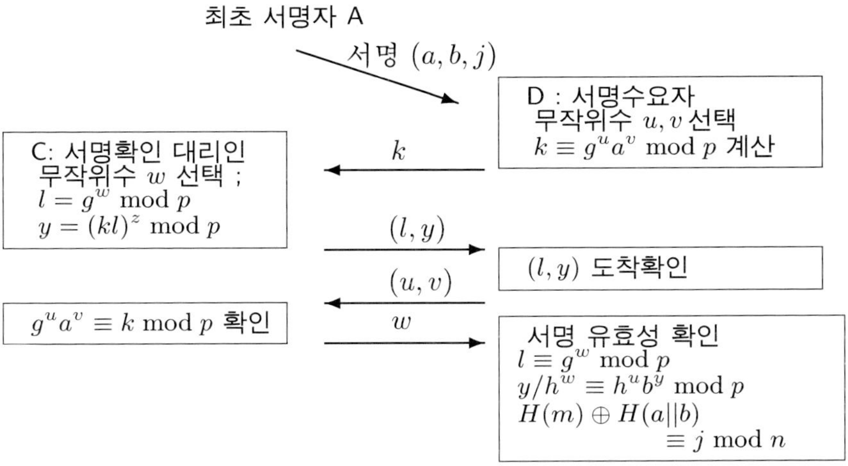


그림 6.11: 확인자지정 서명 프로토콜 (대리인 $C$ 확인)

b) 적절한 해시함수 $H$ 로 $j \equiv H(m) \oplus H(a||b) \bmod n$ 을 계산하여 $(a,b,j)$ 를 B 에게 보낸다.
c) B 는 $p$ 보다 작은 무작위 수 $s,t$ 를 선택하여 $c = g^s h^t \bmod p$ 를 A 에게 보낸다.
d) A 는 무작위수 $q$ 를 선택하여 $d = g^q \bmod p$ 와 $e \equiv (cd)^x \bmod p$ 를 B 에게 보낸다.
e) B 는 A 에게 $s,t$ 를 보낸다.
f) A 는 $g^s h^t \equiv c \bmod p$ 가 성립하는지 확인한 다음 B 에게 $q$ 를 알려준다.
g) B 는 $d \equiv g^q \bmod p$, $e(a^{-1})^q \equiv a^s b^t \bmod p$ 와 $H(m) \oplus H(a||b) \equiv j \bmod n$ 을 계산하여 서명의 유효성을 확인한다.

b) 와 g) 의 $H(m) \oplus H(a||b) \equiv j \bmod n$ 은 메시지 $m$ 과 서명값 $a,b$ 를 서로 묶어주는 역할을 한다. 이제 다른 서명수요자 D 가 대리인 C 로부터 어떻게 서명을 확인받는지 살펴보자.

1. 우선 D 는 무작위수 $u,v$ 를 선택하고, $k \equiv g^u a^v \bmod p$ 를 계산하여 C 에게 $k$ 를 보낸다.
2. C 도 역시 무작위수 $w$ 를 선택하고, $l = g^w \bmod p$, $y = (kl)^z \bmod p$ 를 계산하여 $(l,y)$ 를 D 에게 보낸다.

3. $(l, y)$ 를 받은 D는 무작위로 선택하였던 $(u, v)$ 를 C에게 보낸다.
4. C는 $g^u a^v \equiv k \bmod p$ 가 성립하는지 확인한 다음, $w$ 를 C에게 보낸다.
5. D는 $g^w \equiv l \bmod p$ 와 $y/h^w \equiv h^u b^v \bmod p$ 를 확인하여 서명 $(a, b)$ 의 유효성을 검증한다.

# 연습문제

## 6.1 RSA 서명

앨리스의 공개키 $(e, n) = (7, 51)$, 앨리스의 비밀키 $d = 23$, 문서 $M = 5$ 이다.

1. 앨리스의 서명 ; $M^{d_A} \equiv S \bmod n =$

2. 따라서 $(M, S) = (\quad , \quad )$

3. 봅의 서명 확인 ; $S^e \equiv M \bmod n$

4. 다음 질문에 대답해 보자.
   1) 앨리스의 공개키는 어디에서 알 수 있을까?

   2) 앨리스가 아닌 다른 사람이 억지로 서명했다면 어떤 일이 생기는가?

## 6.2 엘가말 서명

$Z_p = Z_{11}, g = 2$ 이다.

앨리스의 서명

1. 앨리스의 비밀키가 $Q = 5$ 이면, $y \equiv 2^Q \bmod p \equiv (\qquad)$ 이므로, 앨리스의 공개키는 $(p, g, y) = (\quad , \quad , \quad )$ 이다.

2. 서명 중간값을 위해 앨리스는 $k = (\qquad)$ 를 선택한 다음, 임시로 사용할 $T \equiv g^k \bmod 11 = (\qquad)$ 를 계산한다.

3. 서명할 문서는 $M = 7$ 이다. 서명값은 $S \equiv (M - QT)k^{-1} \equiv (\quad)$ 이다.

4. 문서 $M = 7$ 에 대한 서명값으로 앨리스는 $(M, S, T) = (\quad, \quad, \quad)$ 를 봅에게 전송한다.

봅의 검증

5. 문서와 서명으로 $(M, S, T)$ 을 받은 봅은 다음 값들을 계산하여 서로 일치하는지 확인한다.
   $y^T T^S = (\qquad)$
   $g^M = (\qquad)$

6. 다음 질문에 대답해 보자.
   1) 엘가말 서명은 이산대수문제의 어려움을 이용하였다. 이산대수문제란 무엇인가?

   2) 서명자가 적절한 수 $k$ 를 선택하는 이유와 엘가말 서명이 RSA 서명과 다른 점을 설명하라.

## 6.3 DSS

$p = 47, q = 23,\ g = 2,\ Q = 8$ 이고, 메시지 $M = 3021$ 의 해쉬값이 $H = h(M) = 20$ 이라고 하자.

1. 공개검증키 $y \equiv g^Q \bmod p$ 는 $y \equiv 2^8 \bmod 37 = (\quad)$ 이다.

2. $k = 11$ 를 임의로 선정했다면;
   중간값은 $T \equiv (g^k \bmod p) \bmod q \equiv (2^{11} \bmod 37) \bmod 23 = (\quad)$ 이다.

3. $k$ 의 역원인 $k^{-1} \bmod q$ 를 계산하면 $k^{-1} =(\quad)$이다.

4. 문서 $M$ 의 서명값 $S \equiv (H + QT)k^{-1} \bmod q = (\quad)$ 를 계산한다.

5. 문서와 서명은 $(M, S, T) = (\quad, \quad, \quad)$ 이다.

6. 서명검증;
   1) $0 < T < q, \quad 0 < S < q$ 인가?

   2) $S^{-1} \bmod q = (\quad)$ 이다.

   3) $S^{-1}H \bmod q = (\quad)$, $S^{-1}T \bmod q = (\quad)$ 이다.

   4) $y^{S^{-1}T} g^{S^{-1}H} \bmod p \bmod q \equiv T$ 가 성립하는가?

## 6.4 OSS

메시지 $M = 20$ 에 Ong-Schnorr-Shamir 서명을 한다. 먼저

1. 큰 수 $n = (\quad)$ 을 선택한다.

2. $n$ 과 서로 소인 수 $k$ 를 정한다; $k = (\quad)$.

3. $k^{-1} \bmod n = (\quad)$ 이고,

4. $h = (-k^{-1})^2 \bmod n = (\quad)$ 이다.

5. 서명자의 공개키는 $(h, n) = (\quad, \quad)$ 이고 비밀키는 $k = (\quad)$ 이다.

6. $M$ 과 서로 소인 수 $r$ =(    )을 다시 선택한 다음, 서명값

$$\begin{aligned} S_1 &\equiv 2^{-1}(Mr4^{-1}+r) \bmod n = \\ S_2 &\equiv k2^{-1}(Mr^{-1}-r) \bmod n = \end{aligned}$$

을 계산한다. 메시지와 서명은 $(M, S_1, S_2) = (\quad,\quad,\quad)$ 이다.

7. 서명 검증은 다음 두 값이 일치하는지 확인한다.

$$\begin{aligned} M &= 20 \\ S_1^2 + hS_2^2 \bmod n &\equiv \end{aligned}$$

## 6.5 Esign

1. 문서 데이터 $M = 20$ 이다. 비밀키가 $p = 13,\ q = 7$ 이면, 공개키는 $n = p^2q = (\quad)$ 이다.

2. 서명자인 앨리스는 먼저 $pq$ 보다 작은 수 $x = (\quad)$ 를 임의로 선택한다.

3. $(M - x^k \bmod n)(pq)^{-1} = (\quad)$ 보다 크거나 같은 최소정수는 $w$ =(    )이다.

4. 서명값은 $S = x + (w(kx^{k-1})^{-1} \bmod p) \times pq$ =(    )이다.

5. 서명 확인자 봅은 먼저 $s^k \bmod n$=(    )을 계산하고, $n$ 의 비트수 (    )보다 큰 최소정수 $a$=(    )를 정한다.

6. 정당한 서명인지 검증하기 위해 $M \le s^k \bmod n \le m + 2^a$ 인지 확인한다.

## 6.6 부인방지 서명

준비 :

1. 소수와 생성원 결정 ; $p = 479 = 239 \times 2 + 1, g = 3$ 로 정하면 $q$=(　)이다.

2. 비밀키를 $x = 49$ 로 설정하고 공개키를 만들기 위해 $g^x = 3^{49} \bmod 479 =$ 　를 계산한다.

3. 공개키는 $(p, g, g^x) = (\quad, \quad, \quad)$ 이고, 비밀키는 $x$ =(　)이다.

4. $t = x^{-1} \bmod q = 49^{-1} \bmod 239$ =(　)를 미리 계산해 둔다.

서명:

5. 메시지 $M$ 에 서명한다 ; $z = M^x \bmod p \equiv 100^{49} \bmod 479$ =(　).

6. 메시지와 서명값을 전송한다 ; $(M, z) = (\quad, \quad)$

등록과 서명검증

7. 등록을 원하는 봅이 무작위수 $(a, b) = (50, 88)$ 를 선정하고, 서명자에게 제품을 등록하기 위해 $c = z^a (g^x)^b \bmod p = (\quad) \bmod 479 =$ (　)를 계산하였다.

8. $c = 138$ 를 받은 서명자 A 는 $d = c^{x^{-1}} \bmod p = 138^{200} \bmod 479 =$ 305 계산하여 B 에게 보내왔다.

9. $d$ 를 받은 봅은 $M^a g^b \bmod p = 100^{50} 3^{88} \bmod 479$ 를 계산하여 $d$ 와 같은지 검사한다.

복습

10. 부인방지 서명은 어떤 경우에 사용할 수 있는지 생각해 보라.

11. 부인방지 서명에 필요한 공개키를 만드는 과정에서 일반인이 계산하기 어려운 부분을 설명하라.

12. 가짜 서명이란 서명검증 수식은 만족하지만 A 에게 검증을 요구할 수 없는 서명을 말한다. 가짜 서명으로 검증요구를 할 수 없는 이유를 생각해 보자.

## 6.7 실패중단 서명

1. 실패중단 서명에 사용할 공개키를 만드는 과정을 설명하라.

2. 서명키 와 같은 서명 값을 만들어 내는 키가 모두 몇 개인지 말하고, 서명키 가 누출될 가능성을 설명하라.

3. 유효한 서명값을 만들어 내는 것이 계산능력과 무관하다는 것이 어떤 의미인가?

4. 훼손된 서명이라는 것을 입증할 수 있는 이유를 설명하라.

## 6.8 확인자 지정 서명

1. 확인자 지정 서명을 사용할 수 있는 경우의 예를 들어보라.

2. 서명검증 대리인과 서명확인 요구자가 미리 준비해야 하는 과정을 설명하라.

MEMO

# 7 해시함수

해시함수란 임의의 긴 입력 비트를 적절하게 처리하여 짧은 비트로 출력하는 함수를 말한다.

6장에서 여러 가지 서명기법에 관하여 설명하였다. 서명을 필요로 하는 문서는 일반적으로 길다. 따라서 DSS나 그 밖의 서명기법을 이처럼 긴 문서에 그대로 적용하려면, 문서의 비트열을 적절하게 작은 조각으로 나누어 서명하여야 하는 불편함이 있다. 또한 서명을 수행하는 과정이나 인증에도 많은 시간을 소모하므로 현실적이지 못하다. 경우에 따라서는 메시지보다 서명값이 더 길어질 때도 있다. 예를 들어 DSS를 사용하면 160비트 메시지에 320비트 서명이 붙는다. 이러한 문제를 해결하는 데 필요한 개념이 해시(Hash) 함수이다. 예를 들어 320비트인 서명값을 적절한 해시함수로 줄여서 20비트로 만든다면 데이터 전송량도 상당히 줄일 수 있다. 또한 기존의 필기서명이 긴 문서의 끝 부분에 간단하게 위치하고 있다는 감각적 느낌과도 일치한다.

해시함수는 긴 입력 비트를 적절하게 처리하여 짧은 비트로 출력하는 함수이다.

컴퓨터 응용분야에서도 해시함수를 사용하고 있지만, 암호학에서 사용하는 해시함수는 메시지 서명, 메시지 인증, 메시지 무결성 등에 주로 사용한다. 특히, 해시함수는 디지털 서명과 결합되어 메시지 무결성을 제공하는데 효율적이다. 해시함수에 의해 축약된 메시지에 서명을 하면, 서명에 필요한 계산량, 메모리, 전송량이 크게 줄어든다. 예를 들어 DSS 서명의 경우 해시함수를 사용한 경우와 그러지 않은 경우를 비교해 보면 표7.1과 같다.

해시함수가 디지털 서명에 어떻게 사용되는지 알아보자. 앨리스가 밥에게 디지털 서명이 든 메시지를 보내려고 하는 경우를 생각하자. 두 사람은 모두 같은 공개키 암호 시스템을 사용하고 있다고 가정한다.

1. 앨리스는 적절한 해시함수를 이용하여 메시지 해시값을 구하고, 그 해시값을 자신의 비밀키로 암호화하여 서명을 만들어낸다.
2. 앨리스는 메시지와 서명을 밥에게 보낸다. 이때, 메시지를 외부로

| 전송메시지 50Kbyte | | |
|---|---|---|
| 해시함수 미사용 | 4800초 | 메모리 100Kbyte |
| 해시함수 사용 | 16초 | 메모리 50.5Kbyte |

표 7.1: 해시함수를 사용할 경우 서명 속도

부터 감추고 싶다면 적절한 암호시스템을 사용하면 된다. 하지만 메시지의 암호화는 디지털 서명과 별개의 문제이므로 지금은 암호화 부분은 설명하지 않겠다.

3. 밥은 메시지와 그 메시지에 첨부된 디지털 서명을 수신한 다음, 앨리스와 같은 해시함수를 사용하여 해시값을 계산한다.
4. 또한 함께 따라온 디지털 서명을 앨리스의 공개키로 복호화하여 3에서 계산한 해시값과 비교한다.
5. 두 값이 동일하다면 정당한 서명으로 받아들이고, 서로 다르면 밥은 메시지 수신을 거절한다.

또한 해시함수는 중요한 정보의 인증과 무결성을 해결하기 위한 수단으로 사용할 수 있다. 예를 들어 대부분의 컴퓨터 바이러스는 정상적인 프로그램에 불법적으로 은밀하게 삽입되어 전파된다. 따라서 컴퓨터 프로그램을 어떤 경로를 통해 다운로드하였을 경우 그 프로그램이 오염되지 않은 정상적인 제품인지 반드시 확인할 필요가 있다.

$P$를 다운 받은 프로그램이라고 하고, $h(P)$를 안전한 장소에 저장되어 있는(또는 프로그램 코드의 적당한 부분에 저장되어 있는) $P$의 해시값이라고 하자. 프로그램의 무결성을 확인하려면 프로그램 $P$의 해시값을 계산한 다음 $h(P)$와 비교하여 보면 된다. 만약 바이러스와 같은 불법적인 코드가 삽입되어 있다면 해시값은 당연히 일치하지 않게 되므로 오염을 확인할 수 있다.

물론 이런 정도로 해시함수를 사용한다고 해서 영악한 해커들을 막을 수는 없다. 데이터 값을 해시하는 좋은 함수들은 이미 알려져 있으므로, 특정한 데이터에 어떤 해시함수를 사용하였는지 어렵지 않게 알 수 있다. 따라서 해커는 메시지를 변조하고 그에 대한 해시함수 값을 다시 계산하여 덧붙이면 아무도 변조사실을 알 수 없다. 이것을 막으려면 해시함수에 적당한 암호키를 삽입할 수 있는 암호해시함수를 사용하면 된다. 실제로 MD나 SHA 계열의 해시함수는 모두 암호키를 사용할 수 있는 것

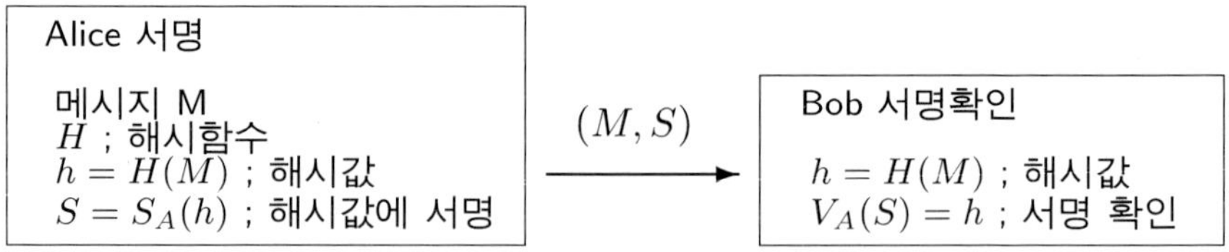


그림 7.1: 디지털 서명에서 해시함수

들이다.

## 7.1 해시함수의 정의

디지털 서명의 효율성을 높이고 중요한 정보의 무결성을 확인하기 위한 수단으로서의 해시함수는 다음과 같은 조건을 만족하고 있어야 한다.

- 임의의 입력값 $x$를 고정된 길이의 해시값($y = h(x)$)로 출력한다. 이때 출력된 해시값은 가능하면 작아야 한다.
- 해시함수값 $y = h(x)$ 로 부터 $x$를 역으로 계산하는 것이 불가능(computationally infeasible)해야 한다. 이러한 성질을 가진 해시함수를 일방향 함수라고도 한다.
- $h(x) = h(x')$ 이면서 $x \neq x'$ 인 충돌쌍 $(x, x')$ 를 찾는 것이 계산상 불가능해야 한다(충돌회피성, collision-free).
- 계산 효율이 좋아야 한다.

충돌회피성이란 충돌쌍이 존재하기는 하지만 그 쌍을 찾아내기가 매우 어려운 성질을 말한다.

해시함수는 기본적으로 긴 길이의 입력값을 짧은 길이로 출력하므로, 충돌쌍은 이론적으로 반드시 존재한다. 따라서 완벽한 충돌회피성을 갖는 해시함수는 있을 수가 없다. 여기서 말하는 충돌회피성은 충돌쌍이 존재하기는 하지만 그 쌍을 찾아내기가 매우 어렵다는 의미이다.

충돌쌍이 발견되면 디지털 서명때 송신자가 메시지 $x$를 보내고, 나중에 메시지 $x'$를 보냈다고 하는 내부 부정이 가능해진다. 즉, $h(x) = H = h(x')$일 경우 $(x, H)$와 $(x', H)$ 가운데 어느 것이 올바른 메시지와 그에 대한 서명값인지 구별할 수가 없다.

또한 메시지의 무결성을 확인할 때 실제 메시지의 변화를 확인자가 감지 할 수 없는 경우도 발생한다. 그러므로 해시함수의 안전성은 충돌쌍 발견의 어려움에 의존하게 되며, 반대로 충돌쌍을 찾는 것이 해시함수를 공격하는 첫 번째 단계이다.

| | | |
|---|---|---|
| H(0010 1010 0001) | = | 0001 |
| H(1010 1110 1101 0001) | = | 0011 |
| H(1010 1111 0101 0001 0001) | = | 0111 |
| H(0110 1110 1101 0001) | = | 1111 |
| H(0010 0001) | = | 0001 |
| H(0010) | = | 0001 |

표 7.2: 해시함수의 예

## 7.2 해시함수의 설계

메시지데이터는 당연히 일정한 길이를 가지고 있지 않다. 서로 다른 크기를 가지는 데이터들을 항상 일정한 크기로 출력해내도록 해시함수를 설계하는 것은 쉽지 않다. 이 문제를 해결하기 위하여 가장 흔하게 쓰는 방법은 압축함수를 사용하는 것이다. 압축함수는 일정한 크기인 비트열을 절반 이상 줄여서 출력하는 함수로 여러 가지가 있다. 물론 압축함수도 간단한 해시함수의 일종이지만 충돌쌍을 아주 간단하게 찾을 수 있어서 메시지의 변조를 구별하기 어려우므로 압축함수 자체를 해시함수로 사용하는 경우는 거의 없다.

### 7.2.1 메타방식의 해시함수

함수 $f$ 를, 크기가 $k+n$ 인 비트열을 입력하면 $n$ 비트로 출력해 주는 압축함수라고 하고, 길이가 아주 긴 메시지 데이터 $M$ 을 일정한 크기의 $k$ 비트 블록으로 잘라서 각각을 $M_0, M_1, M_2, \cdots M_t$ 라고 하자. 일반적으로 메시지 전체의 비트 길이가 $k$ 의 배수인 경우는 별로 없으므로 마지막 블록 $M_t$ 는 적절한 비트를 패딩하여 $k$ 비트가 되도록 조절한다.

$$h_i = f(M_i, h_{i-1})$$

을 각 블럭 $M_i$ 에 차례로 적용하여 마지막 블럭 $M_t$ 까지 계산한 값이 메시지 데이터 $M$ 에 대한 해시함수값이다. 즉,

$$H(M) = f(M_t, h_{t-1}).$$

초기값 $h_0$ 는 미리 정해져 있는데 보통은 $0000\cdots 0$ 이다.

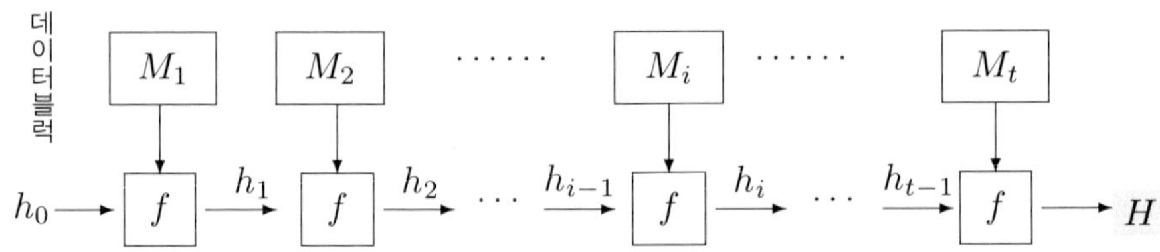


그림 7.2: 메타방식 해시함수

이러한 방법으로 해시함수를 설계하는 것을 메타(Meta)방식이라고 한다. 나중에 설명할 생일공격 이론에 의하면 메타방식 헤쉬함수는 압축함수 $f$의 성능과 안전도에 관계없이, 충돌쌍을 비교적 쉽게 찾아낼 수 있다. 충돌쌍이 있다는 것은 해시함수가 안전하지 않다는 의미이다. 따라서 메시지의 전체 길이를 나타내는 값 $b$를 비트열로 표현한 블록 $M_{t+1}$을 추가하여 이 약점을 보완한다. 즉, 메시지 $M = M_1M_2\cdots M_t$를 해시하기 전에 메시지의 길이를 나타내는 $b$를 이진 수열로 표현한 블록 $M_{t+1}$을 메시지 블록에 덧붙인다($b < 2^t$). 이러한 방식을 *MD*-강화(Merkle-Damgard Strengthening) 라고 한다.

### 7.2.2 Davies-Mayer 해시함수

일반적으로 메타방식을 사용하는 해시함수는 안전도가 그리 높지 않다. 이를 보완하기 위해 $f$ 함수 부분에 블럭암호 알고리즘을 삽입하는 다양한 설계방법이 제안되어 있다. 보편적인 방법은

- $H_0$는 초기값으로 무작위수이다.
- $H_i = E_A(B) \oplus C$ 인데, A, B, C는 $M_i$, $H_{i-1}$, $M_i \oplus H_{i-1}$ 또는 상수 0 가운데 하나이다.

A, B, C를 무엇으로 선택하느냐에 따라 상당히 많은 방법(64가지)이 있을 수 있으나 대부분 공격에 취약한 것으로 알려져 있고, 안전한 모드는 다음과 같은 네 가지 정도이다.

$$H_i = E_{H_{i-1}}(M_i) \oplus M_i,$$
$$H_i = E_{H_{i-1}}(M_i \oplus H_{i-1}) \oplus M_i \oplus H_{i-1},$$
$$H_i = E_{H_{i-1}}(M_i) \oplus H_{i-1} \oplus M_i,$$
$$H_i = E_{H_{i-1}}(M_i \oplus H_{i-1}) \oplus M_i,$$

이 네 가지 모드와 메이어 (C. Mayer) 가 1984 년에 새롭게 제안한 $H_i = E_{M_i}(H_{i-1}) \oplus H_{i-1}$ 모드를 Davies-Mayer 해시함수라고 한다. 메이어의 모드는 나중에 안전하지 않다고 알려져 1992 년 라이 (Lai) 와 마세이 (Massey) 가 수정보완하였는데, 암호 알고리즘 $E$ 를 IDEA 로 채택하였고, 메시지블럭과 해시값은 모두 64 비트이다. 개선된 메이어 모드의 특징은 다음과 같다.

- $H_0$ 는 초기값으로 미리 약속하거나 무작위로 선택한 값을 사용한다.
- 128 비트 키를 가지는 64 비트 블록 암호 알고리즘 IDEA 를 이용한다.
- 입력 메시지 $M$ 을 64 비트 블록 $M_1, M_2, \ldots, M_t$ 로 분할한다.
- $H_i = E_{(H_{i-1}, M_i)}(H_{i-1})$
- $H_{i-1}$ 은 64 비트이고, $M_i$ 도 64 비트이다.
- 최종 해시함수값은 $H_t$ 이다.

개선된 Davies-Mayer 방식은 아직까지 전수공격 이외에는 공격방법이 알려져 있지 않다.

## 7.3 전용 해시함수

전용 해시함수란 블록 암호 혹은 모듈 연산과 같은 기존의 패키지들을 이용하지 않고 해시만을 목적으로 최적화된 수행을 하도록 디자인된 해시함수이다. 이 중 MD4(message digest 4) 는 32 비트 CPU 의 소프트웨어 구현에 맞게 디자인된 전용 해시함수로서 많은 관심을 끌었으며 이후 안전성의 문제 때문에 MD5 로 새롭게 디자인되었다. 오늘날 자주 사용하고 있는 전용 해시함수들 SHA-1, RIPEMD, RIPEMD-128, RIPEMD-160, HAVAL 등은 모두 MD5 를 기초로 디자인되어 있다.

전용 해시함수는 블록 암호 혹은 모듈 연산과 같은 기존의 패키지들을 이용하지 않고 해시만을 목적으로 최적화된 수행을 하도록 디자인된 해시함수이다. 가장 알려진 전용 해시함수는 리베스트가 제안한 *MD*시리즈이다.

MD 시리즈는 RSA Data Security 회사의 암호 연구가인 리베스트(R.L. Rivest) 가 차례로 제안한 것들이다. 이 가운데 MD1 은 특허 등록이 되어 있으며, 이를 개선한 MD2 는 1990 년에 제안되었다. MD3 은 발표되지 않았는데 리베스트 스스로가 어떤 이유로 포기한 것으로 보이며, 이후 MD4 와 MD5 를 차례로 발표하였다.

이 해시함수들의 구조를 설명하려면 컴퓨터에 관한 약간의 전문 지식이 필요하다. 따라서 MD4 와 MD5 를 간단하게 주요한 특징과 설계원칙, 알고리즘의 전체적인 흐름 등으로 간단하게 소개한다. 다소 어렵다고 느껴지면 읽기를 생략하고 다음 절로 넘어가도 괜찮다.

### 7.3.1 MD4

MD4는 메시지를 32비트 단위로 블록화하여 처리하며, 최종 해시함수값은 128비트이다. 리베스트사 설명한 MD4의 설계 원칙은 다음과 같다.

1. 수학적인 가정 없이 안전한 해시함수를 설계한다.
2. 해시함수의 수행속도는 가능한 빨라야 한다. 특히, 소프트웨어로 구현했을 때의 속도를 고려한다.
3. 알고리즘은 단순하며 구현이 용이하여야 한다.
4. little-endian 구조를 고려한 알고리즘을 설계한다.

MD 시리즈가 처음 소개될 당시에 사용하던 Intel 80XXX 계열의 프로세서는 little-endian 구조를 가지고 있으며, SUN Sparcstation 계열의 프로세서는 big-endian 구조를 채택하고 있다. 일반적으로 big-endian 구조의 프로세서가 little-endian 구조의 프로세서보다 빠르므로 little-endian 구조에 맞는 알고리즘을 설계하고, big-endian 구조의 프로세서에 알고리즘을 사용할 때는 바이트 순서를 뒤바꾸어 사용한다. MD4를 처음 설계할 때에는 충돌쌍을 찾는데 적어도 $2^{64}$ 번 이상의 계산이 필요하고, 주어진 해시값을 갖는 메시지(원래의 메시지와는 다를 수도 있다)를 찾아내려면 적어도 $2^{128}$ 번 이상의 계산이 필요할 것으로 생각했었다. 하지만 MD4가 발표된 이후 머클(Merkle), 보어(Boer) 등이 훨씬 작은 연산으로도 충돌쌍을 찾아내는 방법을 발견하였다. 특히, 1997년 메네즈(Menezes)는 $2^{20}$ 번 만의 계산으로도 충돌쌍을 찾아내는 방법을 발표함으로서 MD4는 더 이상 해시함수로서 적절하지 않게 되었다.

### 7.3.2 MD5

MD5는 MD4의 개선된 버전으로 MD4의 충돌쌍이 발견되기도 전에 미리 제안되었다. MD5의 개선 부분을 MD4와 비교하면 다음과 같다.

- 라운드 수가 3라운드에서 4라운드로 증가되었다.
- 라운드 2에 사용된 부울 함수가 변경되었다.
- 라운드 2와 라운드 3의 메시지 블록의 적용 순서가 바뀌었다.
- 쉬프트 양이 변경되었다.
- 각 라운드에 더해지는 상수값이, 각 단계마다 서로 다른 값으로 바뀌었다.
- 64단계(16단계 $\times$ 4라운드)의 각 단계마다 바로 앞 단계의 값을 더하도록 설계하였다.

MD5는 512비트 입력을 받아 128비트를 출력하는 기초 해시함수를 이용한 메타 방식(그림7.2)으로 설계한 해시함수이다. MD5의 중요한 단계별 처리 절차는 다음과 같다.

**패딩** MD5는 메시지를 512비트 단위로 블록화해 처리한다. 하지만 메시지 데이터가 반드시 512비트의 배수로 표현되는 것은 아니므로 적절한 비트를 첨가하는 패딩이 필요하다. 패딩은 다음과 같이 구성한다.

1. 메시지 $M$에 비트 '1'을 첨가한 다음 충분한 길이가 되도록 비트 '0'을 패딩하여, 메시지 전체의 비트 길이가 $448 \mod 512$ 이 되도록 한다. 예를 들어, 메시지 $M$의 길이가 5,000비트라면 메시지 $M$에 하나의 비트 '1'을 하나 첨가한 다음 그 뒤에 55개의 비트 '0'을 패딩하여 모두 5,056($5,056 \equiv 448 \mod 512$) 비트가 되도록 만든다.
2. 1의 결과에 메시지 $M$의 비트 길이를 64비트로 표현하여 패딩한다. 패딩을 마친 메시지의 길이는 512의 상수배가 된다.

**MD 버퍼 초기화** MD5에서는 각각 32비트의 길이인 초기값 $A$, $B$, $C$, $D$를 사용하며, 이들은 16진수(각 숫자는 4비트)로 다음과 같다.

$$A : 01234567 \quad B : 89abcdef$$
$$C : fedcba98 \quad D : 76543210$$

이 값들은 MD5의 중심 처리 과정(MD5 main loop)을 거치면서 계속 변환되어 최종적으로 $A$, $B$, $C$, $D$가 출력되는데 이 값이 바로 데이터 블록 512비트의 해시함수값이다. 이 중심 처리 과정이 메타 방식의 압축함수 $f$에 해당한다.

**데이터 블록** 패딩을 마친 후 메시지는 512비트 단위의 데이터 블록으로 구성되며 각 블록은 다시 16개의 32비트 단위 소 블록으로 나뉜다. 즉, $M = M_0||M_1||\cdots||M_t$ 이다. 모든 연산을 처리한 후에는 4개의 32비트 블록이 출력되는데 이 블록들을 병렬합(concatenate)한 128비트가 최종 해시함수값이다.

**MD5 중심 처리 과정** 중심 처리 과정은, 상수값 $A, B, C, D$와 데이터 블록 $M$을 4번 라운드 처리한 다음, 다시 상수값을 ⊞로 연산하여 출력한다. ⊞는 32비트를 숫자로 생각하여 더하기를 한 후 $\mathrm{mod} 2^{32}$ 로 계산하고 다시 32비트열로 나타내는, 정수 모듈러스 연산이다.

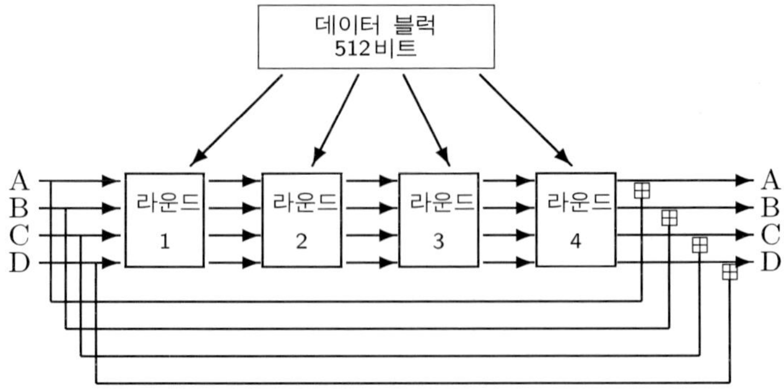


그림 7.3: *MD5* 중심 처리 과정

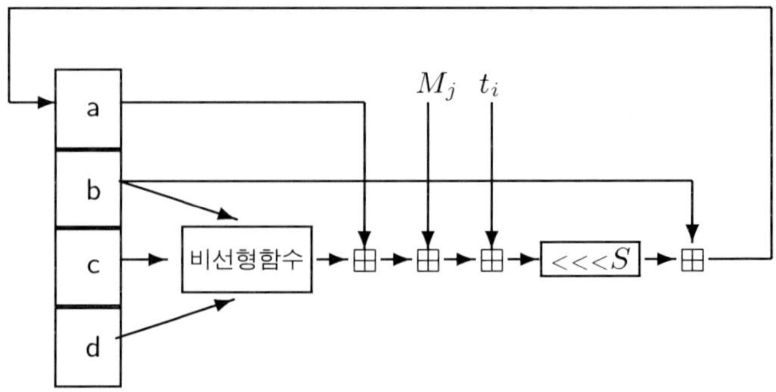


그림 7.4: *MD5*의 라운드 연산

그림7.3의 라운드는, 그림7.4와 같이, 초기 상수값 또는 앞 단계 라운드에서 출력한 $A, B, C, D$의 값 $a, b, c, d$와 데이터 소블록 $M_j$ 들, 적당한 상수값들을, 비선형함수와 ⊞ 연산, 순환 쉬프트 이동 등으로 처리한다. 이때 사용하는 비선형함수는, 1라운드 FF, 2라운드 GG, 3라운드 HH, 4라운드 II로 표현하며, 표7.3처럼 각 라운드마다 입력값이 서로 다른 비선형함수를 16번 적용한다. 변수들을 처리하는 과정에서 더하기와 숫자곱하기만으로 계산하는 함수를 선형함수(Linear)라고 하며, 그 이외의 함수들을 비선형 함수(Non-linear)라고 한다. 예를 들어 $f(x) = 2x + 1$, $G(s,t) = 2s+3t-7$은 선형함수이고, $h(t) = t^2+2t$, $k(u,v,w) = uv+w^2$, $H(x) = \sin x$는 비선형함수이다.

$M_j$가 어떤 메시지 블록의 $j$번째 소블록이고, $<<< s$는 $s$ 비트 만

큼의 좌측 순환 쉬프트를 나타낸다고 하자. 그리고 $t_i$ 는 $2^{32} * |\sin j|$ 의 정수 부분에 해당하는 상수이다. 각 단계에서 사용하는 연산은 모두 4종류로서 다음과 같다.

$$
\begin{aligned}
FF(a,b,c,d,M_j,s,t_i): &\quad b + ((a + F(b,c,d) + M_j + t_i) <<< s) \longrightarrow a \\
GG(a,b,c,d,M_j,s,t_i): &\quad b + ((a + G(b,c,d) + M_j + t_i) <<< s) \longrightarrow a \\
HH(a,b,c,d,M_j,s,t_i): &\quad b + ((a + H(b,c,d) + M_j + t_i) <<< s) \longrightarrow a \\
II(a,b,c,d,M_j,s,t_i)\ : &\quad b + ((a + I(b,c,d) + M_j + t_i) <<< s) \longrightarrow a
\end{aligned}
$$

위의 함수들의 표현은 다소 익숙하지 않을 것이다. 그러나 기호에 대해 알고나면 그리 복잡하지는 않다. 예를 들어 간단히 설명하자면 ;

$$FF(a,b,c,d,X_j,s,t_i) : b + ((a + F(b,c,d) + x_j + t_i) <<< s) \longrightarrow a$$

의 의미는 변수 $a, b, c, d, X_j, s, t_i$ 들을 $b+((a+F(b,c,d)+x_j+t_i) <<< s$ 으로 계산한 다음 첫 번째 변수인 $a$ 로 대치한다는 뜻이다.

그리고 각 라운드에 적용하는 비선형함수들 속에 있는 함수들은 다음과 같다.($\oplus$ ; XOR, $\wedge$; AND, $\vee$; OR, $\neg$; NOT)

$$
\begin{aligned}
F(X,Y,Z) &= (X \wedge Y) \vee ((\neg X) \wedge Z) \\
G(X,Y,Z) &= (X \wedge Z) \vee (Y \wedge (\neg Z)) \\
H(X,Y,Z) &= X \oplus Y \oplus Z \\
I(X,Y,Z) &= Y \oplus (X \vee (\neg Z))
\end{aligned}
$$

이 함수들은 입력 비트 $X, Y, Z$ 들이 서로 독립적이면 결과값들도 독립적이고 서로 상관관계가 발생하지 않도록 설계되어 있다고 한다.

각각의 라운드에서 사용하는 함수를 모두 나열하면 표7.3과 같다. 실제로 이러한 함수들은 컴퓨터가 처리하므로 여러분들은 구조만 이해하고 자세히 읽어볼 필요는 없다.

**데이터 블록의 해시값** 모든 라운드를 거친 후 마지막으로 계산된 $a$, $b$, $c$, $d$ 값은 초기값 $A$, $B$, $C$, $D$ 와 각각 더한 다음, 각 32비트들을 차례로 나열한 병렬합(concatenate) $A||B||C||D$ 이 데이터 블록의 해시함수값이다.

Round 1 :

FF(a, b, c, d, $M_1$, 12, 0xe8c7b756)
FF(a, b, c, d, $M_2$, 17, 0x242070db)
FF(a, b, c, d, $M_3$, 22, 0xc1bdceee)
FF(a, b, c, d, $M_4$, 7, 0xf57c0faf)
FF(a, b, c, d, $M_5$, 12, 0x4787c62a)
FF(a, b, c, d, $M_6$, 17, 0xa8304613)
FF(a, b, c, d, $M_7$, 22, 0xfd469501)
FF(a, b, c, d, $M_8$, 7, 0x698098d8)
FF(a, b, c, d, $M_9$, 12, 0x8b44f7af)
FF(a, b, c, d, $M_{10}$, 17, 0xffff5bb1)
FF(a, b, c, d, $M_{11}$, 22, 0x895cd7be)
FF(a, b, c, d, $M_{12}$, 7, 0x6b901122)
FF(a, b, c, d, $M_{13}$, 12, 0xfd987193)
FF(a, b, c, d, $M_{14}$, 17, 0xa679438e)
FF(a, b, c, d, $M_{15}$, 22, 0x49b40821)

Round 2 :

GG(a, b, c, d, $M_6$, 9, 0xc040b340)
GG(a, b, c, d, $M_{11}$, 14, 0x265e5a51)
GG(a, b, c, d, $M_0$, 20, 0xe9b6c7aa)
GG(a, b, c, d, $M_5$, 5, 0xd62f105d)
GG(a, b, c, d, $M_{10}$, 9, 0x02441453)
GG(a, b, c, d, $M_{15}$, 14, 0xd8a1e681)
GG(a, b, c, d, $M_4$, 20, 0xe7d3fbc8)
GG(a, b, c, d, $M_9$, 5, 0x21e1cde6)
GG(a, b, c, d, $M_{14}$, 9, 0xc33707d6)
GG(a, b, c, d, $M_3$, 14, 0xf4d50d87)
GG(a, b, c, d, $M_8$, 20, 0x455a14ed)
GG(a, b, c, d, $M_{13}$, 5, 0xa9e3e905)
GG(a, b, c, d, $M_2$, 9, 0xfcefa3f8)
GG(a, b, c, d, $M_7$, 14, 0x676f02d9)
GG(a, b, c, d, $M_{12}$, 20, 0x8d2a4c8a)

Round 3 :

HH(a, b, c, d, $M_5$, 4, 0xfffa3942)
HH(a, b, c, d, $M_8$, 11, 0x8771f681)
HH(a, b, c, d, $M_{11}$, 16, 0x6d9d6122)
HH(a, b, c, d, $M_{14}$, 23, 0xfde5380c)
HH(a, b, c, d, $M_1$, 4, 0xa4beea44)
HH(a, b, c, d, $M_4$, 11, 0x4bdecfa9)
HH(a, b, c, d, $M_7$, 16, 0xf6bb4b60)
HH(a, b, c, d, $M_{10}$, 23, 0xbebfbc70)
HH(a, b, c, d, $M_{13}$, 4, 0x289b7ec6)
HH(a, b, c, d, $M_0$, 11, 0xeaa127fa)
HH(a, b, c, d, $M_3$, 16, 0xd4ef3085)
HH(a, b, c, d, $M_6$, 23, 0x04881d05)
HH(a, b, c, d, $M_9$, 4, 0xd9d4d039)
HH(a, b, c, d, $M_{12}$, 11, 0xe6db99e5)
HH(a, b, c, d, $M_{15}$, 16, 0x1fa27cf8)
HH(a, b, c, d, $M_2$, 23, 0xc4ac5665)

Round 4 :

II(a, b, c, d, $M_0$, 6, 0xf4292244)
II(a, b, c, d, $M_7$, 10, 0x432aff97)
II(a, b, c, d, $M_{14}$, 15, 0xab9423a7)
II(a, b, c, d, $M_5$, 21, 0xfc93a039)
II(a, b, c, d, $M_{12}$, 6, 0x655b59c3)
II(a, b, c, d, $M_3$, 10, 0x8f0ccc92)
II(a, b, c, d, $M_{10}$, 15, 0xffeff47d)
II(a, b, c, d, $M_1$, 21, 0x85845dd1)
II(a, b, c, d, $M_8$, 6, 0x6fa87e4f)
II(a, b, c, d, $M_{15}$, 10, 0xfe2ce6e0)
II(a, b, c, d, $M_6$, 15, 0xa3014314)
II(a, b, c, d, $M_{13}$, 21, 0x4e0811a1)
II(a, b, c, d, $M_4$, 6, 0xf7537e82)
II(a, b, c, d, $M_{11}$, 10, 0xbd3af235)
II(a, b, c, d, $M_2$, 15, 0x2ad7d2bb)
II(a, b, c, d, $M_9$, 21, 0xeb86d391)

표 7.3: *MD5*의 각 라운드에서 사용하는 *4*가지 함수

**MD5 의 안전성** 1992 년 베르손(Tom Berson) 은 MD5 의 단일 라운드에 대한 차분 암호 공격을 시도하였다. 하지만 이 공격은 MD5의 각 라운드만을 공격하기에는 효율적이지만 전체 4 개 라운드에 대하여는 그다지 좋지 못한 것으로 알려져 있다. 1994 년 EURO-Crypto 에서 den Boer 와 Bosselaer 는 MD5 에서 사용하는 압축함수 (FF, GG, HH, II) 의 충돌쌍을 찾아내는 아주 효율적인 방법을 발표하였다. 그러나 이 공격도 MD5 의 실제적 응용 프로그램 수준에서 공격하기에는 아직 그 효과가 알려져 있지 않다. 특히 Luby-Rackoff 계열의 암호 알고리즘을 MD5 에 사용할 때는 효과가 전혀 없다. 어찌되었든 MD5 설계의 기본 원칙인 압축함수에서 충돌쌍이 발생하는 것을 방지한다는 것이 깨진 것만은 분명하다. 따라서 '압축함수의 약점에도 불구하고 실용적 측면에서 해시함수 MD5 의 안전성에는 문제가 없다' 고 할 수는 있지만 MD5 를 사용하는 것이 점점 불안해지고 있는 것은 사실이다.

## 7.4 SHA

SHA 는 Secure Hash Algorithm 을 줄인 말로서, NIST 가 1994 년 글자 그대로 안전하고 사용하기 편리하다고 판단하여 미국 표준으로 채택한 해시함수이다. SHA 는 MD5 보다 긴 160 비트 해시값을 출력한다. SHA 의 구성은 다음과 같다.

우선 메시지데이터는 512 비트의 배수가 되도록 적당한 비트열을 패딩(덧대기) 한다. 이 패딩은 MD5 와 같은 방법을 사용한다. 즉, 처음에 '1' 을 덧대고, 512 비트의 배수에서 64 가 부족할 때까지 '0' 을 계속 덧붙인다. 나머지 64 비트는 메시지 데이터 전체의 길이를 비트열로 바꾸어 적는다.

메시지 데이터가 512 비트의 배수로 준비되면, 다음 그림7.5 와 같은 단위 연산 (one operation) 을 1 라운드에 각각 20 번씩 모두 4 라운드를 진행한다. 왼쪽에 있는 $a_{i-1}, b_{i-1}, c_{i-1}, d_{i-1}, e_{i-1}$ 는 각각 32 비트씩을 입력하는데, 초기값은

$$
\begin{aligned}
A &= 0x67452301 \\
B &= 0xefcdab89 \\
C &= 0x98badcfe \\
D &= 0x10325476 \\
E &= 0xc3d2e1f0
\end{aligned}
$$

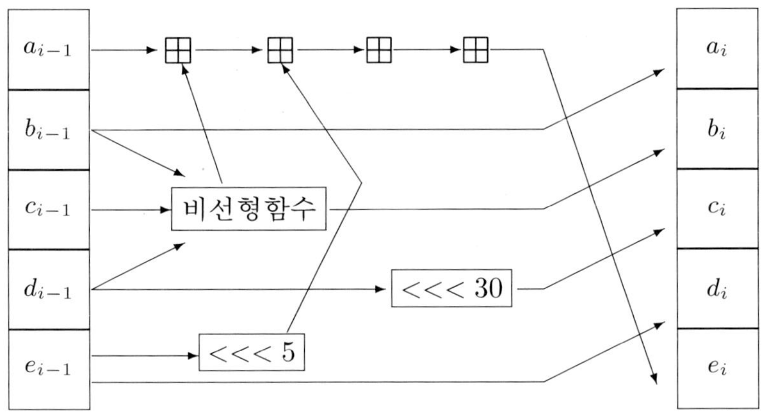


그림 7.5: *SHA* 단위연산

으로 정해져 있다.

가운데 부분의 비선형함수는 각 라운드마다 매번 달라지는 함수로, $f_t$ 는 $t$ 번째 라운드 함수를 말한다;

$$\begin{aligned} f_t(X,Y,Z) &= (X \wedge Y) \vee ((\sim X) \wedge Z) \ ; \ t = 0 \text{ 부터 } 19 \\ f_t(X,Y,Z) &= X \oplus Y \oplus Z \ ; \ t = 20 \text{ 부터 } 39 \\ f_t(X,Y,Z) &= (X \wedge Y) \vee (Y \wedge Z) \vee (Z \wedge X) \ ; \ t = 40 \text{ 부터 } 59 \\ f_t(X,Y,Z) &= X \oplus Y \oplus Z \ ; \ t = 60 \text{ 부터 } 79 \end{aligned}$$

이다. 오른쪽 위에 있는 $K_t$ 는 상수로서 역시 각 라운드마다 달라진다.

$$\begin{aligned} K_t &= 0x5a827999 \ ; \ t = 0 \text{ 부터 } 19 \\ K_t &= 0x6ed99eba1 \ ; \ t = 20 \text{ 부터 } 39 \\ K_t &= 0x8f1bbcdc \ ; \ t = 40 \text{ 부터 } 59 \\ K_t &= 0xca62c1d6 \ ; \ t = 60 \text{ 부터 } 79 \end{aligned}$$

$W_t$ 라고 씌여진 것은 메시지데이터를 조금 변형한 값을 입력하는 부분으로 512 비트 블럭을 32 비트씩 ($M_t$) 16 개로 나눈 다음, 다음과 같이

80 개의 32 비트블럭 $(W_t)$ 으로 변형하여 쪼갠다.

$$W_t = M_t \;;\; t = 0\text{부터 } 15$$
$$W_t = (W_{t-3} \oplus W_{t-8} \oplus W_{t-14} \oplus W_{t-16}) <<< 1 \;;\; t = 16\text{부터 } 79$$

**SHA 의 안전성** SHA 를 공격하는 알고리즘은 아직 알려져 있지 않다. 출력값도 160 비트이어서 전수공격도 쉬워 보이지는 않는다. 다만 SHA 는 여러 가지 측면에서 MD5 와 비슷하다. SHA 를 설계할 때 안전성을 위한 아이디어는 공개되지 않았다. 그러나 MD5 를 설계한 Rivest 는 MD4 를 개선하면서 몇 가지 설명을 했었는데 SHA 의 특성과 함께 비교해 볼 수 있다.

1. MD5 는 MD4 에 비해 4 라운드가 추가되었다. SHA 도 마찬가지이지만 2 라운드와 4 라운드의 $f$ 함수가 같다.
2. 각 연산마다 상수가 들어간다. MD4 와 SHA 는 상수를 일정한 간격으로 반복해서 사용한다.
3. SHA 의 3 번째 함수 $f_t(X, Y, Z) = (X \wedge Y) \vee (Y \wedge Z) \vee (Z \wedge X)$ 는 MD4 와 같다. 그러나 MD5 는 $(X \wedge Z) \vee (Y \wedge (\neg Z))$ 로 비대칭성을 가지도록 달라져 있다.

## 7.5 해시함수 공격

일방향 해시함수에 대한 공격은 대략 두 가지로 구분할 수 있다.

- 첫 번째는 메시지의 해시함수값 $h(M)$ 이 주어졌을 때 같은 해시함수 값을 갖는, 즉 $h(M) = h(M')$ 인 다른 메시지 $M'$ 를 만들어내는 공격이고,
- 두 번째는 해시함수 값이 미리 정해지지 않은 상태에서 같은 해시값을 가지는 메시지를 찾는 것이다. 다시 말하면 $h(M) = h(M')$ 인 두 개의 무작위 메시지 $M$, $M'$ 를 찾아내는 것이다.

앞에서 말한 것처럼 이러한 메시지들을 충돌쌍이라고 부르는데 두 번째의 경우가 첫 번째 경우보다 훨씬 찾아내기가 쉽다.

**생일공격** 통계학에서 생일 파라독스라고 하는 아주 오래된 재미있는 문제가 있다. 어떤 방에 사람들이 모여 있다고 하자. 그 사람들 가운데 생일이 서로 같은 두 사람이 있을 확률은 얼마일까? 방에 모여 있는 사람

들이 366 명 이상이면 생일이 같은 쌍이 존재할 확률은 항상 1 일 것이고, 단 두 사람만 있다면 확률은 $1/366 \approx 0.0027$ 일 것이다.

이번에는 문제를 바꾸어서, 생일이 같은 쌍이 존재할 확률이 $\frac{1}{2}$ 이상이려면 방안에 적어도 몇 명 이상이 있어야 할까? 대답은 놀랍게도 23 명 이상이면 충분하다. 다음 정리에서 간단하게 증명해 보이겠다. 수학에 관심이 없다면 읽지 않고 그냥 넘어가도 좋다.

정리 ***7.1***
$n$ 명으로 구성된 집단이 여러 개 있다고 하자. 그 집단 가운데 무작위로 한 집단을 선택했을 때, 생일이 같은 쌍을 가지고 있는 집단일 확률은 $p$ 는 $1 - e^{\frac{-n(n-1)}{2\times365}}$ 이다. 즉, 집단의 크기는 $n \approx \sqrt{2 \times 365 \ln \frac{1}{1-p}}$ 이다.

집단 안에 있는 사람들의 생일이 모두 다를 확률을 먼저 계산해 보자. 첫 번째 사람 $z_1$ 과 두 번째 사람 $z_2$ 의 생일이 서로 다를 확률은 $1 - \frac{1}{365}$ 이고, 세 번째 사람 $z_3$ 의 생일이 $z_1, z_2$ 와 서로 다를 확률은 $1 - \frac{2}{365}$ 이다. 같은 방법으로 계속 계산을 하여 $n$ 명의 생일이 모두 다를 확률은

$$(1 - \frac{1}{365})(1 - \frac{2}{365}) \cdots (1 - \frac{n-1}{365}) = \prod_{i=1}^{n-1}(1 - \frac{i}{365})$$

이다. $x$ 가 아주 작은 실수일 때 $1 - x \approx e^{-x}$ 인 사실을 이용하면

$$\prod_{i=1}^{n-1}(1 - \frac{i}{365}) \approx \prod_{i=1}^{n-1} e^{-\frac{i}{365}} = e^{\frac{-n(n-1)}{2\times365}}$$

이다. 따라서, 생일이 같은 쌍이 적어도 하나 이상일 확률은

$$p = 1 - e^{\frac{-n(n-1)}{2\times365}}$$

이다. 이 식을 $n$ 에 관하여 다시 정리하면

$$n \approx \sqrt{2 \times 365 \ln \frac{1}{1-p}}$$

이다. 따라서 확률 $p = \frac{1}{2}$ 이려면 $n \approx \sqrt{2 \times 365 \ln 2} \approx 1.17\sqrt{365} \approx 22.5(\geq \sqrt{365})$ 이므로, 집단의 크기가 23명 이상이면 두 사람이 같은 날 생일일 확률은 적어도 $\frac{1}{2}$ 이다. 집단의 크기 23명은 365일과 비교하면 보통 사람들이 기대하는 수보다 훨씬 작은 수이어서 생일 파라독스라는 표현을 쓴다.

해시함수값을 $m$ 비트로 출력하는 어떤 일방향 해시함수가 최강의 공격법인 전수공격에 대하여만 안전하다고 하자. 이 경우 미리 정해져 있는 특정한 해시값을 갖는 메시지를 하나 찾아내려면 모두 $2^m$ 개의 메시지를 모두 검색해 보아야 할 것이다. 하지만 특정한 값에 관계없이, 같은 해시함수값을 갖는 충돌쌍을 찾아내기 위해서는 단지 $2^{\frac{m}{2}}$ 개의 메시지를 검색해 보면 충분하다. 어떤 컴퓨터가 초당 백만개 메시지의 해시값을 계산할 수 있고 해시값은 64비트라고 하자. 특정한 해시값에 해당하는 어떤 메시지를 하나 찾아내려면 어느정도의 시간이 걸릴까? 놀랍게도 300만년 이상의 시간이 필요하다. 앞에서도 $2^{64}$ 가 얼마나 큰 수인지 설명한 적이 있지만, 다시 한 번 대략 계산해 보자 ;

우선 $2^{10} = 1,024 \simeq 10^3$ 이므로,

$$2^{64} \geq (10^3)^{6.4} \simeq 10^{19}$$

이다. 따라서 1초에 100만개의 해수값을 계산할 수 있는 컴퓨터가 $10^{19}$ 개의 해시값을 계산해 보려면

$$10^{19}/10^6 = 10^{13}\text{초}$$

만큼의 시간이 필요한데, 하루가 7,200초 (24×60×60) 이고, 1년은 2,628, 000초이므로

$$10^{13}\text{초}/2,628,000 \simeq 3,805,190\text{년}$$

의 시간이 필요하다.

그러나 생일공격 파라독스에 의하면, 같은 해시함수값을 메시지 충돌쌍을 찾아내기 위해서는 대략 $\sqrt{2^{64}} = 2^{32}$ 개의 메시지를 검색하면 확률 1/2 이상으로 충돌쌍을 찾을 수 있다. 이 경우 위와 같은 방법으로 계산해 보면, 해시값만 계산한다면 약 $10^4$초 = 3분 정도의 시간이 소요되지만 결과값을 비교하는 데에 시간이 더 필요하다고 하더라도, 1시간 정도면 충분하다. 따라서 생일공격을 염두에 두고 해시함수를 결정할 때에는 생각했던 것보다 적어도 2배 이상 긴 함수값을 갖도록 해야 한다. 다른말

로 바꾸어서 공격에 성공하기 위해 적어도 $2^{80}$ 번 이상 시도하도록 해시함수를 설계하려면 해시함수값이 최소한 160비트 이상이어야 한다.

생일공격을 처음으로 제안했던 유발(Gideon Yuval)이 설명한 생일 파라독스를 이용한 공격의 예를 살펴보자. 앨리스가 생일공격을 이용하여 엉뚱한 문서에 봅이 서명하게 하려고 한다. 서명에 사용하는 해시함수는 출력값이 64비트이다.

1. 앨리스는 계약서를 두 종류로 준비한다. 하나는 봅에게 보여줄 것이고, 다른 하나는 봅을 속이기 위한 것이다.
2. 앨리스는 정당한 계약서를 눈에 띄지 않게 다양하게 변조한다. 변조하는 방법은 여러 가지가 있는데 space키 대신 space, backspace, space을 쓰거나, 줄 바꾸기(return) 키를 치기 전에 한두 개 정도의 space키를 삽입하는 방법 등이 있다. 만약 문서가 모두 32줄일 때 각 줄마다 이런 식의 변조 방법을 쓴다면 $2^{32}$ 종류의 서로 다른 문서들을 만들어 놓을 수 있다.
3. 필요하다면 가능한 변조를 계속하여 $2^{32}$ 종류의 문서가 서로 다른 해시함수값을 갖도록 한다.
4. 이번에는 봅을 속이기 위한 부정한 문서를 역시 다양하게 변조하여 $2^{32}$ 종류의 서로 다른 해시값들을 가지는 문서들을 만들어 놓는다.
5. 그런 다음 앨리스는 정당한 문서들 가운데 절반인 $2^{31}$ 개씩 2 묶음 ((A, A')으로 나눈다. 부정한 문서도 같은 방법으로 2묶음(B, B') 으로 나눈다.
6. 가능한 해시값의 종류가 $2^{64}$ 이므로 대략 $\sqrt{2^{64}} = 2^{32}$ 개의 문서들의 그룹에서는 확률 1/2로 충돌쌍이 존재한다. 즉 (A, B), (A, B'), (A', B), (A', B') 가운데 충돌쌍이 있는 그룹은 거의 항상 존재할 것이다.
7. 충돌쌍을 찾은 앨리스는 봅에게, 변조되기는 하였지만 겉으로는 정당해 보이는 문서에 서명해달라고 한다.
8. 앨리스는 봅이 서명한 문서를 서명하지 않았던 사기 문서로 바꾸어 놓는다. 앞으로 언제인가 앨리스는 판사 앞에서, 봅이 전혀 생각하지도 않았던 문서에 서명했음을 입증할 때가 있을 것이다.

서명한 문서는 언제든지 변조될 수 있음을 유념해야 한다. 예를 들어, 악의를 가진 어떤 사람이 인공위성에 무작위로 선택한 명령코드와 서명을 송신할 경우, 대량의 메시지 코드를 송신하다 보면 언젠가는 인공위성이 오작동을 일으키는 명령이 전달될 수도 있다. 생일 패러독스를 생각하면 그럴 확률이 매우 낮다고 장담할 수 없다.

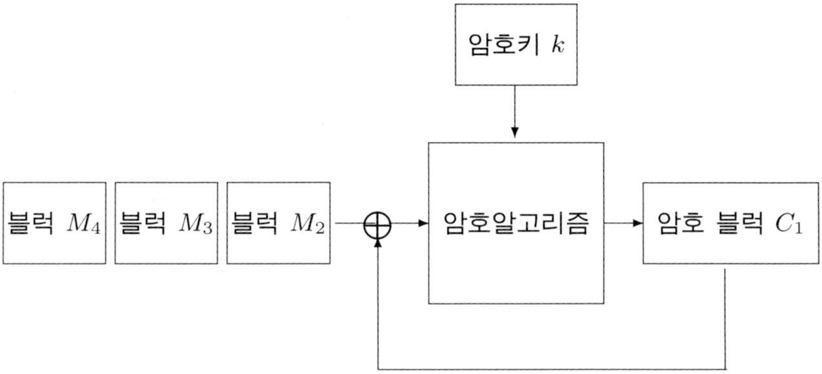


그림 7.6: 암호블럭체인을 이용한 $MAC$ 생성

## 7.6 타임스탬프와 MAC

특허등록이나 출판물의 저작권은 대부분 누가 먼저 등록했느냐에 따라 권리가 보장된다. 또한 서명기법에서 서명 비밀키가 노출되어 다른 사람이 서명을 위조하였다면, 과거의 모든 서명 데이터가 무효화될 가능성이 있다. 그러나 시간정보가 문서에 들어 있다면 노출 사실을 공지한 시점을 기준으로 문서의 효력을 따질 수 있을 것이다. 디지털 데이터는 이와 같은 시간에 관한 문제를 해결하기 위해 타임스탬프라는 것을 이용한다.

간단한 타임스탬프 기법을 알아보자. 우선 시간에 관한 정보를 어떻게 채택하느냐가 문제인데 예를 들어 문서 데이터에 2006년 12월 20일 14시 30분 26초 정각 등과 같은 식으로 시간을 기록하는 것은 의미가 없다. 이런 방식은 서명자가 서명하는 그 시점이 아닌 미래의 시점으로 시간을 기록하여 서명할 수도 있기 때문이다. 따라서 보통은 시점을 표기하는 시간 정보로, 어느 시점에서의 주식지수나 야구경기 성적 등과 같이, 미리 예측할 수 없으면서 그 시점이 지나고 나면 누구나 확인하여 알 수 있는 정보를 사용한다. 즉, 타임스탬프는 데이터가 일정한 시점을 기준으로 그 이후에 작성되었음을 입증하는 방법이다.

일정 시점에 발생한 사건의 시간정보를 $pub$ 이라고 하자. Bob은 문서 $M$ 에 잘 알려진 해시함수 $h$ 로 다음과 같이 서명한다.

1. $Z = h(M)$ 와 $Z' = h(Z||pub)$ 를 계산한다.

2. 적당한 서명기법으로 서명값 $S = sig_K(Z')$ 을 계산한다.
3. $(Z, pub, S)$ 를 공개적으로 등록한다.

서명자는 미래의 $pub$ 값을 알수 없으므로, 타임스탬프가 찍힌 데이터는 $pub$ 을 기준으로 그 이후에 작성되었다 것을 의미한다. 그리고 $(Z, pub, S)$ 를 공개적으로 등록한 시점으로는 그 이전에 작성된 것이다. 따라서 봅은 가능하면 서명을 하는 시점에서 가장 최근에 발생한 사건을 $pub$ 으로 하고 지체 없이 공개적으로 타임스탬프를 공개하는것이 바람직하다. 다시 말해 $pub$ 과 공표시간의 차이는 짧을수록 좋을 것이다.

$Z' = h(Z||pub)$ 나중에 문서에 대한 시간정보와 서명이 문제가 되었을 때, 누구라도 키 $K$ 를 Bob 으로부터 받아서 $(Z, pub, S)$ 를 계산할 수 있다. 물론 Bob 이 키 제공을 거부하면 서명문서는 효력이 없어진다.

$pub$ 대신에 신뢰할 만한 공증기관 TSS(Time Stamping Service) 에 의뢰하여 타임스탬프를 받을 수도 있다. 즉, $Z = h(M)$ 와 $S = sig_K(Z)$ 를 계산하여 TSS 에 보내면, TSS 가 날짜 $D$ 를 추가하여 $(Z, S, D)$ 에 서명을 하여 공개적으로 등록하는 방법도 가능하다. 물론 TSS 는 아주 도덕적이어야 한다.

메시지 무결성과 메시지 인증은 개념적으로 약간 다르다. 메시지 인증은 메시지를 작성한 사람을 확인하는 문제로 서명 프로토콜로 해결할 수 있다. 메시지 무결성은 데이터를 두고 받는 과정에서 제 3 자의 개입이나 통신회선의 불량 등으로 메시지가 변조되지 않았는지 확인하는 문제이다. 메시지 무결성은 보통 체크섬(cryptographic checksum) 이나 메시지 인증 코드(message authentication code, MAC) 를 이용한다. 체크섬은 에러정정 코드라고도 하며, 단순히 데이터가 손상되었는지 확인하는 것부터 어느 부분이 손상되었는지 알아내어 복원할 수 있는 것까지 다양한 기법이 있다. 다소 수학적 계산이 필요하므로 이 책에서는 생략한다.

MAC 은 기본적으로 키 $K$ 를 적용한 적당한 해시함수의 값을 말한다. 물론 MAC 을 무식하게 평문 $M$ 에 대응하는 암호문으로 할 수도 있다. 그러나 메시지를 전달할 때 두 배의 양을 전달해야 하는 약점을 감수해야 한다. 따라서 해시함수를 쓰는 것은 당연하며 앞에서 소개한 MD5 나 SHA 를 이용하는 것만으로도 훌륭하게 MAC 을 대신할 수 있다.

그러나 이런 해시함수들이 조금 무겁다면, 간단한 MAC 생성 프로토콜로 ISO 표준인 MAA(Message Authentication Algorithm) 를 사용할 수도 있다. MAA 는 32 비트 해시값으로 MAC 을 만들어 내며, 대칭암호를 간접적으로 사용하는 암호블럭 체인법 (cipher-block chaining mode)

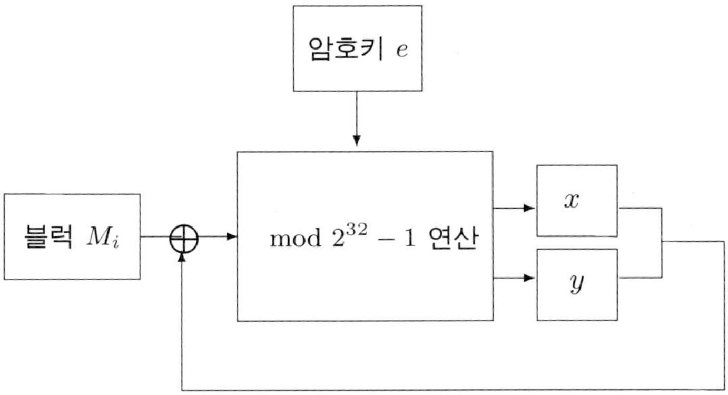


그림 7.7: $MAA$

을 쓴다.

$$\begin{aligned} v &= v <<< 1 \\ e &= v \oplus w \\ x &= (((e+y) \mod 2^{32}) \vee A \wedge C) \times (x \oplus M_i) \mod (2^{32}-1) \\ y &= (((e+x) \mod 2^{32}) \vee B \wedge D) \times (y \oplus M_i) \mod (2^{32}-2) \end{aligned}$$

$v$ 와 $w$ 는 키 $K$ 에서 만들어지는 값이고, $A, B, C, D$ 는 미리 정해 놓은 상수이다. $x, y$ 는 적당한 초기값부터 시작한다. 이 프로토콜의 안전성은 알려져 있지 않지만 그리 믿을만 하지는 못하다.

# 연습문제

## 7.1 해시함수의 정의

자연수를 자연수로 대응시키는 함수 $H$ 를 $H(n) = n$ 의 모든 자릿수를 더한 값의 1 자릿수로 정의하자. 예를 들어, 1+2+3+4=10 이므로 $H(1234) = 0$ 이고, 3+0+0+4+7+8=22 이어서 $H(300478) = 2$ 이다.

1. $H(413792) = (\qquad)$
2. 함수 $H$ 가 해시함수인 이유를 설명하라.
3. $H(n) = 5$ 인 자연수 $n$ 을 2 개 이상 찾아라.
4. 해시함수 $H$ 의 충돌쌍을 찾아라.
5. 서명알고리즘에 해시함수를 사용하는 이유를 설명하라.

## 7.2 해시함수의 설계

1. 데이비스-마이어 해시함수는 해시값으로 몇비트를 출력하는가?
2. DES 는 데이비스-마이어 해시함수에 적합한가?
3. 해시함수에 패딩이 필요한 이유를 설명하라.

## 7.3 전용 해시함수

1. MD5는 메시지를 (      )비트단위로 블록화하고, (      )비트를 해시값으로 출력한다.

2. MD5에서 암호 알고리즘을 사용하는가?

3. MD5에서 메시지를 블록화하기 전에 패딩을 한다. 그 절차를 설명하라.

4. 비트열 '10110100'과 '00110010'의 병렬합을 구하라.

5. MD5와 SHA의 공통점을 5가지 이상 찾아라.

## 7.3 해시함수 공격

1. 여러분이 수강하고 있는 클래스에서 생일이 서로 같은 학생들을 찾아라.

2. 클래스에서 올해의 생일이 같은 요일인 핵생들을 찾아라.

3. 모든 요일에 같은 생일을 가진 학생이 있을 확율이 1/2 이상이려면 클래스의 규모가 몇명 이상이어야 하는가?

4. 일년의 모든 달에 같은 생일을 가진 학생이 있을 확율이 1/2 이상이려면 클래스의 규모가 몇명 이상이어야 하는가?

# 8 사용자 인증

통신망을 통해 특정 시스템에 접속하여 데이터를 서로 주고받을 때는 서로 상대방이 정당한 시스템이고 사용자인지 확인하는 과정이 필요하다. 사용자 인증(user authentication)은 현재 접속하고 있는 상대방이 밝힌 신분과 진짜 신분이 일치하는지 확인하는 과정을 말한다.

사용자의 신원을 확인하는 것은 언제나 매우 중요한 일이다. 과거에는 사람들끼리만의 문제였지만 지금은 사람과 컴퓨터 사이 또는 컴퓨터와 컴퓨터 사이의 문제로 확장되었다. 이 경우 기계가 중간에 개입하기 때문에 여러 가지 해결해야 할 문제가 발생하지만, 사용자 인증이라는 효과적인 방법을 사용할 수 있다. 사람과 사람 사이에 아날로그적인 사용자 인증, 즉 신원증명이 어떻게 이루어지는지 살펴보자. 보통은 구체적으로 인식하고 있지는 않지만 우리가 사람을 구별할 때는 다음 세 가지 기준을 따른다.

- 개인의 신체적 특성(attribute)에 따라 구별한다.
- 개인의 소유물(possession)에 따라 구별한다.
- 개인의 지식(knowledge)에 따라 구별한다.

개인의 특성은 이미 알고 있는 사람을 확인할 때 사용하는 방법이다.

그림 8.1: 사용자 인증

예를 들면 사람들의 겉모습, 목소리, 걸음걸이 등으로 사람들을 구별할 수 있다. 좀 더 정교한 구분법으로 지문이나 홍채 무늬, 혈관지문 등을 사용할 수도 있다.

나머지 두 기법은 잘 모르는 사람의 신분을 확인할 때 사용한다. 수표를 사용한다거나 술, 담배 등을 구입할 때는 자신의 신원과 연령 등을 확인하기 위해 주민등록증이나 운전면허증 등을 제시한다. 신용카드를 사용할 때는 정당한 소유자임을 확인하는 과정(서명, 사진, 패스워드 등)이 필요하고, 외국여행을 할 때에는 여권으로 자신의 신원을 증명한다.

세 번째로 지식에 따른 확인 기법은 다른 경우보다 덜 쓰이지만 옛날부터 이용되어 왔다. 관동 대지진 당시 한국인과 일본인을 구별하는 방법으로 tsu를 발음하게 하였고, 구약성경에 따르면 적인가 아닌가를 '십볼라'라는 단어를 발음케 하여 구별하였다고 한다. 군인들이 어떤 제한된 구역을 출입하기 위해서는 최신 패스워드를 알고 있어야 하고, 경찰이 납치당한 사람의 생사를 확인하기 위해서는 납치당한 사람만이 대답할 수 있는 질문을 하기도 한다.

만약 컴퓨터로 사용자를 확인할 경우에는 판정방법이 전혀 달라진다. 지식 정도에 의한 확인이 가장 간단하고, 소유물에 의한 확인 역시 가능하다. 반면 사용자의 신체적인 특성에 의한 확인은 매우 복잡하여, 실제로는 고도로 높은 안전성이 필요한 경우에만 사용한다. 먼저 지식 또는 소유물에 의한 인증 방법을 알아본다. 신체적 특성에 의한 방법과는 달리 이 방법들은, 정당한 사용자만이 알 수 있는 지식이나 소유할 수 있는 것을 상대방이 확인하는 과정을 이용한다.

## 8.1 패스워드

어떤 사람을 인증하는 전통적인 방법의 하나가 패스워드이다. 패스워드는 사용자와 컴퓨터만이 - 적어도 이론적으로는- 알고 있는 임의로 선택된 기호(보통은 문자와 아라비아 숫자)들로 되어 있다. 패스워드를 사용하는 기본적인 아이디어는 간단하다. 즉 컴퓨터는 사용자에게 부여한 혹은 사용자가 임의로 결정한 패스워드 $P_0$를 메모리에 저장하고 있는다. 만약 사용자가 자기자신을 인증하고 싶으면(예를 들면 컴퓨터에 접속), 패스워드 $P$를 입력하고 컴퓨터는 $P$와 $P_0$가 일치 하는지 검사한다. $P = P_0$이면 접속할 수 있다. 그러나 패스워드를 있는 그대로 서버에 저장하는 것은 상당히 위험하다.

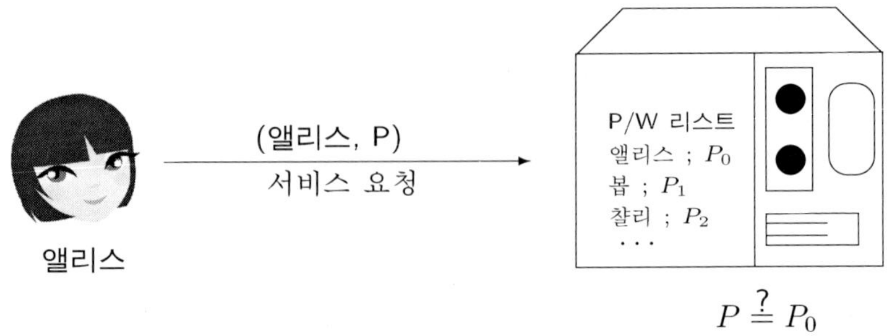


그림 8.2: 간단한 패스워드 확인

만약 공격자 Mr.X 가 컴퓨터의 패스워드 파일에 접속할 수 있다면, 그는 컴퓨터의 모든 사용자를 흉내내어 마음대로 컴퓨터에 접속할 수 있을 것이다. 그러므로 앞서 언급한 과정은 패스워드 파일이 함부로 접속할 수 없도록 보관되어 있을 때만 안전하다고 할 수 있으나, 현실적으로는 거의 불가능하다. 눈치 빠른 독자는 벌써 그 대비책-패스워드의 암호화-을 예상하고 있을 것이다.

패스워드를 단순히 암호화하여 저장한다고 하면 , 그림8.3과 같은 과정으로 프로토콜이 진행될 것이다. 우선 암호화된 패스워드 $P^* = E_k(P_0)$ 는 컴퓨터의 데이터베이스에 저장된다. 인증과정에서 $P^*$ 는 먼저 $D_k(P^*) = P_0$ 로 복호화되고, 다음에는 사용자가 입력한 패스워드와 대조하게 된다. 또는 사용자가 입력한 패스워드 $P'$ 를 암호화하여 $E_k(P') = P_0$ 를 확인할 수도 있다.

Mr.X 가 패스워드 파일을 읽을 수 있다고 하더라도 복호화할 수 없는, 단지 암호화된 패스워드만을 읽을 수 있을 뿐이어서 사용자들에게 피해를 입힐 수 없다. 패스워드는 이미 암호화되어 있으므로 단지 키 $k$ 만을 안전하게 보관하면 된다. 즉 비밀로 해야하는 데이터의 양을 현저히 줄일 수 있다. 이는 패스워드를 그대로 저장하는 처음 방법보다 훨씬 좋기는 하지만, 완전한 해결책은 아니다. 왜냐하면 만약 Mr.X 가 키 $k$ 를 얻는다면 역시 모든 패스워드를 복호화할 수 있고 마음대로 접속할 수 있기 때문이다. 실제로 키를 안전하게 보관하는 것은 데이터를 안전하게 저장하는 것과 같은 정도로 어렵다. 대부분은 키를 패스워드 리스트가 있는 컴퓨터의 어느 한구석에 저장해 놓았다가 필요할 때 컴퓨터가 알아서 찾

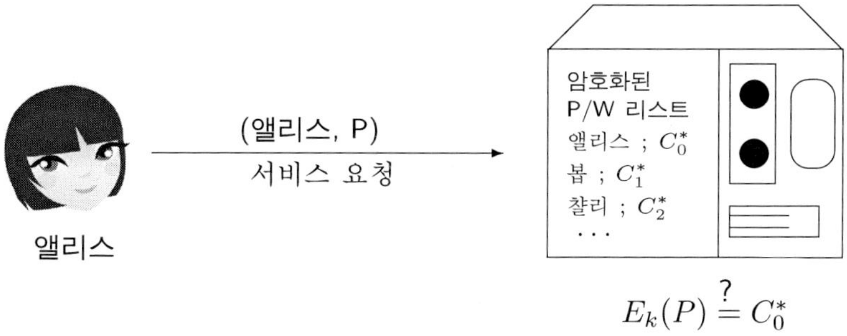


그림 8.3: 암호를 사용하는 패스워드

아내도록 할텐데, 이 방법이 안전하지 않다는 것은 쉽게 짐작할 수 있을 것이다.

패스워드 암호화와 같은 효과를 가지면서도 비밀키의 저장문제를 해결할 수 있는 방법이 바로 해시함수(일방향 해시 함수, one-way function)를 이용하는 것이다.

$H$ 를 어떤 일방향 해시함수라고 하자. 컴퓨터는 사용자의 패스워드 $P_0$ 의 함수값 $P^{\#} = H(P_0)$ 을 저장한다. 컴퓨터에 접속하려는 사용자가 $P$ 를 입력하면, 컴퓨터는 $H(P)$ 를 계산하여 $H(P) = P^{\#}(= H(P_0))$ 인지 아닌지 체크한다. 일방향 해시함수를 사용하면 컴퓨터가 개인의 패스워드를 비밀로 저장할 필요도 없고, 또 누가 컴퓨터의 패스워드 저장 영역에 접근하더라도 개인의 패스워드를 복원할 수도 없다. 사실 처음에 일방향 함수는 패스워드를 어느 누구도 알 수 없게 저장할 목적으로 만들어졌다. 이 시스템은 60 년대에 캠브리지 대학의 니드햄(Roger Needham) 교수가 제안하였다.

**패스워드의 문제점** : 암호화를 하든 해시함수를 사용하든, 패스워드 방식은 근본적인 문제점을 가지고 있다. 우선 사용자들은 패스워드를 기억하기 쉽도록 간단하게 만들려는 경향이 있다. 대개의 경우 개인 신상과 관련이 있는 정보(이름, 전화번호, 주민등록번호 등)로 패스워드를 만든다. 이 책에서는 암호에 관련한 내용만 다루므로 자세한 설명을 하지 않겠지만, 이러한 패스워드를 공격하는 방법은 무작정 시도(try & error), 패스워드 리스트 작성, 개인정보 수집 등 여러 가지가 있으며 효율성도

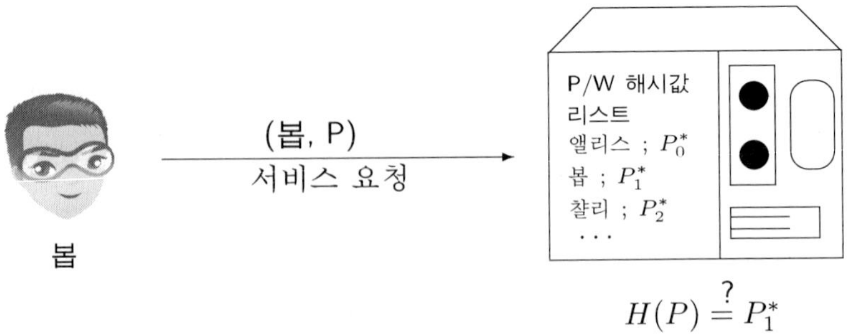


그림 8.4: 해시함수를 이용한 패스워드 확인

매우 높은 편이다. 인간의 기억력은 보통, 숫자는 7자리, 영문 또는 한글은 자음과 모음을 사용한 의미 있는 단어 정도만 기억할 수 있다. 우리나라의 경우 대부분 영문 또는 한글 단어에 숫자를 덧붙이는 방식으로 패스워드를 만드는데 이는 공격자가 패스워드를 추측하기에 아주 손쉬운 것이므로 주의해야 한다.

관리자가 요구하는 대로 영문, 숫자 포함 15자리 이상으로 패스워드를 결정하는 경우 안전성은 어느 정도 높일 수 있다. 그러나 문제는 사용자가 기억하기에는 불편하기 때문에 보통은 특정한 곳에 따로 기록을 해놓게 된다. 정확한 통계는 아니지만 해커들이 사용자의 컴퓨터로부터 반경 1미터 이내에서 패스워드를 적어 놓은 메모지를 발견할 확률이 90% 이상이라고 한다.

따라서 시스템 관리자들은 매 달 또는 정기적으로 패스워드를 바꾸도록 요구하고 있다. 하지만 대개의 경우 같은 패스워드를 두세 개 정해 놓고 주기적으로 반복하여 사용하므로 이 또한 안전성을 보장할 수 없다. 공격자들이 조금만 노력하면 패스워드 갱신 주기를 알아내는 것은 간단한 일이다.

## 8.2 스마트 카드

패스워드의 안전성과 사용자의 편리성은 항상 서로 부딪히게 마련이다. 이러한 문제점을 극복하기 위한 방법의 하나로 스마트 카드를 생각할 수 있다. 스마트 카드는 우리가 자주 사용하는 신용카드와 같이 프라스틱 재질이고 모양과 크기가 같지만 그림 10.7처럼 외부 단말기와 접속할 수

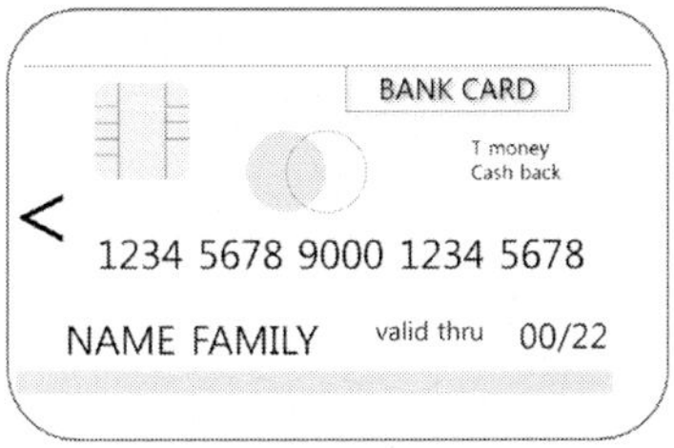


그림 8.5: 스마트 카드

있는 금속 단자와 간단한 연산을 수행할 수 있는 마이크로 칩을 내장하고 있는 것이 특징이다.

스마트 카드는 마이크로 컴퓨터와 같은 역할을 할 수 있기 때문에, 패스워드 방식을 대체할 새로운 사용자 인증수단으로 사용할 수 있다. 패스워드를 암호화하여 저장는 것이 가장 먼저 생각할 수 있는 활용방안이다. 충분히 길고 랜덤해서 안전하지만 사람이 기억하기 어려운 패스워드나 암호키를 저장해 놓고, 필요할 때 단말기를 통해서 원하는 서버에 접속하게 한다면 편리할 것이다. 물론 분실이나 부정한 복사에 대비하여 카드 자체를 통제하는 간단한 패스워드를 또 다시 설정해야 한다. 이러한 패스워드를 보통 PIN(Personal Identification Number, 개인 식별번호)이라고 부른다. 패스워드 자체만을 사용하는 것보다는 PIN과 스마트 카드를 동시에 사용하므로 그만큼 안전성을 높일 수 있다.

스마트 카드를 통제하는 패스워드(서버 접속 패스워드가 아닌)가 미심쩍으면, 소형 컴퓨터라는 장점을 살려서, 질의-응답 프로토콜을 적용할 수도 있다. 질의응답은 다양한 질문들과 사용자만 알 수 있는 대답의 리스트를 작성하여 스마트 카드에 미리 입력해 놓은 다음, 카드를 사용할 때마다 랜덤하게 선정한 질문을 하고 사용자의 대답을 확인하는 방법이다. 이 때에도 분실이나 부정복사에 대비하여 답변을 해시값으로 카드에 저장해 놓는 것이 좋다. 이 밖에도 어차피 카드 단말기를 사용해야 한다면 조금 더 비용을 들여서 지문, 홍채, DNA 등을 인식하는 장치를 사용하는 것도 생각할 수 있다. 물론 기본적으로 스마트 카드에 사진이나 필기싸인을 덧붙이는 것도 안전도를 높이는 데 유용한 수단이다.

스마트 카드와 소유자 사이에 카드통제 패스워드를 대신하여 질의응답 프로토콜을 사용하기도 하지만, 카드가 사용자를 대신하여 서버와 사용자 인증을 위한 질의응답을 수행하게 하는 것이 일반적이다. 카드 단

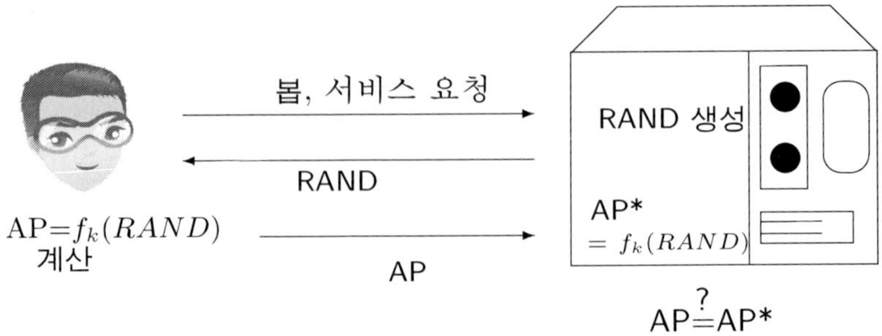


그림 8.6: 패스워드 확인을 위한 간단한 질의응답

말기와 서버는 필연적으로 네트워크 통신을 하게 되고, 네트워크는 모든 사용자에게 항상 열려 있으므로, 통신 과정에서 중요한 정보들이 노출될 가능성이 크다. 네트워크에 사용자 정보를 노출시키지 않으면서도 서버가 접속정보를 확인하게 하는 방법이 그림8.6 이다.

서버와 스마트 카드는 사전에 서로 같은 암호를 사용하는 해시함수 $H$와 같은 비밀키 $k$를 공유한다. 비밀키 $k$는 서버가 사용자를 최종적으로 확인하는 인증정보이다. 사용자 $A$가 신상데이터(예를 들면 이름, 아이디, 회원번호 등)를 입력하면, 컴퓨터는 이 데이터의 소유자에 대응하는 키 $k$를 찾는다. 키는 리스트에 저장되어 있거나, 시스템의 마스터 키로부터 계산되거나, 비슷한 과정에 의해 얻을 수도 있다.

서버는 인증 요청자가 실제로 사용자 $A$인지 아닌지를 결정하기 위해 올바른 키 $k$를 갖고 있는가를 확인해야 하는데, 그림8.6 에서 설명하는 프로토콜은 사용자가 비밀키 $k$를 갖고 있는지 아닌지를 컴퓨터가 간접적으로 결정하려는 것이다.

서버 컴퓨터는 임의로 선택한 수 $RAND$를 사용자에게 보내서 진짜 사용자인지 시험을 한다. 서버와 사용자는 사전에 비밀키를 사용하는 해시함수 $H$를 서로 공유하고 있는 상태이다.

사용자는 인증 파라미터 $AP' = H_k(RAND)$를 계산하여 컴퓨터에게 보내고, 동시에 컴퓨터는 키 $k$를 이용해 $AP = H_k(RAND)$를 계산하여 $AP' = AP$ 인지를 체크한다. 만약 같지 않으면 무엇인가 잘못된 것이고, 같으면 컴퓨터와 같은 키를 사용하였으므로 정당한 사용자로 인증된다.

이 방식은 분명히 큰 장점을 가지고 있다. $RAND$는 계속해서 바뀌면서 임의로 선택되었기 때문에 공격자 Mr.X가 다음 $RAND$가 무엇이

나올지 예측할 수 없다. $AP$ 역시 무작위수의 특성을 가지고 있으므로 Mr.X는 컴퓨터의 질의에 매번 대응할 수가 없다. 또 중요한 것은 비록 프로토콜이 기본적으로 키가 일치하는 것을 확인하면서도, 키 자체는 프로토콜 과정에서 전혀 사용되지 않는다는 사실이다. 즉 키 $k$는 네트워크 통신과정에서 전혀 노출되지 않는다.

그러나 컴퓨터가 여전히 모든 사용자들의 비밀키들을 어떤 형태로든 저장하고 있거나 생성할 수 있으므로, 관리자가 이것들을 다른 용도로 사용할 수도 있고 서버 컴퓨터의 보안이 완전해야 한다는 부담을 가지고 있다. 따라서 이 프로토콜은 서버 컴퓨터의 무결성을 신뢰할 수 있어야 한다는 전제가 필요하다. 서버와 개인 사용자가 비밀키를 공유하지 않고, 서버가 사전에 제공한 비밀정보를 인증 요청자가 보유하고 있는지 확인하는 방법으로 다음 절에서 소개할 영지식 증명 프로토콜이 유용하다.

스마트 카드는 1974년 프랑스 저널리스트 모레노(Ronald Moreno)가 '휴대용 기억장치에 의한 보안 처리기'에 관한 특허를 내면서 처음 소개하였다. 지금은 정확히 알 수 없으나 그 당시에는 미래의 인증수단으로 각광을 받았고, 프랑스 내에서만 수백만 장의 카드가 만들어져서 배포 사용되었다. 이 카드는 많은 장점을 가지고 있어서 앞으로 사용 범위가 확장될 가능성도 크지만, 카드 제작비용이 상대적으로 많이 들고 해당 점포에 기존의 카드 리더기 이외에 더 높은 사양을 가진 단말기가 필요하다는 단점이 있어서 급속하게 확산되지 않는 듯하다. 스마트 카드는 작은 프로세서와 수 킬로바이트 정도의 메모리 용량을 가지고 있으면서, 칩 부분이 $20mm^2$를 넘지 않아야 하고 카드가 구부러질 때 오동작도 염두에 두고 제작해야 하기 때문에, 카드발급 비용이 기존 마그네틱 카드의 10배정도 더 들어간다.

## 8.3 OTP

인터넷 뱅킹과 같은 디지털 금융거래의 안전성은 패스워드를 얼마나 안전하게 보관하고 사용하는지에 달려 있다. 앞에서도 말한 것처럼 사용자가 기억하기 쉬운 간단한 패스워드는 손쉬운 공격 대상이다. 안전도가 충분히 높은 길고 복잡한 패스워드라고 하더라도 매번 같은 같은 것을 반복하여 재사용하는 것도 아주 위험하다. 스나이핑과 같은 해킹기법으로 패스워드 전송값을 엿볼수도 있고, 암호화한 값이나 해시함수 값으로 전송을 해도 일정한 횟수 이상 반복해서 사용하면 공격자에게 패스워드를 추측할 수 있는 단서를 꾸준히 제공하는 결과를 초래한다.

그림 8.7: *OTP*

패스워드를 사용자가 기억하거나 어디인가 적어 놓지 않고도 필요할 때마다 꺼내어 쓸 수 있으면서, 패스워드 재사용 문제까지 해결할 수 있는 방법이 바로 OTP(One Time Password) 이다. OTP 를 공인(사설) 인증서와 함께 사용하면 금융거래의 안전성을 크게 향상시킬 수 있다.

종전에 금융기관에서는 인터넷 뱅킹을 등록하는 고객에게 신용카드처럼 생겼으면서 네 자리 숫자가 여러 개 적혀 있는 보안카드를 제공했었다. 금융거래를 할 때 사용자는 서버의 요구에 따라, 예를 들어 보안카드 36 번의 앞 두자리와 72 번의 뒤 두자리를 입력하는 방식으로 사용자 인증을 받는다. 그러나 자세한 설명을 하지 않더라도 보안카드가 노출되거나 분실을 했을 경우 사용자가 이를 깨달아 사용정지 절차를 밟을 때까지는 치명적으로 위험하다는 것을 알 수 있을 것이다.

최근 사용하기 시작한 OTP 는 조그만 메모리 스틱과 같은 모양(그림 8.7) 을 가지고 있으며, 버튼을 누르면 매번 다른 값을 가진 여섯자리 숫자가 나타난다. 이 여섯자리 수가 패스워드를 대신하는 것으로, 패스워드를 해시함수로 여러 번 처리한 숫자들의 수열이 저장되어 있어서 버튼을 누를 때마다 하나씩 나타나는 것이다. OTP 에 나타나는 수열은 한 번 사용한 후 버리게 되므로 인터넷 금융거래과정에서 해킹 등으로 노출되더라도 다음 거래에 사용할 수열을 전혀 추측할 수 없어서, 패스워드 재사용 문제는 발생하지 않는다. 또 보안카드보다는 더 긴 값을 편리하게 입력할 수 있는 장점도 가지고 있다. 물론 분실했을 경우는 안전성을 보장할 수 없으므로, 별도의 패스워드가 필요한 디지털 공인 인증서와 함께 사용하는 것이 바람직하다.

OTP 를 생성하는 가장 간단한 방법은 해시함수를 이용한 해시체인 (hash chain) 기법으로 다음과 같은 절차로 수열을 생성하고 사용한다.

1. 사용자가 정한 패스워드 $P$ 를 해시함수 $H$ 로 계산한 값을 $H(P)$ 라고 하자. 이 값을 다시 해시함수로 계산한 값 $H(H((P))$ 는 $H^2(P)$ 라고 표현한다. 즉, $H^n(P) = H(H(\cdots(H(P))\cdots))$ 은 패스워드에 해시함수 $H$ 를 $n$ 번 적용한 함수값이다.

2. OTP 생성기는 이 함수값들을 충분히 많게 생성하여 휴대용 기기에 저장한다. $H^n(P) = P_n$ 이라고 하면 OTP 는 수열

$$\{(1, P_1), (2, P_2), \cdots\cdots (n, P_n)\}$$

을 생성하여 저장한다. 이 때 초기 패스워드 값은 당연히 OPT 에 저장하지 않는다.
3. 금융기관의 담당자는 OTP 를 발급할 때, 마지막 $(n, P_n)$ 를 금융거래 서버에 안정한 경로로 알려서 저장하게 함으로써 초기 등록을 한다.
4. 금융거래를 원할 때 사용자는 서버의 요청에 따라 $(n-1, P_{n-1})$ 를 송신하고, 서버는 수신한 $P_{n-1}$ 에 해시함수 $H$ 를 적용하여 $H(P_{n-1}) = P_n$ 인지 확인한다.
5. 정당한 거래로 인정되면 서버는 $P_{n-1}$ 를 저장하고 $P_n$ 는 지워버린다.
6. 사용자가 다음 거래를 원할 때 OTP 생성기는 $P_{n-2}$ 를 표시하여 사용자가 입력하게 한다.
7. OTP 생성기에 저장한 수열을 모두 사용하고 나면 패스워드를 다시 등록하고 초기화한다.

해시체인 기법에 의한 OTP 방식은, 특정한 시기에 사용한 $P_i$ 가 통신경로에서 일시적으로 노출되더라도 다음에 일회용 패스워드로 사용할 수 $P_{i-1}$ 를 짐작할 수 없기 때문에 상대적으로 안전하다. $P_{i-1}$ 를 알아내는 것은 $H(x) = P_i$ 인 수 $x$ 를 안다는 것으로 해시함수의 특성상 거의 불가능하다.

OPT 생성기는 버튼을 한번 누를 때마다 해시값 수열을 거꾸로 하나씩 되돌아가면서 출력해 준다. 사용자가 인증에 사용하지 않으면서도 실수(또는 호기심으로) 로 OPT 버튼을 여러 번 누르면 그만큼 출력값도 계속해서 되돌아 간다. 따라서 OPT 출력값에는 해시함수 적용 횟수에 대한 정보도 함께 들어 있어야 한다. 서버 컴퓨터에 $(i, P_i)$ 가 마지막으로 저장되어 있고, 불필요한 버튼 누르기를 여러 번 했던 인증요청자가 OPT 를 $(k, P_k)$ 로 송신했다고 하자. 이 경우에는 서버가 $P_k$ 에 해시함수 $H$ 를 $i-k$ 번 적용해서 $H^{i-k}(P_k) = P_i$ 인지 확인하면 된다.

## 8.4 영지식 증명

초등학교 아이들이 가장 싫어하는 숙제는 아마 일기쓰기일 것이다. 매일 쓰기도 귀찮지만, 엄마나 선생님께 검사받는 것은 더욱 싫은 일이다. 만약 일기를 보여 주지 않고도 썼는지 안썼는지 확인할 수 있다면 아이들

교육에 큰 진전이 있을 것이다. 아직은 일기를 보지 않고도 검사할 수 있는 좋은 방법이 없지만, 자신의 비밀을 드러내어 보여 주지 않은 채, 비밀을 알고 있다는 사실을 입증할 수 있는 방법이 있다. 앞에서 설명한 패스워드 입력이나 질의 응답에 의한 사용자 인증은, 암호를 사용하든 해시함수를 사용하든, 비밀번호에 대한 정보를 어떤 식으로라도 상대에게 전송해야 한다. 공격방법이 다양해지고 고도로 전문적인 공격자가 있는 한 항상 꺼림칙할 수밖에 없다. 정당한 사용자를 입증할 수 있는 비밀 정보를 직접 제공하지 않으면서도 그 정보를 소유하고 있음을 확인 받을 수 있는 통신절차를, 영지식 증명 프로토콜(zero-knowledge protocols) 라고 한다. 우선 간단한 두 가지 예를 통해 영지식 증명 프로토콜이 어떤 것인지 이해하여 보자.

**역사적 예: 타탈리야(Tartaglia)의 비밀** 수학의 역사를 볼 때, 방정식들의 해는 매우 중요한 역할을 해왔다. $3x+5=7$ 과 같은 일차방정식을 푸는 방법은 옛날부터 알려졌다. 중세시대에는 이차방정식의 해가 알려졌다. 19세기 전반부에 유명한 아라비아 수학자인 알콰리즈미(Muhammad ibn Musa Al-Khwarizmi)는 '자부르와 무가바라의 계산법에 관한 요점 정리'라는 저서를 통해 이차방정식의 해를 구하는 공식을 언급하였다. 여러분도 이미 알고 있겠지만, 방정식 $ax^2+bx+c=0 (a \neq 0)$ 의 해는

$$x = \frac{-b \pm \sqrt{b^2-4ac}}{2a}$$

이다.

3차방정식의 해를 구하는 공식은 아주 복잡하여 발견하는 데는 아주 오래 걸렸다. 여기서는 공식을 소개하지는 않고 단지 역사적인 이야기에 대해서만 언급하겠다. 베니스 출신인 '계산의 명수' 타탈리야(Niccolo Tartaglia, 1499-1557)는 1535 년에 3차 방정식 $ax^3+bx^2+cx+d=0$ 의 해를 구하는 방법을 발견했다. 그는 대중들에게 자기가 계산법을 알고 있다고 주장은 했지만, 공식은 절대 말할 수 없다고 했다. 사람들은 타탈리야가 공식을 발견한 것이 사실인지 아닌지는 간접적으로 확인할 수밖에 없었다. 사람들은 3차 방정식 문제를 타탈리야에게 주어 간단히 시험해 보았다. 비밀의 장소에 들어간 타탈리야가 잠시 후 3개의 해를 구해오면, 그것이 해가 되는지 아닌지는 세개의 해를 방정식에 적절히 대입해 보면

알 수 있었다. 가령 누군가가 다음 방정식

$$x^3 + \frac{1}{2}x^2 - \frac{13}{2}x + 3 = 0$$

을 제시하고, 타탈리야가 3개의 근 $2, -3, 1/2$ 을 구해오면 원래의 식에 대입해보면 올바른 것인지 체크할 수 있다.

$$(x-2)(x+3)(x-\frac{1}{2}) = x^3 + \frac{1}{2}x^2 - \frac{13}{2}x + 3$$

문제로 제시한 식이 다시 나타나면 해는 정확한 것이다. 한두 번은 우연이라고 하더라도 답을 일이 여러 번 거듭되면 타탈리야가 공식을 알고 있음을 확신할 것이다. 하지만 아무리 문제를 내어 테스트를 하더라도 다른 사람들이 타탈리야의 공식 자체를 알아낼 수는 없었다.

마침내 카르디노(Geronimo Cardano, 1501-1576)가 타탈리야에게 비밀을 절대 지키기로 약속하고 간청하여 공식을 얻었다. 하지만 그는 약속을 어기고 1545년에 발행한 그의 책 Ars Magna에 타탈리야의 공식임을 밝히고 공표해 버렸다. 그럼에도 불구하고 3차 연립 방정식의 해가카르디노의 공식으로 불리고 있음은 수많은 역사적 아이러니의 하나이다. 암호론과 관련하여 주목할 만한 사실은 타탈리야가 자신의 비밀(3차 방정식 해의 공식)은 지키면서도 다른 사람들에게 자기가 정말로 비밀을 알고 있음을 확인하게 할 수 있었다는 것이다.

**재미있는 놀이: 제곱근 게임** 어떤 수 $a$를 제곱하여 $b$가 되면, $a$를 $b$의 제곱근이라고 하고 실수 계산에서는 $a = \sqrt{b}$로 표시한다. 정수나 실수의 제곱근이 가지고 있는 여러 가지 특성이나, 제곱근을 구하는 방법은 중, 고등학교 수학 시간에 이미 배웠을 것이다. 또 간단하게는 조그만 전자 계산기나 프로그램으로 쉽게 제곱근을 구할 수 있다. 그런데 정수의 모듈러스 연산일 경우는 제곱근을 구하는 문제가 간단하지 않다. 정수 $a$를 알고 있을 때 $a^2 \bmod n \equiv b$인 $b$를 구하는 것은 어주 쉽다. 그러나 반대로 $y$를 알고 있을 때 $x^2 \bmod n \equiv y$인 $x$를 계산하는 것은 매우 어렵다. 정수에 관한 책들을 보면, $n$이 특별한 형태의 소수일 때는 제곱근 $x$를 구할 수는 있으나 그렇지 않은 경우는 매우 어렵다는 것을 알 수 있다. 특히 $n = pq$인 합성수이면 제곱근을 구하는 것은 $n$을 소인수분해하여 $p$, $q$를 알아내는 것과 같은 정도로 어렵다. 이처럼 정수의 모듈러스 제곱근을 계산하기가 거의 불가능하다는 사실을 이용하여 재미있는 제곱근 게임을 진행할 수 있다. 제곱근 게임은 내가 어떤 정수 $s$를 알고 있다는

사실을 상대방으로 하여금 간접적으로 확인하게 하는 절차이다. 물론 이 과정에서 내가 알고 있는 정수 $s$는 절대로 드러내지 않는다. 진행 절차를 예를 통해서 알아보자.

나는 mod55 에 관해 제곱이 34 인 수, 즉 $s^2 \equiv 34 \bmod 55$ 인 수 $s$를 알고 있고, 상대방은 모른다. 나는 상대방에게 $s$를 밝히지 않으면서도 내가 알고 있다는 것을 확인하게 하려고 한다. 여러분도 상대방의 입장이 되어서 과연 내가 $s$를 알고 있는지 확인해 보기 바란다.

1. 먼저 내가 임의의 수 $r$을 택해 법 55 에 관해 제곱을 한 수 $r^2 \bmod 55 = 26$ 을 상대방에게 보낸다.
2. 상대방은 동전을 던져 앞면이 나오면, 나에게 $rs \bmod 55$ 의 값을 보내라고 하고, 뒷면이 나오면 단지 $r$ 값만 보내라고 요구한다.
3. 동전이 앞면이어서, 내가 $rs \bmod 55 = 53$ 이라고 알려주면 상대방은 다음 사실을 확인한다.

$$\begin{aligned}(rs)^2 &= 53^2 \equiv 4 \bmod 55\\ r^2s^2 &= 26 \times 34 = 884 \equiv 4 \bmod 55\end{aligned}$$

4. 동전이 뒷면일 경우는, 내가 보낸 $r$ 값을 제곱해보고 $r^2 \equiv 25 \bmod 55$ 인지 확인한다. 이 경우는 내가 $s$를 알고 있는지 확인하는 절차는 아니고, 다음에 설명할 속임수를 예방하는 차원의 안전장치이다.

첫번째 과정에서 $r$은 가능하면 실수 $\sqrt{55}$ 보다 크고, $r$과 55는 서로소인 수를 선택하는 것이 좋다. 전수공격을 피하려면 $r$이 큰 수인 것이 좋고, $r^{-1} \bmod n$ 이 존재하지 않으면 $(rs)^2 \equiv r^2s^2 \bmod 55$ 가 성립하지 않을 수도 있기 때문이다.

속임수는 잠시 후 설명하기로 하고, 우선 위 프로토콜이 진행되는 과정에서 노출되는 $r^2$, $s^2$, $rs$ 로부터 $s$를 알아낼 수 있겠는가를 생각해 보자. $s^2$의 제곱근을 구하면 $s$를 알 수 있지만 이는 불가능하다. $r$을 알아내면 $r^{-1} \bmod 55$ 를 계산할 수 있으므로 $s = rsr_{-1} \bmod n$ 으로 $s$를 알 수 있으나, 이 것 역시 제곱근을 구하는 문제이다. 따라서 노출된 정보로부터 $s$가 밝혀질 염려는 없다. 그리고 $r$과 $s$를 알고 있는 나만 $rs$를 제공할 수 있으므로, 내가 $s$를 알고 있다는 것이 확인되었다.

그렇다면 직접 $rs$를 보내라는 요청을 하면 간단한데, 반드시 동전 던지기를 해서 $r$ 또는 $rs$를 밝혀보라고 하는 과정이 필요한 이유는 무엇인가?

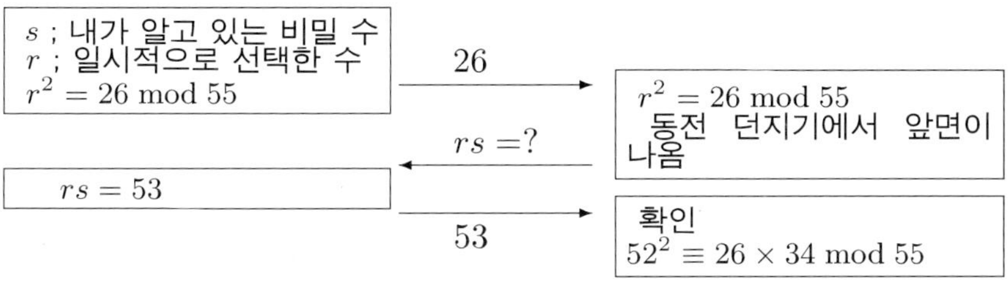


그림 8.8: 제곱근 게임

**속임수** 동전 던지기를 생략하고 항상 $rs$를 물어 온다면, 부정한 공격자가 속임수를 쓸 수 있다. 즉 $s$를 알지 못하면서도 아는 것처럼 위장하는 방법이 있다. 공격자는 어떤 수의 제곱이 되는 수(예를 들어 4)를 선택한 다음 $4(s^2)^{-1} = 4 \cdot 34^{-1} = 4 \cdot 34 \bmod 55 = 26$을 계산하여 26이 $r^2$이라고 상대에게 보낸다. $34^{-1} \bmod 55 = 34$이다. 상대방이 $rs \bmod 55$가 무엇인지 질문을 해 오면, 간단히 $rs = 2$라고 대답한다. 그러면 상대방은 $(rs)^2 = 2^2 \bmod 55 = 4$이고, $r^2s^2 = 26 \cdot 34 \bmod 55 = 4$이므로 내가 $s$를 알고 있다고 판단한다.

그러나 이 경우, 만약 $r$을 물어오면 26의 mod55에 대한 제곱근을 구할 수 없으므로 대답할 수 없다.

따라서 상대방(즉 확인자)는 $r$ 또는 $rs$를 아주 랜덤하게 선택하여 질문을 해야 이러한 속임수를 방지할 수 있다.

동전 던지기에서 어느 한쪽 면이 나올 확률은 1/2이므로 어느 것을 이 프로토콜을 통과할 확률도 역시 1/2이다. 확인자는 내가 우연히 맞춘 것이 아니라 정말로 $s$를 알고 있다는 확신을 갖기 위해서는 여러 번 묻고 대답하기를 반복해야 한다. 이 과정이 $t$번 반복되었을 때 공격자가 운 좋게 $t$번 모두 속일 수 있는 확률은 $(1/2)^t$으로 급격하게 줄어든다. 예를 들어 10번의 테스트를 모두 통과할 확률은 $(1/2)^{10} \leq 1/1000 = 0.001$이다.

제곱근 게임은 영지식 증명의 특성을 만족하는 좋은 프로토콜이다. 또한 공격자가 제곱근을 모르는 채 테스트를 한 번 통과할 확률은 1/2이므로 여러 번 테스트를 통과할 확률은 아주 작다.

실제로 mod55에 대한 제곱근을 구하는 정도는 손으로도 계산할 수 있으므로 위의 예는 그저 단순한 게임에 불과하다. 그러나 mod $n$의 $n$값을 충분히 크게 한다면 실용적으로도 의미가 있다. 이 게임은 다음과 같은 영지식 증명 프로토콜의 기본적인 특징을 모두 갖추고 있다:

## 8.5 여러 가지 신원확인 프로토콜

### 8.5.1 피아트-샤미르 프로토콜

1986년 이스라엘의 수학자 샤미르(Adi Shamir)와 피아트(Amos Fiat)가 사용자 인증에 대한 완전히 새로운 프로토콜 버전으로 제안 것으로서, 기본적으로 앞에서 설명한 제곱근 게임을 실용적으로 적용한 신원인증 프로토콜이다. 이전에도 매사츄세츠 공과대학(MIT)의 골드와셔(Shafi Goldwasser)와 미칼리(Silvio Micali), 토론토(Toronto) 대학교의 락코프(Charles Rackoff) 등이 이와 비슷한 아이디어를 제시한 적이 있는데, 피아트-샤미르가 더욱 세련되게 발전시켰다.

이 프로토콜에 사용하는 수들은 아주 큰 수로, 일반 사용자들의 PC 정도로는 다루기가 쉽지 않다. 제곱근 게임에서 모듈러스로 사용하는 $n$은 매우 큰 소수 $p$, $q$를 서로 곱한 수인데, 공격자가 소인수분해할 수 없는 정도로 충분히 커야 한다. 컴퓨터의 계산능력이 아주 빠르게 발전하고 있어서 어느 정도의 크기가 안전하다고 단정하기는 곤란하지만, 소수 $p$와 $q$는 100자리 이상, $n$은 보통 200자리 이상의 수들을 사용한다; 이진법 수로는 640개 이상의 비트열이다. 따라서 이처럼 큰 소수들을 찾아서 제공해주는 믿을 만한 기관의 도움을 받아야 한다. 이러한 기관을 TA(Trust Agency, Trust Authentication) 또는 키분배 센터라고 부른다. 소수를 처리해서 RSA 암호 등에 사용할 개인키와 공개키를 제작하여, 이것들은 개인에게 분배하고 필요한 경우 키의 관리, 재발급, 폐기선언 등의 서비스를 제공하는 기관이나 시스템을 PKI(Public Key Infrastructure)라고 한다.

인증 과정을 시작하기 전에, 키 분배 센터는 두 소수 $p$와 $q$를 선택해 $n = pq$를 계산한다. $n$은 공개하지만 $p$와 $q$를 비밀로 하는 것이 매우 중요하다. 그러기 위해서 $n$은 공격자가 소인수분해를 할 수 없을 정도로 충분히 커야 한다. 소수 $p$, $q$를 알면 어떤 수의 $\bmod p$와 $\bmod q$에 관한 제곱근은 비교적 쉽게 구할 수 있고, 그것을 이용하여 $\bmod n$에 관한 제곱근도 구할 수 있기 때문이다. 따라서 소인수분해는 공격자가 아닌 키 분배 센터만이 가능해야만 한다.

키 분배센터에서 사용자에게 비밀로 해야하는 수 $s$, 매우 큰 수 $n$과 $ID_A = s^2 \bmod n$를 부여한다. 수 $ID_A$는 사용자의 ID(Identification)로 사용하기 위해 공개하고, $s$는 사용자의 패스워드이다. 반대로 사용자 $A$가 제시한 아이디를 $ID_A$로 하고, $ID_A$의 제곱근인 $s$를 계산해 사용

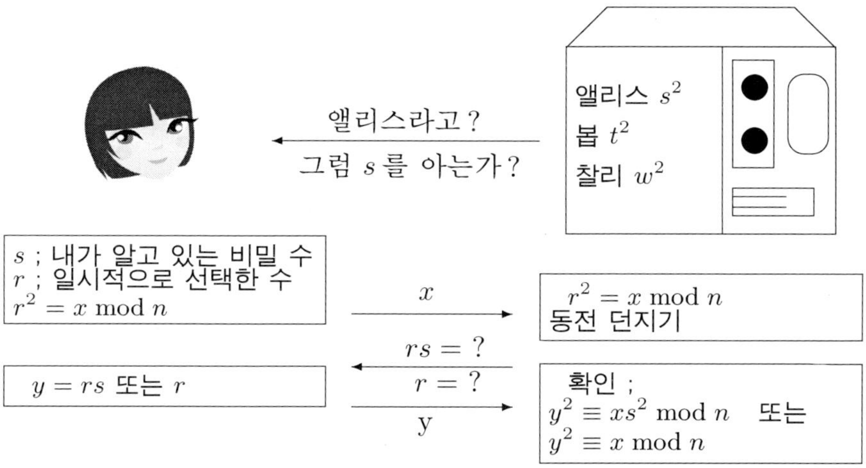


그림 8.9: 피아트-샤미르 프로토콜

자에게 제공할 수도 있다. 사용자의 ID도 결국은 비트열이기 때문에 숫자로 간주할 수 있으며, 소수 $p, q$를 알고 있는 센터는 숫자 $ID_A$의 제곱근을 계산할 능력을 가지고 있다.

구체적인 사용자 인증 절차를 나타내는 그림8.9에서 알 수 있듯이, 피아트 샤미르 프로토콜의 기본 절차는 제곱근 게임과 동일하다.

이 프로토콜의 특징을 간단하게 언급하면 다음과 같다.

- 사용자의 단말기(PC 또는 모바일 기기)는 곱하기와 제곱하기 정도의 간단한 모듈러스 연산만 수행하면 된다. 사용자는 임의의 수 $r$을 선택해서 제곱한 다음 $\bmod n$ 연산을 하여 $x$를 구하거나, $r, s$를 서로 곱하는 모듈러스 연산으로 $y$를 계산하는 정도의 능력만 가지고 있으면 충분하다.
- 서버 컴퓨터도 사용자 확인 과정에서 곱하기와 제곱하기(제곱도 결국은 곱하기의 일종이다) 정도만 계산하면 된다. 따라서 인증절차를 매우 빠르게 진행할 수 있다.
- 서버의 동전 던지기는 프로그램으로 내장되어 있는 랜덤함수를 써서 0이나 1을 선택하는 것이다. 랜덤함수는 다양한 종류가 있는데, 예를 들자면, 현재의 시간값을 비트열로 하여 삼각함수(사인, 코사인)에 대입하면 절대값이 0과 1 사이에 있는 소수가 나타나는데, 소수점 이하 10번째 자리 수가 홀수이면 1, 짝수이면 0을 출력하는 랜

덤함수가 있다.

- 질의 응답을 $t$ 번 시도하면 사용자가 속일 확률은 $\left(\frac{1}{2}\right)^t$ 이다. 즉, $t = 20$ 이면, 속일 확률은 100 만분의 1 보다 작아진다. 물론 질의응답 과정은 사용자에게 보이지 않은 채 단말기기 또는 스마트 카드가 대신 수행한다.
- 프로토콜이 끝난 후에도 서버 컴퓨터는 사용자의 패스워드 $s$ 를 알 수 없다. 다만 사용자가 알고 있다는 사실만 확인할 뿐이다.

### 8.5.2 슈노르의 사용자 인증

슈노르(Claus Schnorr)가 개발한 사용자 인증 프로토콜을 간단히 소개한다. 이 방법은 TA의 역할은 간단한 반면 사용자와 검증 서버의 부담이 약간 증가한다. 그러나 사용자와 서버가 각각 일시적인 세션 키를 사용하므로 그만큼 안전도가 높아진다.

키를 만들기 위해 적절한 소수 $p$ 와 $q$ 를 선택한다. 이때 $q$ 는 $p-1$ 의 약수이어야 한다. 우선 $q$ 를 정한 다음 $p = kq+1$ 인 수들 가운데 소수인 $p$ 를 선택하면 손쉽게 $p$, $q$ 를 고를 수 있다. 슈노어는 안전을 위해, $p$ 는 512 비트, $q$ 는 140 비트 이상일 것을 권장하였다.

그리고 1이 아니면서 $a^q \equiv 1 \bmod p$ 인 수 $a$ 를 선정한다. $p, q, a$ 는 사용자와 검증 서버 모두에게 공개한다. 사용자는 인증에 이용할 공개키 $v$ 와 비밀키 $s$ 를 만들기 위해, $q$ 보다 작은 수 $s$ 를 무작위로 고른 다음 $v = a^{-s} \bmod p$ 를 계산한다.

사용자 인증과정은 다음과 같다.

1. $q$ 보다 작은 무작위 수 $r$ 을 택하여 $x = a^r \bmod p$ 를 계산한다.
2. $x$ 를 검증 서버에게 보낸다.
3. 서버는 0과 $2^t - 1$ 사이에 있는 무작위 수 $e$ 를 사용자에게 보낸다. 파라미터 $t$ 는 인증과정의 안전도를 측정하는 파라미터로 아무 수나 정해 놓아도 되지만 Schnorr는 적어도 72 이상일 것을 권장하고 있다.
4. 사용자는 $y = (r+se) \bmod q$ 를 계산하여 $y$ 를 서버에 보낸다.
5. 서버는 $x = a^y v^e \bmod p$ 가 성립하는지 확인하여 사용자를 인증한다.

슈노어의 사용자 인증 프로토콜은 사용자와 검증 서버가 모두 $a^{-s}$, $a^r$,$a^y$, $v^e \bmod p$ 와 같은 거듭제곱 계산을 해야하는 부담이 있다. 거듭제곱은 지수가 작을 때는 몇 번의 곱하기 연산으로 계산이 가능하지만,

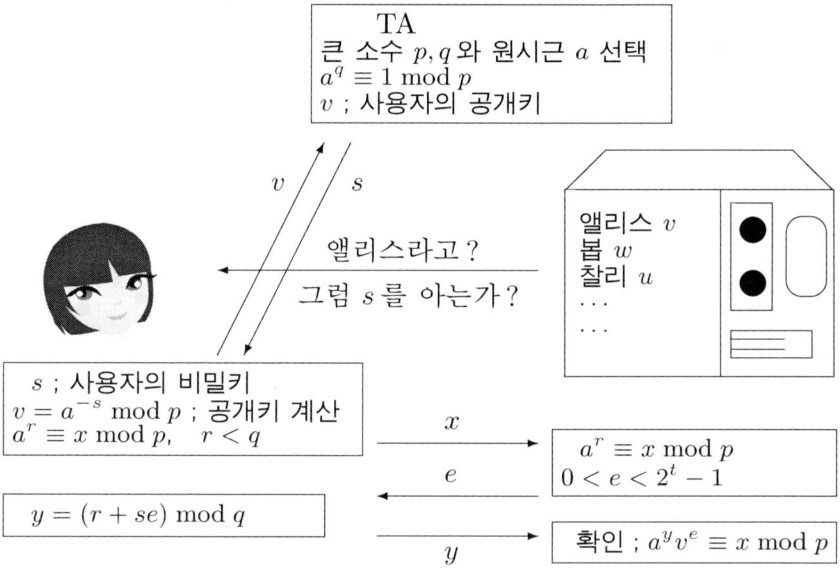


그림 8.10: *Schnorr*의 사용자 인증

지수가 클 때는 상당한 계산량이 필요하므로 서버와 사용자 모두가 성능이 좋은 기기를 가지고 있어야 한다. 반면 TA는 큰 소수 $p$, $q$를 정하고 $a^q \equiv 1 \bmod p$인 $a$만 찾아서 제공하면 된다. 만약 사용자와 TA 사이에 공개키 암호 시스템과 같은 안전한 통신 경로가 있다면, 사용자의 비밀키 $s$와 공개키 $v = a^{-s} \bmod p$는 TA가 미리 계산해서 제공하는 것이 바람직하다. 그만큼 사용자의 계산 부담이 줄어들기 때문이다.

하지만 $q$보다 작은 무작위 수 $r$을 택하여 $x = a^r \bmod p$를 계산하는 과정은 사용자가 직접 수행해야 한다. 무작위 수 $r$을 스마트 카드 정도에서 감당할 수 있을 정도로 작게 선택하여도 이 프로토콜이 작동하겠지만 안전성은 그만큼 떨어질 것이다. 다만 사용자 인증을 할 때마다 사용자와 검증 서버가 각각 세션키 $r$, $e$를 선택한다는 점에서 안전성을 보완해주고는 있지만, 그만큼 $r$이 작아도 된다는 수학적 보장은 없다.

공격자의 입장에서 사용자의 비밀키 $s$나 세션키 $r$을 알아내려면, 이미 공개되어 있는 $p$, $q$, $a$와 통신과정에서 알 수 있는 $v$, $x$, $e$, $y$ 등으로부터 일종의 로그함수와 같은 인덱스 계산을 해야 한다. 즉 $v = a^{-s} \bmod p$로부터 $-s = \log_a v$를, $x = a^r \bmod p$로부터 $r = \log_a x \bmod p$ 계산해야 하는데 이는 이산대수 문제로 소인수분해와 같은 정도의 난이도를 가지고 있다. 슈노어는 안전을 위해, $p$ 는 512 비트, $q$ 는 140 비트 이상일 것을 권장하였다.

Schnorr 는 해시함수, 암호 알고리즘, 메시지 은닉 등 여러 가지 분야에서 다양한 기법을 개발하였으며 미국을 비롯한 많은 나라에서 특허를 가지고 있는 암호학자이다. 슈노어의 시용자 인증 프로토콜은 1993 년에 PKP 회사가 모든 권한을 보유하였으며, 2008 년 2 월에 특허권이 만료되었다.

### 8.5.3 오카모토의 사용자 인증

공인 인증서 (Certificate) 는 사용자의 신원정보에 대한 공인된 인증기관 (CA, Certificate Authority) 의 확인서이다. 마치 행정기관에서 개인에게 주민등록증과 같은 신분 증명서를 발급해 주는 것과 같다. 공인 인증서에는 사용자 인증에 필요한 개인 정보 (주로 금융거래에 필요한 정보들로 주소, 전화번호, ID, PW, 계좌번호 등) 와 함께 이 정보 데이터에 대한 인증기관의 서명이 들어 있다. 필요한 경우 거래할 금융기관의 공개키를 함께 제공하기도 한다. 실제로 은행과 같은 금융기관에서 인터넷 뱅킹을 신청하면, 은행은 신청서의 내용과 확인된 신원 정보를 공인 인증기관으로 전송한다. 사용자가 나중에 은행이나 공인 인증기관의 웹 사이트에 접속을 하면 공인 인증서를 다운로드할 수 있다. 공인 인증서에 특별한 비밀정보가 들어 있는 것은 아니다. 그러나 주민등록증의 경우보다 더 많은 개인정보가 들어있고 누구나 열어볼 수 있으므로, 번거롭지만 다른 사람이 함부로 사용할 수 없도록 패스워드를 설정해야 한다.

앞에서 소개한 슈노르의 사용자 인증 절차는, 실제로는 TA 가 공인 인증서를 발급하면서 동시에 사용자의 공개키와 비밀키를 관리하는 프로토콜의 일부분이다. 이번에 소개하는 오카모토 (Okamoto) 의 사용자 인증 프로토콜은 슈노어의 공인 인증서 버전을 약간 수정하여 수학적으로 안전성을 증명할 수 있게 한 것이다. 슈노어 프로토콜은 안전성이 수학적으로 증명되어 있지는 않다. 하지만 그렇다고 안전하지 않다는 의미는 아니다. 우선, TA 는 다음과 같이 인증서 발급용 공개 파라미터들을 준비한다.

- $\mathbf{Z}_p^*$ 에서 이산대수 계산이 어려운 큰 소수 $p$ 를 선택한다 ($p \geq 2^{512}$).
- 소수 $q$ 는 $q \geq 2^{140}$ 인 $p-1$ 의 소인수이다.
- $\mathbf{Z}_p^*$ 의 원소들 중에 위수가 $q$ 인 원소 $\alpha_1$ 을 택하고 적당한 수 $c$ 를 정하여, $\alpha_1^c = \alpha_2$ 를 계산한다. 이때 $c = \log_{\alpha_1} \alpha_2$ 이며 $c$ 를 비밀로 하

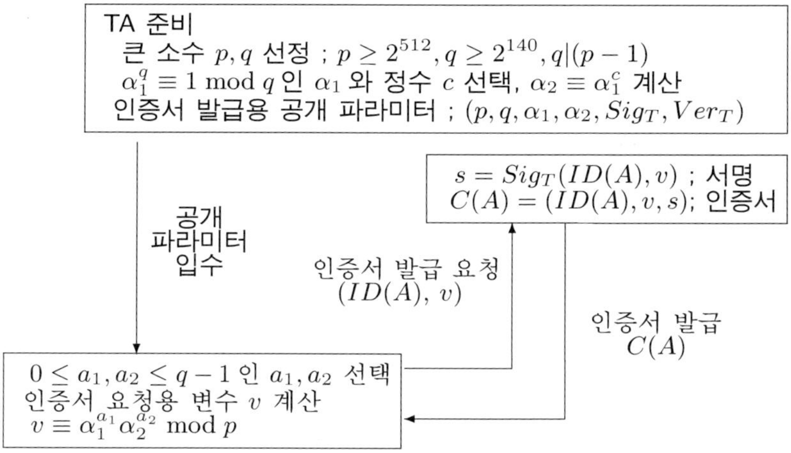


그림 8.11: 공인 인증서 발급 절차

면 $\alpha_1, \alpha_2$ 로부터 $c$ 를 알아내는 것은 이산대수 문제가 된다.

- TA 는 안전한 서명기법$(Sig_T, Ver_T)$ 을 가지고 있다.
- 안전한 해시함수 $H$ 를 써서 사용자 정보를 해시해야 하지만, 전체 구조를 이해하기 쉽게 하기 위해 이 부분은 설명에서 생략한다. 이러한 조건을 만족하는 변수 $(p, q, \alpha_1, \alpha_2, Sig_T, Ver_T, H)$ 가 신원확인을 위한 공개 파라미터들이다.

사용자 A 가 자신의 신원을 확인할 수 있는 다양한 개인 정보를 제공하고 적절한 확인(예를 들어 은행 창구에서 주민등록증을 확인한 후 은행 측에서 정보를 입력)이 이루어지면, 공인 인증기관 TA 는 A 와 협력하여 다음과 같은 절차로 신원확인 증명서를 발급한다.

- TA 는 제출받은 개인기록을 확인한 다음 이 정보들을 비트열 $ID(A)$ 로 만든다.
- A 는 $0 \leq a_1, a_2 \leq q-1$ 인 비밀지수 $a_1, a_2$ 를 선택한 다음, $v \equiv \alpha_1^{-a_1}\alpha_2^{-a_2} \bmod p$ 을 계산하여 $v$ 를 TA 에 보낸다.
- TA 는, A 가 제시한 $v$ 와 A 의 $ID(A)$ 에 안전한 서명 알고리즘을 써서 $s = Sig_T(ID(A), v)$ 를 만들고, 증명서 $C(A) = (ID(A), v, s)$ 를 A 에게 보낸다.

발급받은 공인 인증서로 사용자 A 가 검증 서버 B 에게 자신을 인증하는 방법은 다음과 같다.

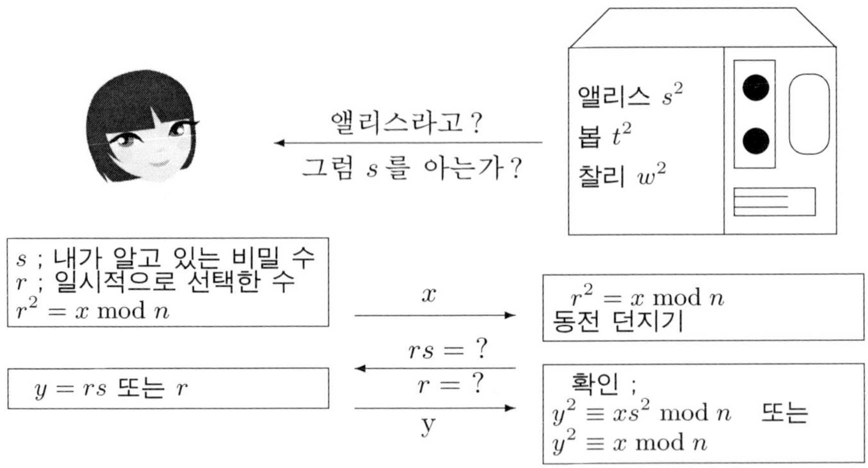


그림 8.12: 오카모토 사용자 인증

1. A는 임의의 수 $k_1, k_2 (0 \le k_1, k_2 \le q-1)$를 선택하고 $\beta \equiv \alpha_1^{k_1}\alpha_2^{k_2} \bmod p$를 구하여 B에게 $(C(A), \beta)$를 보낸다.
2. B는 A로부터 받은 $(C(A), \beta) = ((ID(A), v, s), \beta)$에서 $Ver_T(s) = (ID(A), v)$을 계산하여 TA가 인증한 ID인지 확인한다.
3. B도 $1 \le r \le 2^t$인 적당한 수 $r$을 선택하여 A에게 보낸다. $t$는 전체 프로토콜에 크기를 결정하기 위해 미리 정해 놓는 수로서 40 정도가 적당하다.
4. A는 $y_1 \equiv k_1 + a_1 r \bmod p$와 $y_2 \equiv k_2 + a_2 r \bmod p$를 계산하여 $(y_1, y_2)$를 B에게 보낸다.
5. B는 $r \equiv \alpha_1^{y_1}\alpha_2^{y_2}v^r \bmod p$를 계산하여 A의 신원을 확인한다.

**예 8.1** $p = 88667, q = 1031, t = 10$이라고 하자. $A$는 $\alpha_1 = 58902, \alpha_2 = 73611, a_1 = 846, a_2 = 515$라고 하고 $v = 13078$을 구하여 $TA$에게 보내어 자신의 증명서 $C(A) = (ID(A), v, s)$를 얻는다. 또한 $A$는 $k_1 = 899, k_2 = 16$을 선택하고 $\gamma = 14574$를 얻어 $B$에게 $(C(A), \gamma)$를 보낸다. 마지막으로 $B$는

$$58902^{131} 73611^{287} 13078^{489} \equiv 14574 \bmod 88667$$

를 증명하여 $A$를 확인한다.

MEMO

# 9
# 키의 분배와 교환

암호와 암호를 이용하는 서명, 인증과 같은 다양한 프로토콜에서, 가장 중요한 문제 가운데 하나가 '암호 키를 어떻게 만들고 전달하며 서로 교환하는가'이다.

공개키를 사용하는 경우 적절한 크기와 특성을 가진 키를 사용자 개인이 만들어내는 것은 쉽지 않다. 따라서 이러한 키를 전문적으로 만들어서 공급해 주는 신뢰할 수 있는 회사나 기관이 따로 필요하다. 대칭키 암호의 경우는 상대방과 같은 키를 어떤 방법으로 교환할 것이며, 상대방이 나와 같은 키를 가지고 있다는 것을 확인할 수 있는가가 가장 결정적인 문제이다.

키의 분배는 한 쪽이 키를 선택하여 다른 쪽에 어떻게 전달하는가에 관한 것이고, 키 확인은 공개되어 있어 보안성이 전혀 없는 채널을 통해 서로 비밀키를 공유하는 방법에 관한 이야기이다. 지금부터 이러한 키의 분배와 확인 문제를 어떤 방법으로 해결하는지 알아보기로 한다.

공개키 알고리즘은 보안성은 좋지만 실행이 느리다는 단점을 가지고 있다. 반대로 대칭 알고리즘은 보안성이 다소 약한 반면 사용하기에 좋고 매우 빠르다. 각 시스템의 장점을 살려 두 가지 형태의 알고리즘을 결합해 보는 것은 의미가 있다. 혼합 시스템의 아이디어는, 우선 기본 시스템은 대칭 알고리즘을 쓰고 대칭암호에 필요한 키를 공개키 암호로 교환한다는 것이다. 이렇게 하면 공개키 알고리즘이 느려서 시스템 전체에 병목현상을 일으키는 단점이 문제되지 않는다. 키의 교환에는 아주 작은 정보만(보통 56, 128비트)을 주고받고 비교적 자주 사용하지 않기 때문이다. 한편 공개키와 대칭키 시스템을 적절히 사용하는 것만으로는 모든 문제를 해결할 수는 없다. 대칭키 암호의 또 다른 문제는, 한 개인의 입장에서는 암호시스템을 사용할 대상마다 그에 해당하는 서로 다른 키를 보관하고 있어야 한다는 점이다. 일정 규모 이상이 되면 상당한 양의 메모리를 점유해야 하고 키 리스트트를 안전하게 보관하는 것도 쉽지 않다. 따라서 적절한 계산 능력을 가지고 있으면서 공신력이 있는 기관

(TA, Trust Authority) 에 키의 생성, 발급, 교환, 확인을 상당부분 의존해야 한다. 가장 이해하기 간단한 키 교환 방법은 RSA 암호 시스템을 이용하는 것이다(그림9.1).

1. Mr. 블릭에게 비밀키 $k$ 를 전달하려면 우선 Mr. 블릭의 공개키로 $k$ 를 암호화한다.
2. Mr. 블릭은 자신의 비밀키를 써서 수신된 메시지 $c$ 를 푼 다음 키 $k$ 를 얻는다.

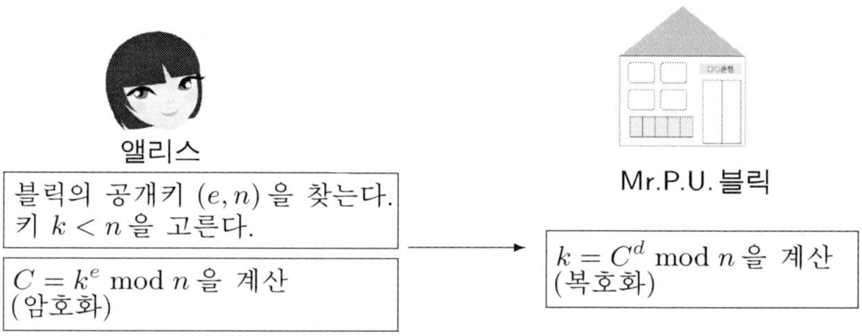


그림 9.1: RSA 키 교환

RSA 키 교환은 대칭키 암호에 필요한 키를 한 사람이 일방적으로 선택한다는 단점만 빼고는 거의 완벽하다. 그러나 상호 통신교환에 필요한 키는 서로 동의한 상태에서 사용하는 것이 바람직하다. 아니면 앞에서 말한 TA 가 적절히 개입하여 키 교환을 도와 주는 방법이 서로 믿을 수 있고 간편할 것이다. TA 의 도움이 없이 서로 동의할 수 있는 키 교환 프로토콜로서 간단한 것은 디피-헬만(Diffie-Hellman) 키 교환이다. 이 방법은 '지수 키 교환' 이라고도 부르는데, 우선 수학적으로 설명한 다음 예를 들어 설명하겠다.

비밀 키를 공유하고자 하는 두 사람은 우선 정수 $p$ 와 $s < p$ 인 $s$ 를 서로 약속한다. 이때 $s$ 는 $\phi(p-1)$ 와 서로 소인 수로 택한다. 이 수들은 공개되어 모든 사람들이 알아도 관계 없다.

1. $A$ 와 $B$ 는 정수 $a, b < p$ 를 각자 선택한 다음 $A$ 는 $\alpha = s^a \bmod p$ 를 계산하고 $B$ 는 $\beta = s^b \bmod p$ 를 계산한다.
2. 계산 결과를 서로 교환한다.
3. 그런 다음 $A$ 와 $B$ 는 각각 $\beta^a \bmod p$ 와 $\alpha^b \bmod p$ 를 계산한다.

4. $\alpha^b \equiv (s^a)^b \equiv s^{ab} \bmod p$ 이고, $\beta^a \equiv (s^b)^a \equiv s^{ba} \equiv s^{ab} \bmod p$ 이므로 두 사람 모두 같은 수 $k = s^{ab} \bmod p$ 를 공유하게 된다.

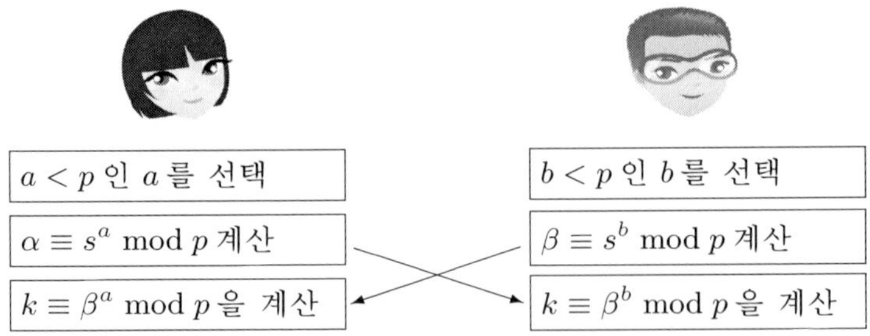


그림 9.2: 디피-헬만 키 교환

이 수 $k$ 는 직접 공통키로 채택할 수도 있고, 사용하려는 대칭 알고리즘에 적합하도록 고쳐서 쓸 수도 있다. 예를 들어 $k$ 를 이진법 수로 고친 다음 처음 56 비트만 택할 수도 있다.

디피-헬만 키 교환의 안전성은 어느 정도일까? Mr.X 가 $\alpha$ 와 $\beta$ 를 알고 있다고 하자. 만약 그가 $\alpha$ 로부터 $a$ 를, $\beta$ 로부터 $b$ 를 알 수 있다면 $A, B$ 가 한 것처럼 $k$ 를 계산할 수 있다. 그러나 $s^a = \alpha$ 에서 $a$ 를 알아내기는 매우 어렵다. 이와 같이 $s^a \bmod p$ 에서 $a$ 를 알아내는 것을 이산대수 문제라고 한다. 이 문제를 풀기가 얼마나 어려운지 예를 들어 보자.

$p = 11,\ s = 4$ 라고 하자. $A$ 의 입장에서는

$$s^4 \equiv 4^4 \equiv 4^2 \cdot 4^2 \equiv 5 \cdot 5 \equiv 3 \bmod 11$$

을 계산하기 쉽다. 그러나 Mr.X 는 단지 $s^a \equiv 4^a \equiv 3 \bmod 11$ 만 알고 있으므로 $a$ 를 알기는 상대적으로 매우 어렵다.

디피-헬만의 키 교환에서, Mr.X 가 아주 비범한 계산 능력을 가지고 있다고 하면 이론적으로는 $\alpha$ 와 $\beta$ 를 가지고 비밀 키 $k$ 를 알아낼 가능성이 있다. 하지만 아직까지 그런 방법을 발견한 사람은 없다.

이 키 교환은 $p^m$($p$ 는 소수) 개의 다항식을 쓸 수도 있다. $m > 1$ 이면 정수 $Z_{p^m}$ 을 쓰지 않고 $p^m$ 개의 원소를 갖는 유한체 $GF(p^m)$ 을 사용한다. 이 유한체는 불행한 천재 수학자 갈로와(Galois)의 이름을 따서 갈로와체(field)라고 한다. 최근에는 이 책의 정도를 넘는 고난도의 이산 대수

문제도 나와있다. 그러나 디피-헬만 키 교환방식을 깨는 것이 이산대수 문제를 해결하는 것과 같은 정도로 어렵다는 것도 아직 증명되지 못했다.

디피-헬만 키 교환의 장점은, '비밀키를 공유한 적이 없는 두 사람이, 공개적으로 논의해서 두 사람만이 비밀키를 공유할 수 있다'는 것이다. 그러나 이 프로토콜도 중간자 공격(man-in-the-middle) 이라고 하는 Mr.X의 공격으로부터 안전하지 못할 수도 있다. 이 부분은 9.2 절에서 자세히 설명할 것이다.

## 9.1 키의 사전 분배

한 사용자 또는 기관이 비밀키를 설정하여 다른 사용자에게 전달하는 기술을 키 분배(key distribution) 라고 한다. 한편, 다수의 사용자가 공개된 통신로를 통하여 공동으로 비밀키를 설정하는 과정을 키 공유(key agreement) 또는 키 교환(key exchange) 이라고 한다. 키분배 또는 키 교환 프로토콜의 목적은, 관련된 사용자들과 키값이 신뢰할 수 있는 되는 키 관리 기관 TA 를 제외하고는 알려지지 않도록 하는 것이다. 이와 같은 프로토콜을 설계하는 것은 쉬운 일이 아니다.

키를 공유해야하는 사용자들이 직접 정보를 주고받아서 키를 결정하는 방식은 서로의 신뢰 문제나 중간자 공격 등의 위험을 막을 수 있도록 충분히 안전해야 한다. 따라서 프로토콜도 약간의 더 복잡하고 정밀해야 한다. 믿을 만한 TA 가 개입하여 적절하게 간단한 사전 정보를 제공하고 이 것을 바탕으로 당사자들이 키를 공유한다면 매우 간편하게 키를 공유할 수 있다. 이러한 프로토콜을 키의 사전분배라고 한다. 이 절에서는 가장 대표적인 사전분배인 블롬(Blom), 디피-헬만의 방법, 온라인 키분배 (on-line key distribution) 인 Kerberos 등을 소개한다.

키 사전분배란 TA 가, 미리 사용자 (A,B) 사이의 대칭키 $K_{A,B} = K_{B,A}$ 를 만들어서 비밀경로를 통하여 전달하는 방법이다. 이 방법은 일반적으로 TA 와 네트워크상의 모든 사용자 사이에 안전한 통로가 필요하다. 그러나 사용자가 많을 경우 TA 는 물론 사용자들도 많은 키를 관리해야 하는 문제점을 가지고 있다. 즉 $n$ 명의 사용자가 있다면 각 사용자는 $n$ 개의 키를 관리해야 하며, TA 는 $\frac{n(n-1)}{2}$ 개의 키를 관리해야 하므로 매우 복잡하며 관리비용이 많이 지불되어야 한다.

온라인 키분배는 TA 가 네트워크의 모든 사용자와 필요할 때마다 키를 공유하는 방법이다. 즉, 사용자 A 와 B 가 비밀통신을 원할 때 일시적으로 TA 가 키를 생성하여 A 와 B 가 복호할 수 있도록 암호화된 상태로 일시적인 세션키 $K$ 를 전달하여 사용케하고 통신이 끝나면 키를 버리는 방법이다.

### 9.1.1 블롬의 키 사전분배

블롬의 키 사전분배는, 믿을 만한 키 발급 기관인 TA 가 적절한 중간값 (함수) 을 가입자들에게 제공하여 각각의 쌍이 서로의 대칭키를 만들어낼 수 있도록 도와주는 시스템이다. TA 는 가입자들이 가입 당시에 제시한 개인 공개값을 TA 가 정한 적당한 함수로 계산하여 그 결과를 각자에게 안전한 채널로 제공한다. 가입자들은 암호통신을 할 상대방의 공개값으로 다시한번 더 계산하면 대칭키를 만들어 낸다.

이 시스템은 아주 편리하고 효과적이지만 일정한 수 이상의 가입자가 공모를 하면 다른 가입자들의 키를 알아낼 수 있다는 단점도 가지고 있다. 우선 간단하게 가입자가 3 명인 경우를 살펴보자.

1단계 : 사용자들 A, B, C 는 소수 $p$ 를 공동으로 결정한 다음, 각각의 공개키 $r_A, r_B, r_C \in \mathbf{Z}_p$ 를 공개한다. 이 값들은 서로 달라야 한다. TA 가 소수 $p$ 를 미리 지정해 주거나, 개인 공개값들이 같아지는 경우가 있는지 관리할 수도 있다.

2단계 : TA 는 적당한 계수 $a, b, c \in \mathbf{Z}_p$ 를 가진 다항식을 선택한다.

$$f(x, y) \equiv a + b(x + y) + cxy \bmod p$$

3단계 : TA 는 다항식 $g_A$ 를 다음과 같이 계산하여 안전한 채널로 사용자 A 에게 전송한다. :

$$g_A(x) \equiv f(x, r_A) = (a + br_A) + (b + cr_A)x \bmod p$$

4단계 : A 와 B 가 서로 정보를 암호통신하기를 원할 때, 두 사람은 다음과 같이 대칭키 (common key) $K_{A,B}$ 를 결정한다. A 와 B 는 각각 서로의 공개값을 써서

$$\begin{aligned} \mathrm{A} : K_{A,B} &= g_A(r_B) = f(r_A, r_B) \\ \mathrm{B} : K_{B,A} &= g_B(r_A) = f(r_B, r_A) \end{aligned}$$

를 계산한다. $K_{A,B}$ 와 $K_{B,A}$ 는 함수 $f$ 의 대칭성에 의해 서로 같아진다.

**예 9.1** 예를 들어서 키를 분배해야 할 세 명의 사용자 $A$, $B$, $C$가 있다고 하자.
이때, $p = 17$ 이고, 공개 원소는 $r_A = 12, r_B = 7, r_C = 1$ 이다.

$TA$가 $a = 8, b = 7, c = 2$ 를 선택하면, 다항식은 $f(x, y) = 8 + 7(x + y) + 2xy$ 이다. $TA$는 각자에게 제공할 함수값을 계산한다.

$$\begin{aligned} g_A(x) &= 7 + 14x \\ g_B(x) &= 6 + 4x \\ g_C(x) &= 15 + 9x \end{aligned}$$

$A$, $B$, $C$ 세 사람 사이의 공통키는 각각

$$\begin{aligned} K_{A,B} &= g_A(r_B) = 7 + 14(7) = 3 \bmod 17 \\ K_{A,C} &= g_A(r_C) = 7 + 14(1) = 4 \bmod 17 \\ K_{B,C} &= g_B(r_C) = 6 + 4(1) = 10 \bmod 17 \end{aligned}$$

이다. $K_{B,A}$, $K_{C,A}$, $K_{C,B}$ 는 따로 계산해 보기 바란다.

이때 어느 한 사람이 다른 두 사람의 대칭키를 절대로 알 수 없다는 것은 수학적으로 증명이 되어 있다. 그러나 TA 가 4 명의 사용자에게 같은 다항식 $f(x, y) = a + b(x + y) + cxy$ 로 각자의 함수 $g$ 를 만들어 주면 그 가운데 2 사람이 공모하여 다른 사람들의 키를 알아낼 수 있다.

예를 들어 {C,D} 가 공모자들이라고 하자. 이 사람들은 각각 TA 로부터 $g_C(x) = a_C + b_C x$ 와 $g_D(x) = a_D + b_D x$ 를 제공받고 서로 $r_C, r_D$ 를 내놓으면 미지수 $a, b, c$ 에 관한 연립방정식

$$\begin{aligned} a_C &= a + br_C, \qquad b_C = b + cr_C \\ a_D &= a + br_D, \qquad b_D = b + cr_D \end{aligned}$$

을 풀 수 있다. 즉 TA 가 결정한 함수 $(x, y) = a + b(x + y) + cxy$ 를 알아낼 수가 있다. 일단 함수 $f$ 를 알고나면 다른 사람들의 키는 당연히 알 수 있다. 따라서 가입자 수가 많아지면 함수 $f$ 를 더 복잡하게 만들어야 한다. 안전에 영향을 줄 수 없는 공모자의 수가 $k$ 이려면 함수를

$$f(x, y) = \sum_{i=0}^{k} \sum_{j=0}^{k} a_{i,j} x^i y^j \bmod p, \quad \text{단, } a_{i,j}\ a_{j,i}$$

으로 정하면 된다.

### 9.1.2 디피-헬만의 키 사전분배

앞에서 설명한 디피-헬만의 키 교환은 약간의 문제점을 가지고 있기 때문에 TA의 도움을 받고 사용자의 ID를 정보로 활용하는 수정버전이 키 사전분배이다. 이 기법도 역시 이산대수의 안전성에 의존하므로 계산적으로 안전하다. 이산대수 문제는 일반적으로 조금 더 복잡한 수체계를 사용해야하지만, 이해하기 쉽게 $Z_p$를 사용하는 것으로 가정한다.

**TA의 준비** TA는 적당한 소수 $p$를 선택하고, 모든 사용자가 알아볼 수 있도록 원시근 $g$와 $Z_p$를 공개한다. 또한 TA의 서명에 사용할 서명 알고리즘($sign$, $ver$ 알고리즘)을 모두가 간편하게 사용할 수 있도록 적절하게 제공한다. 해시함수를 사용해야 하지만 여기에서는 개념적으로만 쉽게 이해하기 위해 사용하지 않는 것으로 하자.

**사용자의 준비** 사용자 A는 키 분배에 사용할 비밀값으로 $a_A$를 정하고, $b_A = g^{a_A} \bmod p$를 계산하여 $b_A$를 공개한다. 자신의 신원정보 ID(A)(이름, 이메일 주소, 전화번호 등)는 TA에게 제공하여 이에 대한 인증을 받는다. 인증 내용을 설명하는 인증서 C(A)에는 A의 ID(A)와 공개값 $b_A$가 들어 있고 이 내용을 인증하는 TA의 서명 $sig_{TA}(ID(A), b_A)$가 들어있다.

$$C(A) = (ID(A), b_A, sig_{TA}(ID(A), b_A))$$

**키 교환** A가 다른 사용자 B와 키 $K_{A,B}$를 함께 가지고 싶으면, B에게 키를 공유하자는 연락을 하고 B의 공개값 $b_B$을 가져와서

$$K_{A,B} = b_B^{a_A} = (g^{a_B})^{a_A}$$

를 계산한다. B도 같은 방법으로 $K_{B,A} = b_A^{a_B} = (g^{a_A})^{a_B}$를 계산할 수 있고 당연히 $K_{A,B} = K_{B,A}$이다.

**예 9.2** *TA*가 $p = 25307$, $g = 2$를 공개하였다고 하자. *A*가 $a_A = 3578$를 비밀키로 선택하면 공개값은 $b_A = g^{a_A} = 2^{3578} \bmod p = 6113$이다.

*B*도 같은 과정으로 $a_B = 19956$을 비밀키로 하고, $b_B = g^{a_B} = 2^{19956} \bmod p = 7984$를 공개하였다. 그러면 *A*와 *B*가 공유하는 키는

$$K_{A,B} = b_B^{a_A} = 7984^{3578} \bmod 25307 = 3694 = K_{B,A}$$

이다.

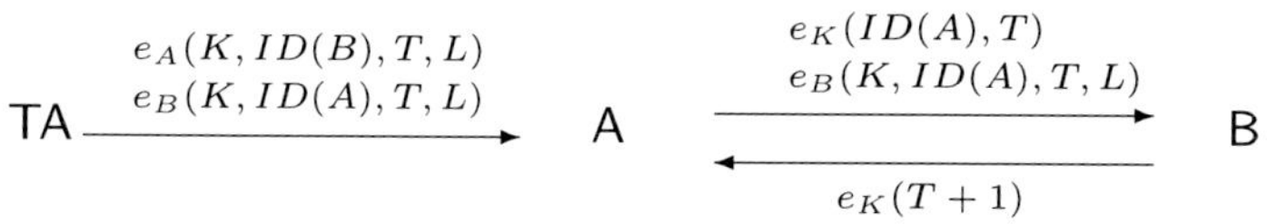


그림 9.3: *Kerberos*

**안전성** TA의 인증서가 있기 때문에 Mr.X가 사용자들의 정보를 함부로 변경할 수는 없다. 따라서 Mr.X가 적극적으로 공격할 여지는 없고 다만 수동적 공격, 즉 오고가는 공개된 정보로부터 공유키를 알아낼 가능성만 검토해 보면된다. 이 문제는 결국 $g^{a_A}$ 와 $g^{a_B}$ 를 가지고 $g^{a_A a_B}$ 를 계산할 수 있는가라는 것으로, '디피-헬만 문제(DHP)'라고 부른다. DHP는 이산대수 문제 또는 엘가말 암호의 안전성과 동치라는 것이 밝혀져 있다.

## 9.1.3 온라인 키 분배 Kerberos

앞에서 설명한 키 사전분배방법에서 오랜 시간 동안 같은 키를 사용하면 키가 손상되거나 누출될 위험이 있다. 이 절에서는 네트워크 사용자 쌍방간에 비밀통신을 원할 때마다 TA가 새로운 키(세션키)를 만들어서 제공하는 온라인 분배방법에 관하여 설명한다. 이러한 방법 중에 자주 이용되는 것이 대칭키 암호에 기반을 둔 온라인 키 분배방법인 Kerberos이다.

1단계 : A는 TA에게 B와 통신할 수 있는 세션키를 의뢰한다.
2단계 : TA는 세션키 $K$를 선택하고, 요청된 시간인 타임스탬프 (time stamp) $T$와 유효기간(life time) $L$을 기록한다.
3단계 : TA는 A, B의 공개키로, $m_1$과 $m_2$를 아래와 같이 계산하여 A에게 보낸다:

$$\begin{aligned} m_1 &= e_A(K, ID(B), T, L) \\ m_2 &= e_B(K, ID(B), T, L) \end{aligned}$$

4단계 : A는 TA로부터 받은 $m_1$을 $d_B$로 계산하여 $K, T, L$과 $ID(B)$를 계산한다. 그런 다음 다시

$$m_3 = e_K(ID(A), T)$$

를 계산하여 TA로부터 얻은 $m_2$와 함께 B에게 보낸다.

5단계 : B는 TA로부터 얻은 $m_2$를 $d_B$로 계산하여 $K, T, L$ 와 $ID(A)$를 얻고, $m_3$와 $d_K$로부터 $T, ID(A)$를 계산하여 두 개의 $T$와 $ID(A)$ 값들을 비교한다.

이때, 그 값들이 각각 모두 같다면 $m_4 = e_K(T+1)$를 계산하여 A에게 보낸다.

6단계 : A는 $d_K$를 사용하여 $m_4$를 복호한 후, 그 결과가 $T+1$인지를 확인한 후 세션키 $K$의 폐기를 선언한다.

$m_3$와 $m_4$는 A, B가 같은 세션키를 공유한다는 것을 확인하기 위한 값이다. Kerberos의 단점은 네트워크에서 모든 사용자가 같은 시간을 사용해야 한다는 것이다. 즉 시간을 일치시키는 동기화(synchronizing)를 미리 실시해야 하는데 기술적으로 매우 어려운 문제이다. 따라서 각 사용자마다 약간씩의 시간오차를 허용해야 한다.

## 9.2 키 교환

### 9.2.1 STS 키 교환

디피-헬만의 키 교환은 시스템에 방해자(또는 침입자) Mr.X가, A와 B의 중간에서, 키 교환에 위장하여 개입할 수 있다. 세션 하이재킹과 같은 적당한 해킹기법을 사용하면, Mr.X는 A에게는 B인 것처럼, 그리고 B에게는 A인 것처럼 위장하여 접속할 수 있다. A, B가 서로 직접 연결되어 있다고 판단하면 A는 B에게 $g^a$를 전송하지만, 이 값은 Mr.X에게만 전달된다. Mr.X는 자신이 B인 것처럼 위장하여 $g^X$를 $g^b$라고 속여서 전송한다. 마찬가지로 B에게는 A로 위장하여 $g^X$를 $g^a$로 위장하여 보낸다. 키 교환을 마친 A와 B는 각자 $g^{Xa}$와 $g^{Xb}$를 공유키 $g^{ab}$로 알고 암호통신을 할 것이다. 이제부터 Mr.X는 A와 B사이에서 모든 암호통신을 열어보고 위조할 수 있게 되었다. 중간자 공격을 방지하려면 통신 세션마다 신원확인을 하는 과정이 필요하지만, 사용자의 편리성 때문에 현재의 인터넷통신에서는 대부분 간편한게 처리하고 있어 위험성이 항상 도사리고 있다.

따라서 위와 같은 키 교환 방법에는 신원을 확인할 수 있는 시스템이 부가되어야 하며 이때 사용하는 것이 STS 프로토콜(STS, station to station protocol)이다.

다음 표에서 $C(A)$는 $(ID(A), ver_A, sig_{TA}(ID(A), ver_A))$ 이며 ID(A)는 A에 대한 신분정보(identification information)이다.

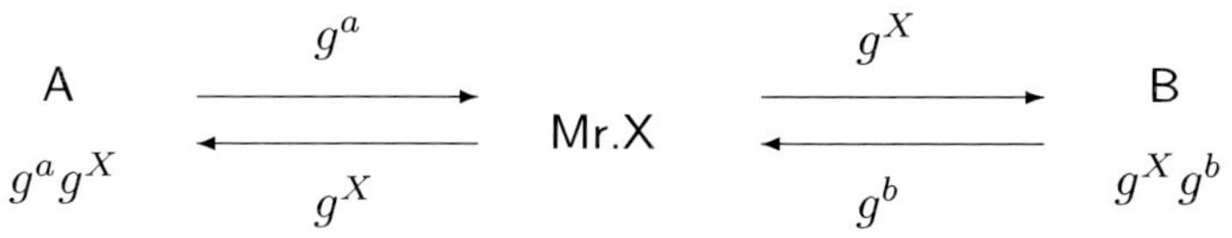


그림 9.4: 중간자 공격

1단계 : A는 $0 \le a_A \le p-2$ 인 $a_A$ 를 임의로 선택하여 $\alpha^{a_A}$ mod $p$를 계산하여 B에게 보낸다.
2단계 : B는 $0 \le a_B \le p-2$ 인 $a_B$ 를 임의로 선택한다.
3단계 : B는 $\alpha^{a_B} \bmod p$를 계산한 후, $K = (\alpha^{a_A})^a_B \bmod p$와 $y_B = sig_B(\alpha^{a_B}, \alpha^{a_A})$를 계산하여 $(C(B), \alpha^{a_B}, y_B)$를 A에게 보낸다.
4단계 : A는 $K = (\alpha^{a_B})^a_A \bmod p$를 계산한 후 $ver_B$ 을 사용하여 $y_B$ 를 확인하고, $ver_{TA}$ 를 사용하여 $C(B)$를 확인한다.
5단계 : A는 $y_A = sig_A(\alpha^{a_A}, \alpha^{g_B})$를 계산하고 $(C(A), y_A)$를 B에게 보낸다.
6단계 : B는 $ver_A$ 를 사용하여 $y_A$ 를 확인하고, $ver_{TA}$ 를 사용하여 $C(A)$를 확인한다.

### 9.2.2 MTI 키일치 확인

D-H 키 교환이 중간자 공격에 취약할 수 있다는 점은 이미 앞에서 설명하였다. 이러한 단점을 보완하기 위한 방법의 하나로 마쓰모토(Matsumoto), 다카시마(Takashima), 이마이(Imai)가 제안한 MTI 키 일치 확인 프로콜이 있다. 물론 STS 프로토콜도 같은 목적으로 설계되었다. 그러나 STS가 사용자 A, B 사이에 3번 정보 교환이 이루어지는 반면 MTI는 단 2회로 정보교환이 완료된다. 기본적으로 D-H 키 사전분배와 상황은 같다. 즉, $p$는 큰 소수이고, $g$는 원시근이다. ID가 ID(A)인 사용자 A는 비밀값으로 $a_A$ 를 선택하고 공개값으로

$$b_A = g^{a_A} \bmod p$$

를 계산한다.

TA는 공개할 수 있는 서명알고리즘 $sig_{TA}$ 와 비밀로 할 수 있는 확인 알고리즘 $ver_{TA}$ 를 가지고 있다고 가정한다. TA는 사용자 A에게, A의 공개값 $b_A$ 에 대한 인증서

$$C(A) = (ID(A), b_A, sig_{TA}(ID(A), b_A)$$

를 발급해준다.

키 교환 절차는 다음과 같다.

1. 먼저 A가 $r_A$ 를 무작위로 선택하여 $s_A = g^{r_A} \bmod p$ 를 계산한다.
2. 사용자 B에게 $(C(A), s_A)$ 를 보낸다.
3. B도 같은 방법으로 $r_B$ 를 선택하고 $s_B = g^{r_B} \bmod p$ 를 계산하여 사용자 A 에게 $(C(B), s_B)$ 를 보낸다.
4. A는 $K = s_B^{a_A} b_B^{r_A} \bmod p$ 를 계산하고, B는 $K = s_A^{a_B} b_A^{r_B} \bmod p$ 를 계산한다.
5. 두 사람이 각자 계산한 $K$ 는 서로 같은 값으로 실제로는

$$K = g^{r_A a_B + r_B a_A} \bmod p$$

와 같은 값이다.

**예 9.3** $p = 27803$ 이고 원시근은 $g = 5$ 라고 하자. $A$가 $a_A = 21131$ 을 선택하고, $b_A = g^{a_A} = 5^{21131} = 21420 \bmod 27803$ 을 계산하여 $TA$ 로부터 인증을 받는다. 마찬가지로 $B$도 $a_B = 17555$ 를 선택하고, $b_B = g^{a_B} = 5^{17555} = 17100 \bmod 27803$ 을 계산한다.

1. 먼저 $A$가 $r_A = 169$ 를 선택하여 $s_A = 5^{169} \bmod 27803 = 6268$ 을 계산한다.
2. 사용자 $B$에게 $(C(A), 6268)$ 을 보낸다.
3. $B$도 같은 방법으로 $r_B = 23456$ 을 선택하고 $s_B = 5^{23456} = 26759 \bmod p$ 를 계산하여 사용자 $A$ 에게 $(C(B), 26759)$ 를 보낸다.
4. $A$가 계산한 $K = s_B^{a_A} b_B^{r_A} \bmod p = 26759^{21131} 17100^{169} \bmod 27803 = 21600$ 과 $B$가 계산한 $K = s_A^{a_B} b_A^{r_B} \bmod p = 6268^{17555} 21420^{23456} \bmod 27803 = 21600$ 은 서로 같은 값이다.

MTI프로토콜은 각자의 지수값과 함께 TA 가 발급한 인증서를 교환한다. 중간에서 통신을 방해하며 공격하려는 Mr.X 는 지수값을 바꿔치기 할 수는 있지만 인증서를 변조하여 새로 발급할 능력은 없다. 따라서 인증서 $C(A)$ 안에 들어있는 $b_A$ 값을 건드릴 수가 없다.

MEMO

# 10 암호기법의 다양한 응용

## 10.1 비밀분산

은행의 현금보관 금고의 열쇠와 비밀번호, 일정한 지역을 담당하는 전산망 시스템을 컨트롤하는 권한, 막대한 재산이 걸려있는 재벌의 디지털 유언장에 대한 서명 검증키 등은 어느 한 사람이 관리하거나 보관하는 것은 아주 위험하다.

예를 들어 군사적인 문제를 생각해 보자. 전쟁 중에 핵무기사용은 엄격하게 통제되어야 하며, 사용권한이 한 두 사람에게 집중되어 있으면 매우 바람직하지 못하다. 따라서 핵무기 사용을 결정할 때는 국가의 주요인사 여러 명이 반드시 모여서 의사를 결정해야 한다. 그러나 전쟁과 같은 비상 상황에서는 모두 한자리에 모이는 것이 불가능할 수도 있다. 이때 규정에 정해진 인원 가운데 적정 인원 이상이 모여서 핵무기 사용 수단을 비밀금고에서 꺼낼 수 있도록 금고의 비밀키를 설계할 수 있는 방법도 있다. 예를 들어 6 명이 비밀키를 공유하고 있고 이 가운데 4 명 이상이 모이면 금고를 열수 있도록 규정할 수도 있다.

이와 같이 키가 분산되어 있는 시스템을 비밀분산 시스템이라 하고, 비밀을 분산시키는 방법을 비밀분산 기법 (secret sharing schemes) 이라고 한다. 비밀분산 기법은 은행 및 다른 금융기관에서 금고에 접근하는 일, 교통 통신망의 체계를 편성하는 일, 패스워드가 재구성되기 전에 특정한 장교들이 동의해야만 하는 핵무기 편성에 포함되는 군사적인 일 등을 포함하는 여러 분야에서 응용된다.

비밀키를 공유한 사람들의 집합, 즉 참여자들의 집합을 $Q$ 라 하고 키를 $K$ 라 할 때 비밀분산 기법을 수학적으로 정의하면 다음과 같다.

정의 ***10.1*** $n$ 명의 집합 $Q$ 에 의하여 분산된 비밀 *(*또는 비밀키*)* $K$ 가

*(i)* 임의의 $t(t \leq n)$ 명의 비밀을 재구성함으로서 $K$ 를 만들 수 있고
*(ii)* $t(t \leq n)$ 명 미만의 비밀을 재구성하여 $K$ 를 만들 수 없는

비밀분산 기법을 $(t, n)$-비밀분산*(threshold scheme)* 이라고 한다.

이때 $t$ 를 비밀분산 계수라고 한다. 특히, $t$ 명 미만이 참여하였을 경우에는 $K$ 에 대한 어떤 정보도 얻을 수 없을 때, 완전 비밀분산법(perfect threshold scheme) 이라고 한다. 보통 키 $K$ 는 딜러 $D$ 라고 하는 특별한 참여자가 선택하고 분배한다. 즉, $D$ 는 $Q$ 의 일부분이 아니고 단지 부분키(share key) 라고 하는 부분정보를 $Q$ 의 각 참여자에게 비밀리에(즉, 어느 참여자도 다른 참여자의 몫이 무엇인지 모르도록) 나누어주는 역할을 한다. 물론 참여자 전원이 모였을 경우에만 비밀키를 복구할 수 있는 $(n, n)$-비밀분산도 생각할 수 있다. 이러한 시스템은 기존의 암호 알고리즘으로 간단하게 해결할 수 있다. 예를 들어 참여자가 A, B, C, D 4 명이고 비밀키를 K 라고 하자. 참여자들은 각자 자신만의 암호키를 설정하고 적당한 암호 알고리즘으로 K 를 암호화한다. 즉,

$$E_{K_A}(E_{K_B}(E_{K_C}(E_{K_D}(K)))) = L$$

이 암호문서에서 비밀키를 복구하려면 참여자 전원이 동의한다면

$$D_{K_A}(D_{K_B}(D_{K_C}(D_{K_D}(L)))) = K$$

를 계산할 수 있다.

문제는 참여자 전원이 아닌 일부분의 동의로 비밀키를 복원하는 $(t, n)$-비밀분산이 가능한가이다. 우선 아주 간단한 $(2, 3)$-비밀분산 기법의 예를 살펴보자.

**예 10.1** 실수 평면 위에 모든 점의 집합을 키공간으로 하고 필요한 비밀키를 평면 위의 한 점 $P$ 로 하자. 점 $P$ 를 지나는 평행이 아닌 세 직선을 결정해 두면, 이 가운데 두 직선만으로도 교점 $P$ , 즉 키를 구할 수 있다. 그러나 점 $P$ 를 지나는 한 직선만으로는 $P$ 가 어떤 점인지 아는 것은 전혀 불가능하다. 즉, 점 $P$ 를 지나는 직선의 식을 비밀로 분산한다면 $(2, 3)$-비밀분산이 가능하다.

점 $P$ 를 지나는 직선은 얼마든지 찾을 수 있으므로, 바람직하지는 않지만 $(2, n)$-비밀분산도 가능하다. 다만 이처럼 한 점을 지나는 직선들을 이용하여 비밀을 분산하면 *2*명만으로 비밀키의 복구가 가능해진다는 점이 중요하다.

현실적으로 컴퓨터에 응용할 때는 계산의 편리성을 감안하여 실수평면의 직선을 쓰지 않고 대신 유한체 $\mathbf{F}_p$(예 $Z_p$) 평면위의 직선을 사용할 수 밖에 없다. 이럴 경우, 완전한 비밀분산은 불가능하다. 왜냐하면, 하나의 직선 방정식이 있다면 이 식을 만족하는 해의 종류가 $p$ 개이므로, 키

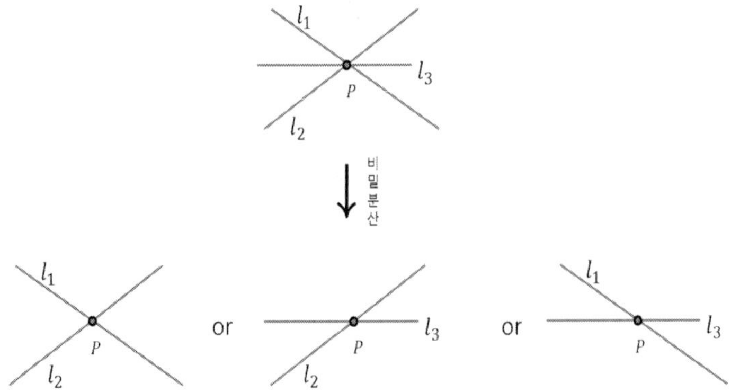


그림 10.1: 직선방정식에 의한 비밀분산

를 구할 수 있는 확률이 적어도 $\frac{1}{p}$ 이기 때문이다. 하지만 $p$ 가 매우 큰 수이면 이 확률은 거의 0 에 가까운 수이어서 현실적으로 사용에 큰 문제는 없다. 이제 좀더 일반적인 경우로;

(i) $t$ 명 미만의 참석자가 비밀키를 복구하기는 거의 불가능하고,
(ii) $n$ 명 가운데 $t$ 명 이상이 참석해야 비밀키를 완성할 수 있으며,
(iii) 참석자들의 분배하는 키가 아주 간단한

비밀분산 기법에 대하여 알아보자. 이러한 요건을 충족하는 비밀분산 기법의 아이디어는, 연립 방정식의 해를 이용하는 샤미르 방법, $m$ 차원 벡터공간의 부분공간(hyper-plane)을 이용하는 벡터 스키마, 중국인의 나머지 정리를 이용하는 0애스무스-불룸(Asmuth-Bloom) 방법 등이 있다. 그 가운데 가장 알기 쉽고 많이 쓰이는 샤미르의 방법을 소개한다.

**샤미르 비밀분산** $p$ 를 상당히 큰 소수라 하고 $f(x)$ 를 $\mathbf{Z}_p$ 위에서의 $t-1$ 차 다항식이라 하자. 참여자의 수 $n$ 보다 $p$ 가 크면, $\mathbf{Z}_p$ 위의 $t-1$ 차 다항식 $f(x)$ 를 이용하여 $(t, n)$-비밀분산법을 만들 수 있다. 즉, $t$ 개의 점$(x_i, y_i)$ 를 지나는 $t-1$ 차 다항식이 유일하게 결정되는 것은 잘 알려진 사실이다. 1 차 다항식으로 표현되는 직선은, 지나는 두 점을 알면 결정할 수 있다. 샤미르는 이 성질을 이용하여 $(t, n)$-비밀분산법을 만들었다.

예를 들어 (3, 5)-비밀분산법을 만들어보자. $p = 17$ 이고, 키가 $f(x) \equiv 2x^2 + 10x + 13 \bmod p$ 의 상수항인 13 이라고 하자.

$$\begin{aligned} y_1 &= f(1) \equiv 8 \bmod 17 \\ y_2 &= f(2) \equiv 7 \bmod 17 \\ y_3 &= f(3) \equiv 10 \bmod 17 \\ y_4 &= f(4) \equiv 0 \bmod 17 \\ y_5 &= f(5) \equiv 11 \bmod 17 \end{aligned}$$

이므로 비밀키 13 을 분산하기 위하여 각 참석자 $x_i, 1 \leq i \leq 5$ 에게 $y_i = f(x_i)$ 를 분배한다. 여기서 $f(x)$ 가 3 차 다항식이므로, 세 사람 이상의 참석자가 모이면 비밀키 13 을 얻을 수 있다. 만일 참석자 1, 3 과 5 가 모였다면 각자의 값을 $f(x) = a_2x^2 + a_1x + a_0$ 에 대입하여, 연립방정식

$$\begin{gathered} a_2 + a_1 + a_0 = 8 \\ 9a_2 + 3a_1 + a_0 = 10 \\ 8a_2 + 5a_1 + a_0 = 11 \end{gathered}$$

풀면 $a_0 = 13, a_1 = 10, a_2 = 2$ 를 얻는다. 따라서 키는 13 이다.

실제로 샤미르의 비밀분산법에서 $t$ 명의 참여자가 비밀키를 찾으려는 문제는 $t$ 개의 연립일차 합동식의 해를 구하는 문제로 유도된다. 딜러 $D$ 에 의하여 선택된 다항식이, 계수는 $\mathbf{Z}_p$ 를 사용하는 $f(x) \equiv a_0 + a_1x + \cdots + a_{t-1}x^{t-1} \bmod p$ 이라고 하자. 각 참여자 $x_i \in Q$ 에게 비밀키의 부분키 $y_i$ 를 주었다고 가정할 때, 임의의 $t$ 명의 부분집합 $\{x_{i_1}, \cdots, x_{i_1}\}$ 이 있으면, 연립합동식

$$\begin{aligned} a_0 + a_1x_{i_1} + a_2x_{i_1}^2 + \cdots + a_{t-1}x_{i_1}^{t-1} &\equiv y_{i_1} \bmod p \\ a_0 + a_1x_{i_2} + a_2x_{i_2}^2 + \cdots + a_{t-1}x_{i_2}^{t-1} &\equiv y_{i_2} \bmod p \\ &\vdots \quad \vdots \\ a_0 + a_1x_{i_t} + a_2x_{i_t}^2 + \cdots + a_{t-1}x_{i_t}^{t-1} &\equiv y_{i_t} \bmod p \end{aligned}$$

를 얻는다. 이 연립방정식의 해는 그리 어렵지 않게 구할 수 있으며, 상수항 $a_0$ 가 원하는 비밀키 K 이다.

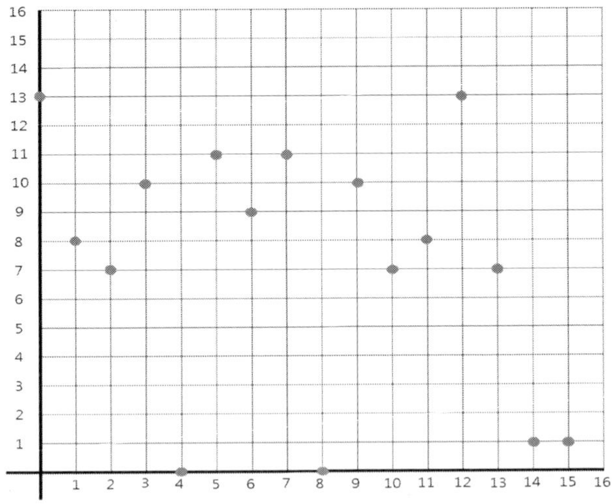


그림 10.2: $f(x) \equiv 2x^2 + 10x + 13 \bmod p$에 의한 *(3,5)*-비밀분산

## 10.2 메시지 은닉

앞에서 설명하였던 메시지 서명은 재미있게도 서명 속에 메시지를 숨길 수 있다. 이 숨겨진 메시지는 미리 정해진 사람이 아닌 다른 사람에게는 단순한 디지털 서명으로 보일 뿐이다. 겉으로는 아주 단순한 메시지를 작성하고 이 메시지의 서명 속에 진짜 메시지를 은닉하는 방법을 메시지 은닉이라고 한다.

조금 어두운 이야기로 교도소에서 편지를 보내는 경우를 생각해 보자. 재소자들이 외부의 사람이나 같은 교도소 안에 있는 사람과 편지를 주고받을 때, 교도소 측에서는 편지의 내용을 항상 검열한다. 재소자 입장에서, 교도관이 읽어보는 편지는 특별한 내용이 없는 평범한 것이지만 미리 적당한 통신 방법을 약속한 사람은 비밀스러운 내용을 알아볼 수 있는, 적당한 방법이 있으면 아주 좋을 것이다. 물론 첩보원들의 세계에서는 더욱 환영받을 것이다. 암호학적 기법을 쓰지 않는 전통적인 방법이 있다. 재소자는 평범한 안부편지를 조심스럽게 작성한다. 조심한다는 것은 각각의 단어가 홀수 또는 짝수개의 문자로 만들어져 있는지를 잘 살펴본다는 의미이다. 내통자와 미리 약속한 상대는 편지의 각 단어가 홀수

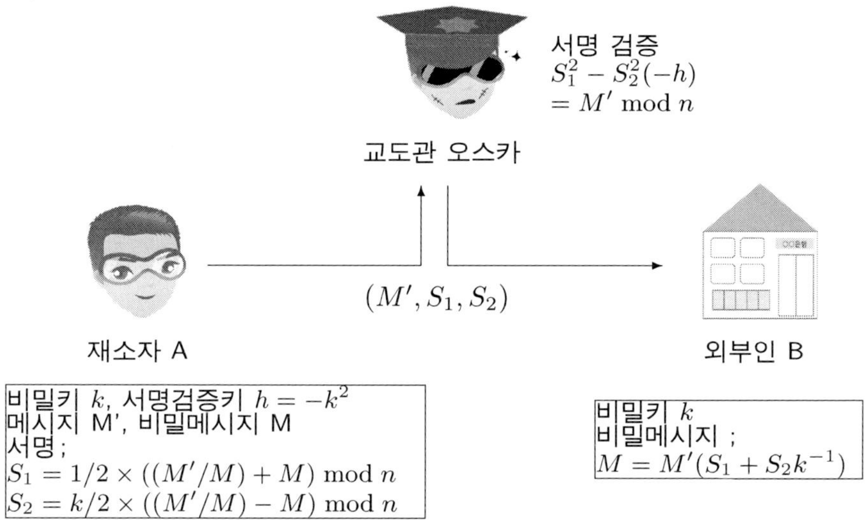


그림 10.3: *Ong-Schnorr* 메시지 은닉

이면 '1'을, 짝수이면 '0'을 적어 나간다. 편지의 문자들을 잘 세어보면 '01001010'과 같은 비트열이 나타난다. 시간이 많이 걸린다는 흠이 있지만 그럴듯한 방법이다. 물론 이 방법은 이미 알려져 있으므로 교도관도 이 정도는 알고 있다고 보아야 한다.

**Ong-Schnorr** 1984년 시몬스(Gustavs Simmons)는 디지털 서명에 메시지를 은닉하는 기발한 착상을 했다. 앞에서 공부한 바와 같이 문서에 디지털 서명을 하는 것은 정보통신의 발전으로 자연스러운 것이다. 보통 서명값은 편지에 비해 아주 짧지만 메시지를 감추기에는 충분히 길다. 이 방법의 또 다른 장점은 아주 완벽하게 정상적인 서명 알고리즘에 의해 메시지가 은닉된다는 점이다. 따라서 검열하는 교도관이 의심을 해서 서명을 확인해도 아무 문제가 되지 않는다. 시몬스는 옹-슈노르 서명기법을 빌려서 메시지 은닉기법을 만들었다.

1. 재소자 A는 큰 수 $n$과 비밀키 $k$를 선택하여 밖에 있는 B와 미리 교환해 둔다.
2. 서명 공개키는 $h = -k^2 \bmod n$으로 한다.

3. A가 작성한 평범한 편지를 $M'$ 라고 하고, 실제로 숨기고 싶은 내용을 $M$ 이라고 하자. 이때 $(M', n) = 1 = (M, n)$ 이어야 한다.
4. A는 $S_1 \equiv 1/2 \times ((M'/M) + M)\mathrm{mod})$ 과 $S_2 \equiv k/2 \times ((M'/M) - M)\mathrm{mod})$ 을 계산한다. 이 값은 옹=슈노르 서명기법에 의한 정당한 서명값이다.
5. 교도관은 메시지와 서명값 $(M', S_1, S_2)$ 을 검열하지만 서명 공개키가 $h$ 이므로 $S_1^2 - S_2^2/(-h) \equiv M' \bmod n$ 이 성립하는 것만을 검증할 뿐이다. 그러나 사실은 $S_1^2 - S_2^2/(k^2) \equiv M' \bmod n$ 을 검증한 셈이고,
6. 미리 내통한 B는 결정적으로 $M \equiv M'/(S_1 + S_2k^{-1}) \bmod n$ 를 얻어낼 수 있다.

불행하게도 이 메시지 은닉기법은 옹-슈노르 서명기법 자체가 안전하지 않으므로 신뢰성이 떨어진다. 구스타프 시몬은 다시 1985년 엘가말 서명을 이용한 메시지 은닉법을 발표하였다. 엘가말서명 이외에도 ESIGN이나 DSA를 이용한 메시지 은닉도 가능하다. 그러나 이 책에서는 엘가말 메시지 은닉까지만 소개한다.

**ElGamal** 키를 만드는 과정은 엘가말 서명과 같다. 즉, 소수 $p$ 와 무작위로 수 $g, r$ 을 선택하고, $K \equiv g^r \bmod p$ 를 계산한다. 공개키는 $K, g, p$ 이고 $r$ 이 A와 B가 몰래 미리 교환하는 비밀키이다. 약간 불편한 제약조건으로, $(M', p) = 1 = (M, p)$ 이고, $(M, p-1) = 1$ 이어야 한다. 그러나 $p$ 가 아주 큰 소수이면 별로 문제가 되지 않는다.

1. A는 $X \equiv g^M \bmod p$ 를 계산하고, 다음 방정식을 만족하는 해 $Y$ 를 유크리드 알고리즘을 이용하여 구한다.

$$M' \equiv rX + MY \bmod (p-1)$$

2. $X, Y$ 를 겉으로만 보면 엘가말 서명의 서명값과 동일하다.
3. 교도관 오스카는 $K^X X^Y \equiv g^{M'} \bmod p$ 로 서명검증을 하지만 정당한 것으로 판단한다.
4. 그러나 외부인 B는 $(g^r)^X X^Y \equiv g^{M'} \bmod p$ 로 서명을 검증한 후

$$M = Y^{-1}(M' - rX) \bmod (p-1)$$

으로 비밀메시지를 열어볼 수 있다.

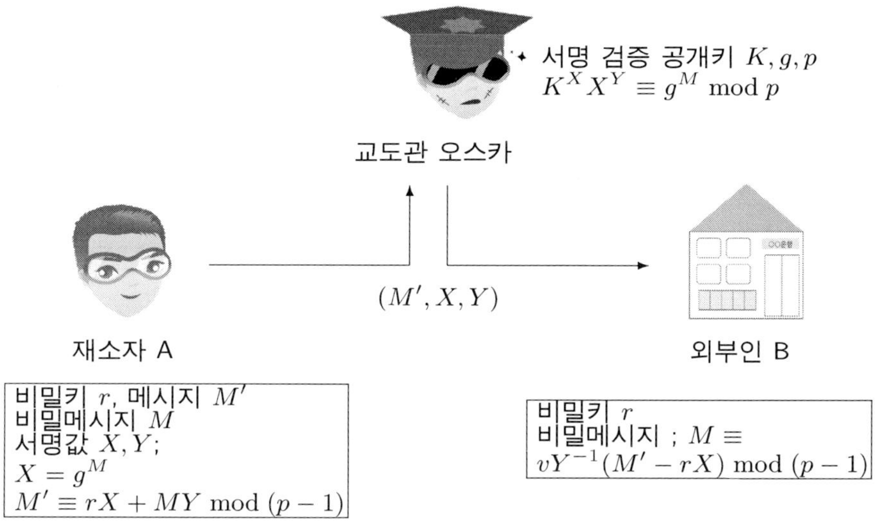


그림 10.4: *ElGamal* 메시지 은닉

## 10.3 전화로 동전 던지기 게임

이제 조금 가벼운 이야기로 돌아가자. 실생활에서 가끔 동전을 던져서 앞면 또는 뒷면이 나오는 결과에 따라 의사 결정을 하는 경우가 일어난다. 예를 들면, 친한 친구와 식사를 한 뒤에 동전을 던져서 나오는 동전면의 결과에 따라 식사비를 낸다거나, 특별히 우선순위가 없는 두 가지 일 중에 어떤 일을 선택할 때 동전을 던져서 나오는 동전면의 결과에 따라 결정한다.

그러나 서로 신뢰하지 못하는 사람 사이에, 전화 또는 통신을 통해서 동전을 던져서 나온 결과에 따라 어떤 중요한 일을 결정하기로 하는 경우에는 생각해야 할 일들이 많아진다. 동전을 던진 사람이 유리하도록 거짓말을 할 수 있으며 또한 상대방은 결과에 승복하지 못하는 경우가 있을 수 있다.

이러한 가능성을 배제하기 위하여 동전을 던진 사람은 동전면의 결과를 속일 수 없도록 하고 상대방은 결과에 승복할 수 있는 어떤 장치가 필요하다. 1982 년 불룸(Blum)은 전화를 통해 동전 던지기(coin flipping by phone) 게임을 즐길 수 있는 안전한 프로토콜을 제안하였다.

$n = pq$ 가 적당한 소수 $p, q$ 의 곱이라면

$$x^2 \equiv a \bmod n$$

을 만족하는 $x$ 는 $x_0, -x_0, y_0, -y_0$ 등 4 가지이다. $x_0$ 와 $y_0$ 는 각각 $\bmod p$ 와 $\bmod q$ 를 기준으로 계산한 다음, $\bmod pq$ 를 기준으로 중국인의 나머지 정리에 의해 계산한다. 게임에 실제로 사용하는 값은 $x_0$ 와 $y_0$ 이다.

**예 10.2** $n = 35 = 5 \times 7$ 이고 $x = 9$ 라고 하자.

$$a = x^2 = 9^2 = 81 \equiv 11 \bmod 35$$

이다. 반대로 $a$ 의 제곱근 즉, $x^2 = 11 \bmod 35$ 의 해를 구하면 $\{9, 16, 19, 26\} = \{9, -9, 16, -16 \bmod 35\}$ 으로 $\pm$ 를 구별하지 않으면 $\{9, 16\}$ 두 종류이다.

동전 던지기 진행과정은 다음과 같다.

1. A 는 상당히 큰 소수 $p, q$ 를 선택하여 $n = pq$ 를 구하고 $n$ 값만 B 에게 통보한다.
2. B 는 $n$ 보다 작은 양의 정수 $x_0$ 를 임의로 선택한 다음, $a \equiv x_0^2 \bmod n$ 을 계산한다.
3. A 에게 $a$ 의 값을 알려주고, B 가 선택했던 수를 맞추도록 한다.
4. A 는 두 소수 $p, q$ 를 이용하여 이차합동식 $x^2 \equiv a \bmod n$ 의 해 $x \equiv \pm x_0 \bmod n, x \equiv \pm y_0 \bmod n$ 을 계산한 다음, 형태가 서로 다른 $x_0$ 또는 $y_0$ 가운데 하나를 선택하여 B 에게 통보한다.
5. A 가 $x_0$ 를 통보하면 이긴다. 물론 A 는 B 가 처음에 선택한 값은 모르고 있는 상태이다.
6. A 가 $y_0$ 를 선택하여 보내면 게임에 진다.

검증 : A 가 졌을 경우 B 는 자신이 원래 선택한 값 $x_0$ 가 $y_0$ 와 다르다는 것을 입증해야 한다. B 는 A 가 보낸 $y_0$ 와 이미 알고 있는 $x_0$ 를 이용하여 $\gcd(x_0 + y_0, n) = p$, $\gcd(x_0 - y_0, n) = q$ 를 계산하여 A 에게 $p, q$ 를 보여준다.

이 게임이 A, B 모두에게 공평한지 살펴보자. 우선 A 는 $p$, $q$ 를 알고 있으므로 $x_0$ 와 $y_0$ 를 모두 계산할 수 있다. 두 값(사실은 4 개이지만 $\pm$ 를 무시하면 2 개이다) 가운데 하나를 선택하는 것이므로 이길 확률은 1/2 이다. A 가 $x_0$ 를 보내면 B 는 $y_0$ 를 모른 채 소인수 $p, q$ 를 제시할 수 없으므로 패배를 선언한다. 이 경우는 더 이상 서로 정보를 주고받을 필요

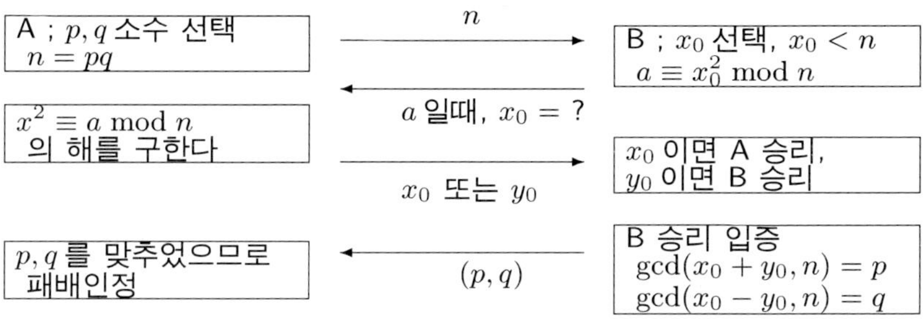


그림 10.5: 동전 던지기

없이 그것으로 끝이다. A가 $y_0$ 를 보내면 B는 $n$ 의 소인수 $p, q$ 를 제시함으로써 자신이 이겼다는 것을 입증할 수 있다.

B가 $x_0$ 만 알고 $y_0$ 는 모른 채 $n$ 의 소인수를 계산하려면, 직접 $n$ 을 소인수분해하거나 합성수 $n$ 에 대한 이차합동식 $x^2 \equiv a \bmod n$ 의 해를 모두 구할 능력이 있어야 한다. 그러나 mod$n$ 에 대한 이차합동식의 근을 구하는 것은 소인수분해의 어려움과 동치인 것으로 알려져 있다. 물론 소수 $p$ 에 대한 이차합동식 $x^2 \equiv a \bmod p$ 는 쉽게 계산할 수 있다. 따라서 B가 $p, q$ 를 알아 냈다는 것은, 이미 알고 있는 $x_0$ 와 함께 B가 보내온 $y_0$ 를 이용하여 $n$ 을 소인수분해를 하였다는 의미이므로, 속이지 않았음을 입증할 수 있다.

## 10.4 익명성과 전자화폐

### 10.4.1 전자결제

POS-결제 (point of sale) 라고도 불리는 전자결제는, 고객이 매장에서 물건을 선택한 후, 현금, 수표, 신용카드 (싸인과 종이를 사용하는) 등을 사용하지 않고 단지 스마트 카드만을 이용하여 대금을 지불하는 방법을 말한다. 먼저 기존의 카드지불 절차를 생각해보자.

1. 고객이 점포에 방문하여 물건을 구매하기로 결정하면, 카드를 점원에게 건네준다.
2. 점원은 점포에 설치되어 있는 카드리더기를 통해 해당 은행에 승인을 요청한다.

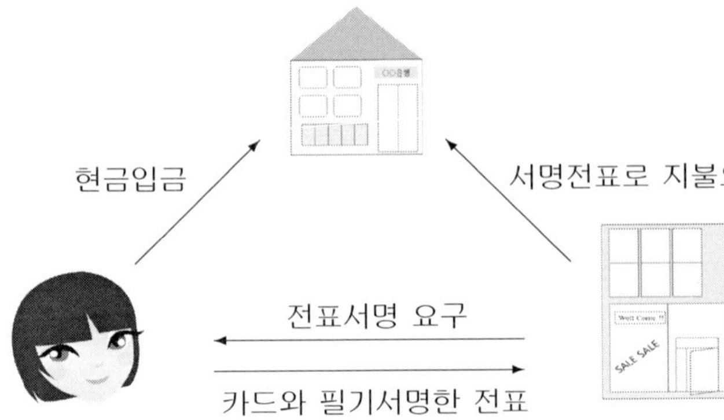


그림 10.6: 카드결제

3. 금액에 대한 은행승인이 떨어지면 카드단말기에서 전표를 출력한다.
4. 금액이 적힌 전표에 고객이 필기서명(싸인)을 하면 고객과 점포가 각각 나누어 보관한다.
5. 점포는 은행에 보관한 전표를 제시하고 금액을 지불받는다.
6. 은행은 전표에서 고객의 싸인을 확인한 다음 해당 금액을 고객의 계좌에서 인출한다.

이러한 절차는 많은 문제점을 가지고 있으며 실제로 각종 분쟁이 계속 발생하고 있다.

기존 마그네틱 카드에 의한 상거래는 고객이 점포를 전적으로 신뢰하여야 한다는 단점이 있다. 스마트 카드는 이러한 문제를 상당 부분 보완할 수 있다.

첫째로 카드를 읽고 금액을 입력한 후 은행에 승인을 요청하는 모든 절차가 고객과는 관계없는 점포의 단말기를 통해 이루어진다. 이 과정에서 금액을 속이거나 이중지급할수도 있고, 심지어는 카드를 복사하여 더 큰 문제를 만들어 내기도 한다.

둘째로 금액에 대한 서명을 확인하는 과정이 불합리하다. 카드 뒷면에 있는 서명을 확인하는 것은 점포에게 권한이 주어져 있으며 점포에서만 이루어진다. 은행측에서는 고객의 서명을 문서로 보관하고 있기는 하지만 현실적으로 원본과 일일이 대조하는 것은 불가능하다.

스마트 카드는 이러한 문제들을 상당 부분 해결할 수 있다. 스마트카드는 약간의 계산능력을 가지고 있어서 점포의 단말기와 적절한 프로토콜을 수행할 수 있다. 그리고 은행과 미리 약속한 비밀번호 또는 인증서

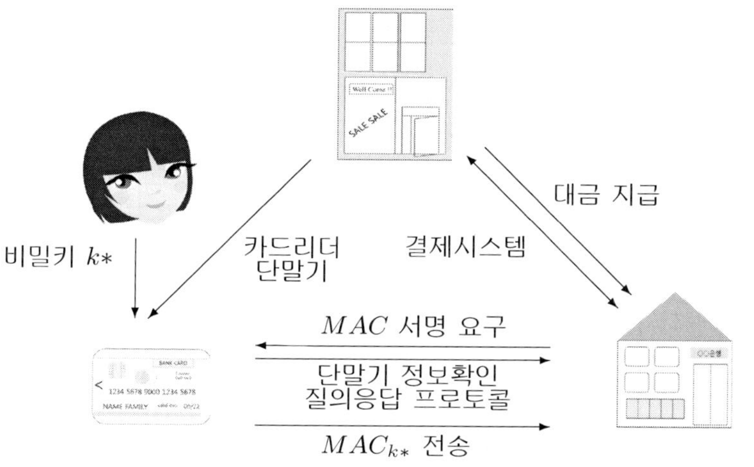


그림 10.7: 스마트카드

를 점포에게 알려주지 않고 은행과 직접 주고받을 수 있다. 또한 복사가 쉽지 않다는 장점도 가지고 있다. 스마트카드를 이용한 전자결제 프로토콜을 살펴보자.

1. 고객이 점포에 방문하여 물건을 구매하기로 결정하면, 카드를 점원에게 건네준다.
2. 스마트카드는 점포의 카드단말기가 은행에서 보장하는 적절한 것인지 확인하기 위한 질의응답 프로토콜을 수행한다.
3. 점원은 점포에 설치되어 있는 카드리더기를 통해 해당 은행에 승인을 요청한다. 이때 거래금액은 점포에서 입력한다.
4. 금액에 대한 은행승인이 떨어지면 카드단말기에 금액을 표시하고 고객에게 디지털 서명을 요구한다.
5. 고객은 은행과 미리 약속한 서명 비밀키 $k^*$ 를 입력하면, 스마트 카드에 내장된 서명 알고리즘이 서명값(MAC)을 계산한다.
6. 스마트카드 단말기는 은행과 정보(인증서, 금액, 거래내용 등)를 주고받아 확인한 다음 영수증을 출력한다.
7. 은행은 해당 금액을 고객의 계좌에서 인출하여 점포의 계좌에 입금한다.

전자결제 금액은 일종의 MAC으로 서명을 하여 카드와 점포 단말기를 통해 은행에 바로 전달된다. 이렇게 하면 점원이 결제금액을 변조할 수 없다. 물론 점원도 결제 금액을 확인할 수 있도록 하는 것이 바람직하다.

스마트카드가 더 안전하지만, 은행과 거래자 사이의 신뢰, 익명성 등에 문제점을 가지고 있다. 개인의 프라이버시와 보안 강화는 서로 충돌할 가능성이 있다.

스마트카드가 완전한 해결책은 아니다. 두 가지 불편함이 있는데 우선 고객과 점포는 은행을 신뢰해야 한다. 그리고 점포가 은행으로부터 대금을 즉시 받을 수 있고 그 내용을 확인할 수 있는 절차가 보강되어야 한다. 그러나 무엇보다도 중요한 것은 이러한 거래내용이 모두 기록으로 남는다는 것이다. 카드와 현금의 가장 큰 차이는 사용자의 익명성이 보장되지 않는다는 점이다. 그럼에도 불구하고, 보편적으로 스마트 카드에 의한 결제방식이 기존의 신용카드 결제방식보다 안전도가 더 높은 것은 사실이다.

### 10.4.2 익명성

보안성이 좋은 암호 알고리즘을 사용하면 암호문 자체를 누가 열어 보지 못하게 하는 것은 별 문제가 없다. 하지만 경우에 따라서는 메시지를 보내는 사람, 받는 사람, 또는 그 메시지를 보냈다는 사실 자체도 마저 드러내고 싶지 않을 때가 있다. 익명이란 다음의 세 가지 내용을 숨기는 것을 지칭한다.

- 메시지를 보내는 사람의 이름
- 메시지를 받는 사람의 이름
- 메시지를 주고받는 전체과정

몇 가지 익명을 사용해야 할 필요가 있는 특정한 상황들을 생각해 보자.

1. 모든 사람이 익명의 필요성을 요구하는 상황이 있을 수 있다. 예를 들어 투표는 익명이 보장되어야 한다. 전자 투표의 경우를 생각하자: 투표의 결과처리는 정확해야 되지만 투표자(즉, 투표하는 사람의 이름)는 익명이 보장되어야 한다.
2. 일상 생활에서도 보내는 사람의 익명이 완벽하게 보장되는 상황을 쉽게 접할 수 있다. 돈, 특히 동전이 그러하다. 동전은 자신을 사용한 사람의 이름을 적어 가지고 다니지 않는다. 만약 동전 하나가 내 손안에 있다면, 나는 그 동전을 나에게 준 사람은 알지만 그 동전이 그동안 어떻게 쓰였는지, 또 그 사람에게 어떻게 어떤 목적으로 건네졌는지 알지 못한다. 불행하게도 돈과 관계된 범죄 중 적어도 한 부분은 돈의 익명성에 기인한다: 돈 사용의 익명성이 바로 범죄가 붙어 다닐 수 있는 이상적인 매개체이다.

3. 요즘 각 신문이나 방송에서는 인터넷을 통한 여론조사를 자주 실시한다. 자유로운 의사표현을 위해서 사람들은 자신의 실명을 감추고 ID를 사용한다. 그러나 민감한 문제를 다룰 때 접속자의 위치나 사용하는 컴퓨터를 호스트에서 알고 있다는 사실을 안다면 많은 사람들이 참여하지 않을 것이다.
4. 암호학에서 익명성을 매우 유효적절하게 사용하는 분야가 바로 키 생성과 분배이다. 암호을 사용하는 모든 나라에는 정부와 여러 곳의 대사관 사이에 암호화된 외교 전문을 주고받을 때 사용할 키를 생성해내는 보안센터가 있을 것이다. 만약 센터의 사무실에서 키를 다루는 사무원이, 예를 들어 워싱턴과 서울 사이의 통신에서 사용하는 암호 키를 알 수 있다면 매우 심각한 상황이 벌어진다. 이 경우 암호문 자체와 키를 아는 사무원 모두에게 아주 위험한 일이다. 이때 필요한 것이 키의 익명성이다. 어떤 키가 생성될지 아무도(키를 관리하는 사무원조차도) 전혀 예측할 수 없는 완벽한 키의 익명성 보장되어야 한다.

실생활에서 익명을 보장하기 위한 노력은 다양하다.

**방송을 통한 수신자 익명**. 이 방식은 메시지를 모든 사람에게 또는 많은 사람에게 보냄으로서 수신자의 익명을 보장한다는 개념이다. 방송매체 예를 들어 라디오, TV들은 이러한 개념의 익명을 보장할 수 있는 좋은 도구이다. 아마 여러분들은 정부관리가 TV로 납치극을 벌이는 자들에게 직접 이야기하는 경우를 본 기억이 있을 것이다. 또 북한이 간첩에게 지령을 내릴 때도 라디오를 통해 전달한다는 것을 들은 적이 있을 것이다. 이 방법은 메시지 수신자의 완벽한 익명을 보장한다. 다른 예를 살펴보자. 아래 그림은 지역 신문의 광고란에서 많이 볼 수 있다.

**가명을 사용한 송신자의 익명**. 송신자는 자기 자신을 가명을 사용하여 감출 수 있다. 그는 각각의 수신자에게 같은 가명을 써서 쓰기도 할 것이고, 만약 더 조심스러운 사람이라면 각 수신자에게 서로 다른 이름을 사용할 수 있을 것이다. 그러한 상황에서 송신자는 완벽하게 자신의 정체를 위장할 수 있다. 제삼자는 '건초더미에서 바늘을 찾는다'는 속담처럼 송신자의 정체를 찾아내기가 어렵다.

이 과정에서 부딪힐 수 있는 어려움은 안 봐도 뻔하다. 우선 송신자는 자신의 가명을 항상 기억하고 있어야 한다. 거기에다 가명을 쓰는 사람들끼리 비밀 전문을 주고받는 문제는 매우 어려울 뿐만 아니라 완벽하게 만족스러운 해결책은 현재로서는 없다.

**가짜 메시지를 이용한 익명.** 특별한 메시지, 예를 들면 "시저의 보좌관이 클레오파트라와 오후 11시 30분에 이야기하는 것이 목격되었다"와 같은 메시지가 도착하는 순간을 제삼자에게 노출시키지 않으려면, 메시지를 매우 자주, 심지어는 연속적으로 끊임 없이 보내면 된다. 메시지를 연속적으로 끊임 없이 보낸다는 것은 가짜 메시지를 보낸다는 것을 의미한다. 중요한 메시지를 훔치려는 오스카는 메시지의 99.9%가 가짜라는 것을 알면서도 모든 메시지를 기록하고, 분석해야 한다. 2차 세계대전 중에 있었던 유명한 이야기 두 가지를 소개한다.

- 미국은 일본이 진주만 공격할 것이라는 것을 공격 직전에 알았다. 비밀 메시지의 수가 갑자기 증가하기 시작했기 때문이다. 이 때는 일본측이 가짜 메시지를 쓰지 않았기 때문에 공격에 대한 정보가 모두 노출되었다.
- 1944년 미국이 노르망디를 상륙할 때, 미국의 수많은 앨리스들은 가짜 메시지들이 미대륙 전체에 흘러 넘치도록 송신해댔다. 독일의 방어본부는 침공 날짜가 들어 있는 진짜 메시지를 전혀 포착할 수가 없어서, 방어 계획을 휘하 부대에 전혀 하달할 수가 없었다.

이런 식으로 엄청난 양의 가짜 메시지들을 사용하는 것에는 분명히 한계가 있다. 비록 오늘날의 네트워크가 충분한 처리능력이 있고 또 미래에는 처리능력이 더 발달할 가능성이 있다고 하더라도, 끊임 없이 보내지는 방대한 양의 메시지들을 감당하기에는 역부족이다. 네트워크들은 매 순간마다 모든 네트워크 사용자들 가운데 일부만 접속하는 것을 전제로 설계되어 있다.

### 10.4.3 전자 화폐

앞에서 언급한 바와 같이, 일상적으로 사용하는 화폐의 큰 장점은 완벽한 익명을 보장한다는 것이다. 한 사람이 어떤 가게에서 물건을 고르고, 돈을 지불하고, 가게를 나오고 나면 아무 흔적도 남지 않는다.

카드나 인터넷뱅킹과 같은 전자결제 시스템을 생각해 보자. 이 시스템에는, 예상하지 못하게 발생하는 문제나 불만에 대비하기 위해서, 당연히 일정기간 동안의 화폐사용에 관한 정보를 모두 저장하도록 고안되었다. 전자결제 시스템은 이런 관점에서 보면 익명 보장 시스템과는 정반대이다. 익명이 보장되는 전자화폐 시스템이 가능할까? 놀랍게도, 동전을 모방한 전자화폐가 가능하다. 이 전자동전의 아이디어는 데이빗 샤움

(David Chaum) 이, 전자 매체에서 익명에 관한 훌륭한 아이디어들과 함께 제시하였다. 샤움은 전자동전이 개인의 사생활을 보호하기 위해 고안되었지만 동시에, 은행의 안전성에도 분명히 크게 기여할 것이라고 주장했다.

간단히 말하자면, 샤움의 전자동전은 공개키 암호 시스템, 특히 RSA 알고리즘에 근거를 두고 있다. A 가 은행에서 10 만원짜리 전자동전(electronic coin)을 발급 받으려 한다고 하자. 이 정도 돈을 동전이라고 표현하기는 좀 부담스럽지만 통상 쓰이는 용어이다. A 는 이 동전이 다음 성질들을 가지도록 하고 싶다.

- 이 정보조각(전자동전은 기본적으로 단순한 비트수열이다) 은 10 만원과 동등한 가치를 가지고 있어서 어떤 점포에서나 어떤 자판기에서도 쓸 수 있어야 한다.
- 한 번 사용한 뒤에는 아무도 이 정보조각을 A 가 썼다는 것을 알 수 없어야 한다.

이를 위해 은행이 먼저 기본적으로 수행해야 할 작업이 있다. 어떤 종류의 동전이든 은행은 한 쌍의 키, 비밀키와 공개키를 가지고 있어야 한다. 10 만원의 전자 동전을 만들어내기 위해서 은행은 기본적으로 mod$n$, 공개값 $e$, 그리고 비밀값 $d$ 를 가지고 있어야 한다. 은행은 발급하는 돈의 종류에 따라 $(\bmod n, e, d)$ 을 다르게 하는것이 바람직하다. 다시 말하면 10 만원은 $(\bmod n, e, d)$, 50 만원은 $(\bmod n', e', d')$, 100 만원은 $(\bmod \hat{n}, \hat{e}, \hat{d})$ 등과 같이 구분하여야 나중에 은행에서 지불할 때나 전자화폐 수령자가 금액을 확인하는 데 편리하다.

1. 10 만원을 은행으로부터 찾으려는 A 는 다음과 같은 작업을 수행한다. 우선 큰 수 $C$ 와 $V$ 를 무작위로 택한다. 앞으로 설명과정에서 이해할 수 있겠지만 수 $V$ 는 10 만원을 위한 가공되지 않은 재료이고, 반면에 수 $C$ 는 은행과 A 사이의 거래를 위장하기 위한 목적으로만 쓰이는 수이다.
2. 다음에, 그는 $V$ 를 연속 두 번 이어 써서 $W$ 를 만든다. 예를 들어, 만약 $V = 123,456$ 이면, $W = 123,456,123,456$ 이다. A 는 다시

$$S = C^e \cdot W \bmod n$$

를 계산한다. 그런 다음 $S$ 를 은행에 보내어 이 수(정보가 들어있는 기호의 나열)를 10 만원으로 바꾸어 달라고 요구한다.

3. 다시 은행 차례이다. 당연히 먼저 A의 계좌에서 10만원을 인출한다. 그런 다음 은행은 수 $S$를 $d$ 제곱하여($d$는 10만원에 대한 비밀키였다)

$$T = S^d \bmod n$$

을 생성하고, A에게 수 $T$를 되돌려 보낸다. A는 그가 받은 데이터 $T$가 정말 10만원에 해당하는지 다음과 같이 확인한다.

먼저 수 $T$를 $e$ 제곱한다; 만약

$$T^e = S^{de} = S$$

이면, 받은 수 $T$가 보낸 수 $S$에 대응한다고 판단한다. 이 기호나열(수 $T$)은 아직은 동전이 아니다. 원하는 동전은 $T$를 위장 수 $C$로 나누어 얻는다. 즉, $F = T{\cdot}C^{-1} \bmod n$ 이다. ($C^{-1}$는 $C{\cdot}C^{-1} \bmod n = 1$ 을 만족하는 정수이다. 수 $F$가 A의 10만원 동전이다.

4. $F$가 시중에 유통되다가 은행에 지불요청이 접수되었을 때, 은행은 수 $F$가 자신이 발행한 그 10만원인지 확인한 다음 10만원을 현금으로 지급해 주거나 다른 계좌로 입금해 준다.

자, 여기에서 $F$가 실제로는 어떤 수로 만들어져 있을까? 약간 복잡한 계산을 해보면 ;

$$\begin{aligned} F &= T \cdot C^{-1} \bmod n = S^d \cdot C^{-1} \bmod n \\ &= C^{ed} \cdot W^d \cdot C^{-1} \bmod n = C \cdot W^d \cdot C^{-1} \bmod n \\ &= W^d \bmod n \end{aligned}$$

이 되는데, 계산과정을 보면 $F$는 수 $C$와는 사실상 아무런 관계가 없고, 단지 $d$와 $V(VV = W)$로 만들어져 있음을 알 수 있다. 수 $C$의 역할은 단지 $F$의 값을 쉽게 복구하는 데만 쓰였다.

**주의**: 위와 같은 계산이 가능하려면 $d$의 값을 알고 있거나, $V$와 $C$를 알고 있어야 한다. $S$와 $T$는 은행과 A의 통신과정에서 노출되고, $n$과 $e$는 이미 공개되어 있는 수이지만 이 수들만으로는 아무리 노력을 해도 $F$를 알아낼 수 없다. 지금부터 수 $F$가 우리가 원하는 모든 성질을 다 가지고 있는지 확인해 보자. 먼저,

- 누구든지 수 $F$가 10만원임을 알 수 있어야 한다.

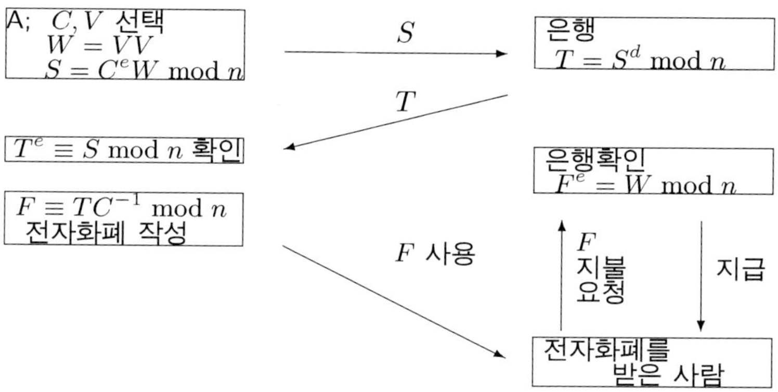


그림 10.8: 전자화폐

이 성질을 체크하려면, 수 $F$ 를 $e$ 제곱해서 ($e$ 는 10 만원 확인용 공개키)

$$F^e \bmod n = W^{de} \bmod n = W \bmod n$$

을 우선 계산한 다음, 수 $F^e \bmod n$ 를 반으로 나누어 (예, 10 자리 수이면 5 자리씩 나누어) 얻은 두 수가 같은 수인지를 확인하면 된다. 지수제곱 함수는 강력한 암호학적 함수이어서, 임의로 수를 선택해서 그 수의 $e$ 제곱이 $F^e$ 과 같은 성질 (절반으로 나누었을 때 같은 수열이 나타나는 성질)을 가지는 수를 찾아내기는 불가능하다. 다른 말로, 은행의 스탬프 $d$ 가 없이 동전에 스탬프를 찍는 것은 불가능하다.

이때 한 가지 주의할 점은, 수 $F$ 는 단순히 기호들의 연결이고 아무나 그것을 복사해서 쓸 수 있으므로 처음 접수된 $F$ 만 처리해 준다는 식의 어떤 예방 조치를 취해야 한다.

- 누구든지 A 의 돈의 사용을 추적할 수 없어야 한다.

점원이 (또는 수 $F$ 를 아는 사람이) A 의 정체를 추적할 수 있을까? 유일한 가능성은 처음 $F$ 를 발행한 은행에 요구하는 것이다. 그러나 은행은 수 $F$ 를 본적이 없고, 단지 수

$$\begin{aligned} S &= C^e \cdot W \bmod n, \\ T &= C^{ed} \cdot W^e = C \cdot W^d \bmod n \end{aligned}$$

만을 보았기 때문에, 누가 $F$ 를 썼는지 알 수 없다. 은행이 알고 있는 수

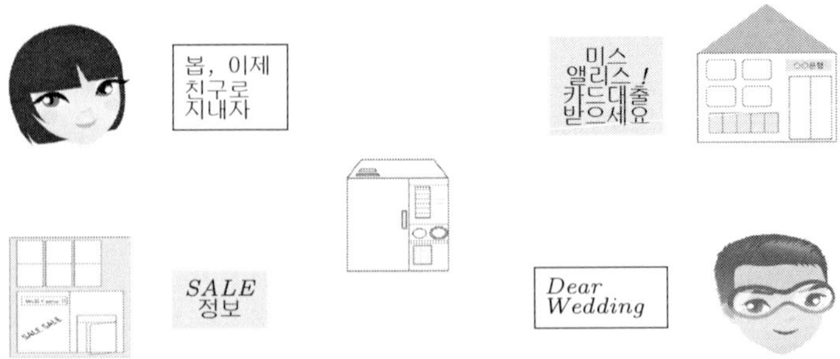


그림 10.9: *1*단계: 각자 원하는 수신자에게 편지를 쓴다.

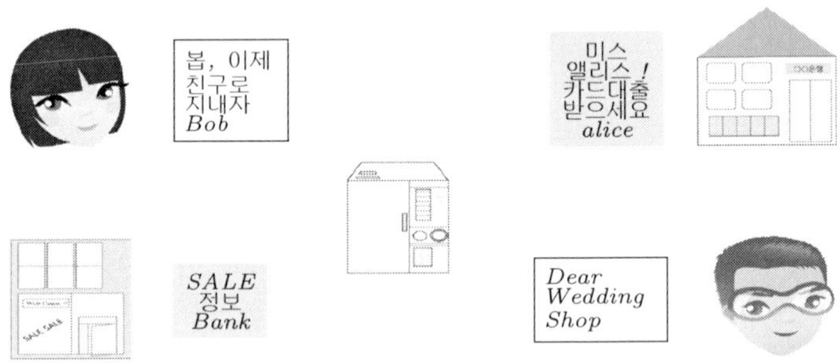


그림 10.10: *2*단계: 메시지를 작은 봉투에 넣고 수신자의 주소를 쓴다

$S$ 와 $T$ 만으로는 위장 수 $C$ 를 알 수 없으므로, 은행은 수 $F$ 와 $S$, $T$ 사이의 관계를 모른다. 따라서, 이 시스템은 완벽하게 사용자의 익명을 보장한다.

### 10.4.4 MIX

*MIX*는 모든 메시지의 중앙 교차로 역할을 하는 시스템으로 송수신자의 익명성을 강화하기 위해 설계되었다.

MIX 란 간단히 말해서 모든 메시지의 중앙교차로 역할을 하는 컴퓨터이다. 컴퓨터에 도착하는 모든 메시지들은 익명성을 제공하기 위해 메시지도 암호화되어 있고 받는 사람의 주소도 역시 암호화되어 있다. MIX 는 각 메시지에 첨부되어 있는 수신자의 암호주소를 풀어 받을 사람을 찾아서 보낸다. MIX 의 가장 근본적인 특징은 오로지 MIX 만이 보내는 사람과 받는 사람의 주소를 알 수 있다는 점이다. 다시 말해서 MIX 는 익명성을 보장하기 위해 특별히 설계된 컴퓨터이다.

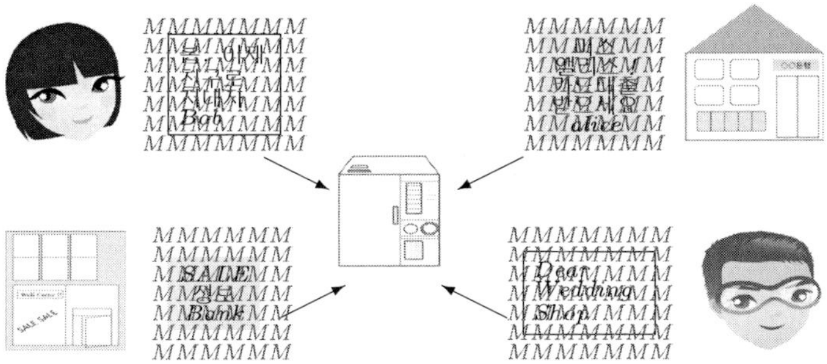

그림 10.11: *3단계: 작은 봉투를 큰 봉투에 넣고 MIX에 보낸다.*

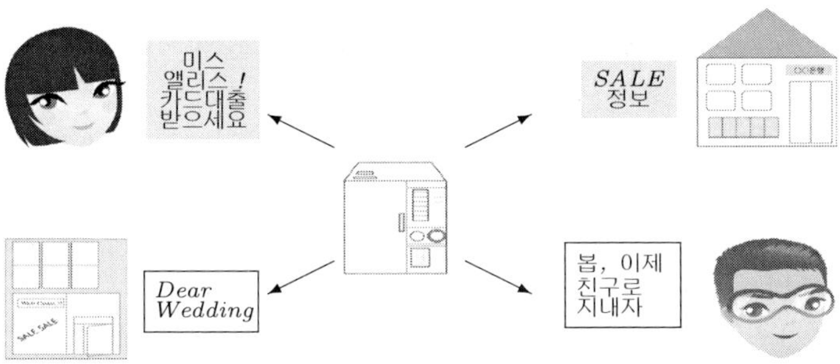


그림 10.12: *4단계: MIX는 특정한 수신자에게 각 메시지를 보낸다.*

그림10.9부터 10.12까지 살펴보면 익명성 보장이 일반적으로 어떻게 이루어지는가를 알 수 있을 것이다. 송신자는 메시지를 첫 번째 봉투에 넣고 수신자의 주소를 쓴 다음, 다시 두 번째 봉투에 넣어 MIX에게 보낸다. MIX는 첫 번째 봉투를 열어 메시지를 보낸 사람이 지정한 특정한 수신자에게 보낸다(전자투표의 경우 이 과정이 매우 중요하다). MIX의 개념은 1981년 샤움(Chaum)이 맨 처음 언급하였다. 당연히 이러한 서비스는 익명성을 보장하는 대신 비용이 더 들어간다.

이러한 과정을 컴퓨터 통신에서는 어떻게 구현할 수 있을까? 메시지를 봉투에 넣고 풀로 붙히는 과정은 메시지의 암호화에 해당한다. 두 번째 봉투에 메시지가 들어 있는 처음 봉투를 넣어서, 처음 봉투에 쓴 주소가 안보이게 하는 것은 수신자의 주소를 암호화하는 것에 대응된다. 이때 사용하는 프로토콜은 비대칭 암호 시스템이어야 할 것이다.

B에게 메시지 $m$을 보내려고 하는 A는, 먼저 메시지 $m$을 암호문

$C$ 로 바꾼다. 이 암호문은 B만 열어 볼 수 있다. 물론 이때의 암호문에도 기본적으로 비대칭키를 사용한다. 그런 다음 A는, MIX의 공개키 $E$를 이용하여 B의 주소 $a_B$와 메시지 $C$를 다시 암호화하여 MIX에게 $M = E(C, a_B)$를 보낸다. MIX는 비밀키 $D$를 이용하여 $D(M) = D(E(C, a_B)) = (C, a_B)$를 알 수 있으므로, B에게 암호메시지 $C$를 보낼 수 있다. 이때 B는 MIX로부터 암호문 $C$를 받기만 할 뿐 보낸 사람을 추적할 만한 어떤 단서도 얻을 수 없다.

이러한 시스템은 몇 가지 비암호적인 가정이 만족될 때 비로소 원하는 서비스를 제공할 수 있다. 그 중 가장 중요한 두 가지 사항만 언급하겠다.

- 한번에 극히 적은 양의 메시지만 전송된다면 전체 시스템은 본래의 목적을 달성하지 못한다. 많은 메시지가 연속적으로 대량 송출되는 것이 매우 중요하다.
- 모든 사람이 MIX를 신뢰하지 못하는 경우에는 어떻게 하는가? 동시에 여러 MIX들을 사용함으로서 이 문제를 해결할 수 있다. 서로 다른 집단들이 사용하는 MIX들(예를 들어, 정부에 대한 MIX, 무역협회에 대한 MIX, 소비자단체에 대한 MIX 등)이 서로 연결되어 있다면, 누구나 원하는 만큼 많은 MIX들을 사용할 수도 있고, MIX들의 체인을 선택하여 사용할 수도 있다.

하지만 불행하게도, MIX의 수가 많아질수록 프로토콜이 복잡해질 뿐만 아니라 각각의 MIX에서 혼잡한 병목현상이 누적된다. 사용자 A가 두 개의 MIX를 사용하는 경우의 프로토콜에 대해 설명해보자. 먼저, 두 개의 MIX($\mathrm{MIX}_1$, $\mathrm{MIX}_2$)를 선택한다. A는 암호 메시지 $C$와 B의 주소 $a_B$를, $\mathrm{MIX}_2$의 공개키 $E_2$로 암호화하여

$$E_2(C, a_B)$$

를 만든다. 그 다음에 A는 $\mathrm{MIX}_2$의 주소 $a_2$를 덧붙이고, $\mathrm{MIX}_1$의 공개키 $E_1$를 이용하여 전체를 다시 암호화한다. 즉 A는 $\mathrm{MIX}_1$에게

$$E_1(E_2(C, a_B), a_2)$$

를 보낸다. 한편 $\mathrm{MIX}_1$는 이를 복호화하여 $E_2(C, a_B)$와 $a_2$를 얻는다. $\mathrm{MIX}_1$이 메시지 $E_2(C, a_B)$를 $\mathrm{MIX}_2$에게 보내면, $\mathrm{MIX}_2$는 모두 복호화하여 메시지 $C$를 B에게 보낸다.

그림 10.13: 지폐의 *PAT*

이러한 프로토콜은 결점이 확실히 눈에 보이는데, 모든 메시지가 여러번 암호화되어야 하므로 나중에는 MIX의 작업에 큰 부담을 줄 정도의 크기로 불어난다. 하지만 더 나은 알고리즘이 개발되지 않는 한, 현재로서는 통신의 익명성을 보장하기 위한 어쩔 수 없는 댓가이다.

**위조지폐를 방지하기 위한 암호론의 응용** 한국은행이 가지고 있는 심각한 고민 가운데 하나가 위조지폐 문제이다. 위조지폐를 찍어내는 장비는 점점 더 정교해지고 동시에 장비의 가격은 자꾸 떨어진다. 그 결과 위조지폐식별기는 무용지물이 되어가고 범죄집단들은 손쉽게 위조지폐를 찍어낸다.

전자화폐가 현실화되기 전까지는 우선 위폐식별기를 더 개선하여 사용할 필요가 있다. 이러한 관점에서 암호론-특히 공개키 알고리즘-은 위조지폐 방지에 새로운 지평선을 열어 줄지도 모른다. 화폐제조 과정에, 지폐에 무작위로 어떤 패턴을 집어 넣는다. 방법은 여러 가지가 있을 수 있는데, 예를 들면 지폐에 다양한 점들을 그려 넣는다. 이 패턴의 형태를 $PAT$ 라 불리는 수로 디지털화하면, 지폐마다 다양한 $PAT$ 값을 가지게 된다. 한국은행은, 지폐에 공개키 서명 알고리즘의 비밀키로 $PAT$ 에 사인한다. 이러한 방식으로 얻은 사인 $SIG$ 을 적당한 수열 $SIG^*$ 로 변환하여 지폐의 일련번호 자리에 인쇄한다.

지폐가 위폐가 아님을 확인하기 위해, 위폐 식별기는 $SIG^*$ 를 읽어 $SIG$ 로 변환한 다음 한국은행의 공개키를 적용하여 $PAT$ 를 얻는다. 이 $PAT$ 값을 지폐에 그려져 있는 무작위 패턴과 비교하여 위폐를 식별한다. 물론 지폐는 시중을 돌아다녀 훼손이 될 수도 있으므로, 원래의 패턴

$PAT$ 가 약간 훼손되어 다른 패턴인 $PAT'$ 로 변형되어 있을 수 있다. 이때 프로토콜은 $PAT$ 와 $PAT'$ 이 적당한 범위 이내에서 일치하면 지폐는 위폐가 아니라고 판단한다. 약 3,000 비트로 구성된 $PAT$ 를 사용할 때는 80% 이상의 일치도가 적절하다.

간단한 사인 스키마에만 의존하는 것으로는 불충분하고, 암호화와 복호화를 할 수 있는 공개키 알고리즘이 실제로 필요하다. 또한 $SIG^*$ 와 같은 데이터가 에러 없이 씌여지고 읽혀져야 하므로(그렇지 않으면 정보를 전혀 얻을 수 없다), 반드시 에러정정 코드를 사용해야 한다.

## 10.5 암호 관련 주요기관과 정책

**National Security Agency(NSA)** 미국의 공식 안보기구. 일명 No Such Agency, Never Say Nothing. 트루먼 대통령의 지시에 따라 1952년 국방부 산하기구로 창설. 최근까지 존재가 드러나지 않음.

미국의 안보와 관련하여 외국의 통신내용을 감청하고 암호(신호)를 분석하는 주요 임무. 미국내의 안전한 암호통신 알고리즘을 연구하고 미국외의 통신을 분석(공격)하기 위해 암호기법의 연구를 주도. 미국에서 가장 많은 수학자를 고용하고 있으며 가장 큰 규모의 컴퓨터 구매 고객.

앞으로 수년간 안전하게 사용할 수 있는 암호기법을 보유하고 있으며, 대부분의 암호시스템을 공격하여 깰 수 있는 능력을 보유하고 있는 것으로 추정. 국가안보의 이유로 NSA 에 관한 정보(종사인원수, 예산 등)는 모두 비밀로 분류, 추정예산은 130 억$(13 조 이상), 추정 종사자수 16,000명 이상. 국가의 잠재적 적이 미국 이상의 암호능력을 보유하지 못하도록 하는 임무도 수행.

**National Computer Security Center(NSCS)** NSA 의 산하기구로 국가 컴퓨터프로그램의 신뢰도를 책임지고 있음. 암호관련 상업제품의 안전도를 평가하고, 기술적 가이드라인 작성과 조언, 훈련, 연구결과 출판을 담당. '국방부 컴퓨터 시스템 평가분석' 이라는 보고서로 악명이 높음. 표지가 오렌지색이어서 '오렌지 북'이라고도 하는 이 책에는 컴퓨터 보안에 관한 요구사항, 제조과정에 관한 정부의 지침, 보안제품의 설계지침이 수록.

후에 NSCS 는 무지개 북(rainbow book) 을 발행하여 각 분야의 보안등급을 설정함. 예; 네트워크 평가 기준은 빨간색으로 표시.

**National Institute of Standards and Technology(NIST)** 미국 상무성 산하 기구. NBS(National Burea of Standard)가 1988년에 NIST로 개편. 컴퓨터 기반 산업의 발전을 촉진하기 위한 공식 표준 제정. gopher://csrc.ncsl.nist.gov에서 FIPS(Federal Information Processinf Standard)를 찾을수 있음. 1987년 비밀은 아니지만 민감한 정보의 처리규정과 암호함수의 표준을 제정. DES, DSS, SHS, EES 등을 발표. NSA와 협력, 경쟁관계.

**RSA Data Security, Inc** 1982년에 설립된 RSA특허권 보유 회사.

**Public Key Partners(PKP)** - Diffie-Hellman 키교환, Merkle-Hellman 배낭암호, RSA, Pohlig-Hellman, Schnorr Signature 등의 특허권을 보유.

**International Association for Cryptologic Reach(IACR)** 덴마크에 있는 국제적 암호연구 학회. 암호학의 응용과 이론적 발전을 목적으로 누구에게나 공개되어 있는 조직 Crypto 학회(미국 산타바바라에서 매년 8월에 개최되는 학회)와 EuroCrypto 학회(5월 유럽에서 개최)를 주관하고, The Journal of Cryptology 출판.

**RACE Integrity Primitives Evaluation(RIPE)** the Research and development in Advanced Communication technologies in Europe (RACE)에서 유럽의 통신회사와 암호관련 회사의 기술적 발전을 지원하기 위해 시작한 프로그램. MDC-4, PIPE-MD, RIPE-MAC, IBC-HASH RSA key generation 등을 주로 연구하고 평가함.

**Conditional Access for Europe(CAFE)** 1992-1995에 수행된 유럽의 상업회사 프로그램. CardWare, DigiCash, Gemplus Siemens, SPET 등등의 회사가 참여. 접근제어와 전자화폐에 관한 연구 수행. 전자지갑의 개념을 처음 소개. 지갑크기의 소형컴퓨터로 보안성이 확보된 전자지갑, 스마트카드에 키보드입력이 가능하다

**정보보호진흥원(KISA)** 정보통신부 산하 연구원. 정보보호제품의 평가와 표준제정. 정보보호 홍보와 연구지원.

# 연습문제

## 10.1 비밀분산

### 직선의 방정식

분산하려는 비밀값이 $c = 1004$ 이다. 직선의 방정식 4 개로 (2,4)-threshold 방식으로 비밀을 분산해 보자.

1. 비밀값 $c$ 를 $y$ 좌표로 가지는 점 $P = (10, 1004)$ 를 정하고, $P$ 를 지나는 직선을 4 개 선택한다.

$$\begin{aligned} y_1 &= -x + 1014 \\ y_2 &= 21x + 794 \\ y_3 &= \\ y_4 &= \end{aligned}$$

2. $y_1$ 과 $y_3$ 를 사용하여 비밀값 $c$ 를 복원하라.

### Shamir 의 비밀분산

1. 3 차 다항식을 써서 비밀값 $c$ 를 다음과 같이 (4,6)-비밀분산을 하였다. 6 개로 분산한 값들은 각각

$$\begin{aligned} y_1 &= f(1) = 3 \bmod 31 \\ y_2 &= f(2) = 18 \bmod 31 \\ y_3 &= f(3) = 24 \bmod 31 \\ y_4 &= f(-1) = 22 \bmod 31 \\ y_5 &= f(-2) = 1 \bmod 31 \\ y_6 &= f(-3) = 16 \bmod 31 \end{aligned}$$

이다. $y_1, y_2, y_4, y_6$ 로부터 비밀값 $c$ 를 복원하라.

## 10.2 메시지은닉

### Ong-Schnorr 메시지 은닉

1. A와 B는 사전에 $n = 55,\quad k = 7$ 를 서로 교환해 둔다.

2. A의 서명 공개키는 $h = -(k^{-1})^2 = \quad \bmod 55$ 이다.

3. A가 실제로 숨겨서 보내고 싶은 메시지는 $M = 9$ 이지만, 가짜 메시지 $M' = 27$ 에 은닉하려고 한다.

4. A는

$$
\begin{aligned}
S_1 &= 2^{-1}(M'M^{-1} + M \bmod 55) = \\
S_2 &= k2^{-1}(M'M^{-1} - M \bmod 55) =
\end{aligned}
$$

   을 계산하여 Ong-Schnorr 서명에 의한 서명값으로 제시한다. 즉 문서 $M'$ 와 이 문서에 대한 서명값으로 $(M', S_1, S_2) = (27, \quad , \quad )$ 를 검열관을 통하여 B에게 보낸다.

5. 검열관은 서명공개키 $h$ 로

$$S_1^2 - S_2^2(-h)^{-1} = M'$$

   인지 검증한다. 위 수식의 왼쪽 값을 계산하라.

6. 미리 내통하고 있는 B는

$$M = M'(S_1 + S_2k^{-1})^{-1} \bmod 55$$

를 계산하여 메시지 $M = 9$를 얻는다. 위 수식의 오른쪽 값을 계산하라.

### ElGamal 메시지 은닉

1. $p = 11$, $g = 2$ 이고 비밀키로 $r = 8$를 선택하였다.
   A의 공개키는 $(K, g, p) = (\quad,\quad,\quad)$ 이다.

2. 비밀 메시지 $M = 3$ 이고, 가짜 메시지는 $M' = 7$ 이다.

3. A는 $X = g^M = 2^{(\quad)} \bmod 11$ 를 계산하고 다음 방정식을 만족하는 해 $Y = (\quad)$ 를 구한다.

$$\begin{aligned} M' &= rX + MY \bmod (p-1) \\ 7 &= 8(\quad) + 3Y \bmod (p-1) \end{aligned}$$

4. 메시지 $M'$ 에 대한 엘가말 서명값은 $(X, Y) = (\quad,\quad)$ 이다.

5. 교도관은

$$\begin{aligned} K^X X^Y &= (\quad) \bmod p \\ g^{M'} &= (\quad) \bmod p \end{aligned}$$

으로 서명을 검증한다.

6. 한편 B는 $M = Y^{-1}(M' - rX) \bmod (p-1)$ 으로 숨겨진 메시지 $M$을 찾아낸다.

## 10.3 제곱근 구하기와 중국인의 나머지 정리

1. 이차합동식 $x^2 \equiv 9 \bmod 55$ 은 $55 = pq = (\quad)(\quad)$ 이므로

$$\begin{cases} x^2 \equiv (\quad) \bmod 5 \\ x^2 \equiv (\quad) \bmod 11 \end{cases}$$

과 동치이다. 두 식의 해는 각각 $x \equiv \pm 2 \bmod 5$, $x \equiv (\quad) \bmod 11$ 이므로 주어진 합동식 $x^2 \equiv 9 \bmod 55$ 의 해는 다음 네 개의 연립합동식의 해와 같다.

$$\begin{cases} x \equiv 2 \bmod 5 \\ x \equiv 3 \bmod 11 \end{cases} \qquad \begin{cases} x \equiv (\quad) \bmod 5 \\ x \equiv -3 \bmod 11 \end{cases}$$

$$\begin{cases} x \equiv (\quad) \bmod 5 \\ x \equiv 3 \bmod 11 \end{cases} \qquad \begin{cases} x \equiv -2 \bmod 5 \\ x \equiv -3 \bmod 11 \end{cases}$$

중국인의나머지 정리를 이용하여 첫번째 합동식

$$\begin{cases} x \equiv 2 \bmod 5 \\ x \equiv 3 \bmod 11 \end{cases}$$

의 해 $x_1$ 을 구하여 보자.

2. $M = 5 \cdot 11$, $M_1 = \frac{M}{5} = (\quad)$, $M_2 = \frac{M}{11} = 5$ 라고 놓고, $M_1 N_1 = 11 \cdot N_1 \equiv 1 \bmod 5$, $M_2 N_2 = 5 \cdot N_2 \equiv 1 \bmod 11$ 를 계산하여 $N_1 = 1$, $N_2 = (\quad)$ 를 얻는다. 그러면 구하는 해는

$$\begin{aligned} x_1 &= 2 \cdot M_1 \cdot N_1 + 3 \cdot M_2 \cdot N_2 \\ &= 2 \cdot 11 \cdot (\quad) + 3 \cdot 5 \cdot 9 = (\quad) \end{aligned}$$

이다.

3. 따라서 연립일차합동식의 해 $x_1 \equiv 157 \equiv (\quad) \bmod 55$ 이다.

4. 마찬가지 방법으로 나머지 해를 구하면 $x_2 \equiv (\quad) \bmod 55$, $x_3 \equiv 3 \bmod 55$, $x_4 \equiv -47 \bmod 55$ 이다.

MEMO

# 참고문헌


〔1〕 강주성 외 6인(ETRI 부설 국가보안 기술연구소), 현대암호학, 경문사, 2001
〔2〕 고민정, 정보보호개론, 세화출판, 2003
〔3〕 서광석 외 3인, 수론과 암호학, 경문사, 1998
〔4〕 박승안, 대수학과 암호학, 경문사, 1996
〔5〕 이만영 외 5인, 현대암호학 및 응용, 생능출판사, 2002
〔6〕 이민섭, 현대암호학, 교우사, 2000
〔7〕 岡本龍明, 山本博資(이임영 외 1인 공역), 현대암호, 생능출판사, 1999
〔8〕 F.L. Bauer, ***Decrypted Secrete***, Springer, 2000
〔9〕 Chey Cobb, ***Cryptography for Dummies***, Wiley, 2004
〔10〕 Niels Ferguson & Bruce Schneier, ***Practical Cryptography***, Wiley, 2003
〔11〕 Martin Gardner, ***Codes, Ciphers and Secrete Writing***, Dover, 1972
〔12〕 Paul Garrett, ***Marking, Breaking Codes; An Introduction to Cryptology***, Prentice Hall, 2001
〔13〕 John E. Hershey, ***Cryptography Demystifield***, McGraw-Hill, 2003
〔14〕 F.H. Hinsley & Alan Stripp, ***Code Breakers***, Oxford University Press, 1994
〔15〕 H.X. Mel & Doris Baker, ***Cryptography Decrypted***, Addison Wesley, 2001
〔16〕 Afres J. Menezes, Paul C. vaz Oorschot & Scott A. Vanstone, ***Hand book of Applied Cryptography***, CRC Press, 1997
〔17〕 Kenneth H. Rosen, ***Elementary Number Theory and It's Applications***, Addison Wesley, 1993
〔18〕 Bruce Schneier, ***Applied Cryptography***, Wiely, 1996
〔19〕 Douglas R. Stinson, ***Cryptography Theory and Practice***, CRC Press, 1995
〔20〕 Wade Trappe & Lawrence C. Washington, ***Introduction to Cryptography with Coding theory***, Prentice Hall, 2002

# 찾아보기

저자소개

**최 병 문**

고려대학교에서 대수학 박사학위를 취득하였다.
현재 대전대학교 전산정보보호학과 교수로 재직 중이며,
암호학, 해킹과 바이러스 등을 강의하고 있다.

**이 영 환**

충남대학교에서 수학박사학위,
명지대학교에서 컴퓨터공학 박사학위를 취득하였다.
현재 대전대학교에서 전산정보보호학과 교수로 웹 보안
강의를 담당하고 있다.
현대 정보기술 전산요원 강의도 담당하였으며
대전대 정보지원 센터장을 역임하였다.
한국과학재단의 지원으로 최병문 교수와 함께
암호의 세계 콘텐츠를 개발하였으며
한국학술진흥재단의 지원으로 스마크카드용
새로운 타원곡선 암호 시스템도 개발하였다.

개정판
**암호의 세계**

2012년 8월 25일 1판 1쇄 발행
2023년 7월 31일 1판 3쇄 발행

저 자 / 최병문 · 이영환
발행자 / 오판근
발행처 / 교우사

주 소 / 서울특별시 동대문구 약령시로 8 교우빌딩 2층
전 화 / 925-2861(代), 편집부 / 925-2825, 홈쇼핑 / 969-5762
팩 스 / 925-2860

E-mail / kyowoo@kyowoo.co.kr
http://www.kyowoo.co.kr

등록 / 1994. 3. 24 제6-0256호

ISBN 978-89-8172-926-4 (93410)

값 24,000 원